中国科学院科学出版基金资助出版

遥感专题分析与地学图谱

傅肃性 著

科学出版社

2002

内 容 简 介

  本书是在遥感信息科学的基础上,运用地学多元综合分析原理方法,结合作者长期在该领域的工作实践撰写而成的,是一部理论与实践密切结合论述遥感专题制图的专著。全书共十二章,内容可归纳为三部分:一是论述空间遥感信息机理与专题制图研究的理论与方法(第一章至第五章);二是阐述遥感图像地学多元分析、专题识别制图的实践(第六章至第十一章);三是介绍遥感制图输出与制印工艺设计(第十二章)。同时,本书还简要地介绍了地球信息融合科学体系、地学信息图谱的地图创新和全息数字自动化制图与数字地球的数据共享等,内容较系统丰富,注意遥感与地理信息系统等高新技术的应用。

  本书可供有关国土整治规划、区域可持续发展及资源与环境的农、林、水、土地、生态保护和城市规划等科研、生产部门人员和高等院校地理、测绘制图、遥感、地理信息系统等本科专业学生和研究生阅读参考。

图书在版编目(CIP)数据

遥感专题分析与地学图谱/傅肃性著. —北京:科学出版社,2002
ISBN 978-7-03-009819-1

Ⅰ.遥… Ⅱ.傅… Ⅲ. 地图–遥感技术:绘图技术 Ⅳ.P283.8

中国版本图书馆 CIP 数据核字(2001)第 085684 号

责任编辑:彭胜潮 / 责任校对:桂伟丽
责任印制:张 伟 / 封面设计:图悦社

科 学 出 版 社出版

北京东黄城根北街 16 号
邮政编码:100717
http://www.sciencep.com

北京厚诚则铭印刷科技有限公司 印刷
科学出版社发行 各地新华书店经销
*
2002 年 1 月第 一 版 开本:787×1092 1/16
2021 年 4 月第五次印刷 印张:15
字数:338 000
定价:99.00 元
(如有印装质量问题,我社负责调换)

序

　　傅肃性教授撰著的《遥感专题分析与地学图谱》专著,即将由科学出版社出版发行,这是我很久就渴望读到的一部力作。有幸先睹为快,欣然命笔,向读者推荐。

　　本书特点之一,是来自丰富的技术实践,而又能升华到应用基础理论。作者攻习计算机辅助制图专业,又从事遥感科学实验研究工作40余年。早在1963年,我们就一道开展海南岛热带雨林与农业系列制图。1977年他赴法国地理研究院新技术研究所进修遥感制图,回国后立即投入腾冲航空遥感试验,嗣后主编《京津(渤)地区生态环境地图集》和《国土卫星遥感系列地图》,为我国遥感应用与计算机辅助制图的发展,作出了开拓性的贡献。他在农业遥感、土地覆盖/土地利用制图、生态评估与环境监测、海洋与城市信息系统诸多应用领域,积累了非常丰富的实践经验。现在驾轻就熟,写成这部专著,字里行间朴实无华,处处都是切实可行的技术总结、深入浅出的理论升华。对于已有一定专业基础的、准备投入实际工作的青年学子,这是一部十分难能可贵的参考读物和自学课本。

　　本书特点之二,是建立在全数字化定量处理技术过程的基础上,而又深入地融汇于地学、生态与环境专业知识之中,从而走进了综合集成的系统科学的新境界,不拘泥于学科的桎梏,敢于面对复杂的资源与环境问题;直面生产与建设的需求,努力跨越目视解译的经验阶段,走向数据挖掘与知识规则的全新途径;不断提高地理信息系统支持下,电脑辅助遥感制图的自动化水平。

　　为此,傅肃性教授曾经发表过百余篇学术论文,合作出版了十多部图(集)、书,并在研究生院讲授遥感专题制图课程,深受欢迎。现在取精用宏,高度浓缩成为这部专著,对于迎接21世纪全球网络化的挑战,迎接宽带网图像传输的机遇,将是大有裨益的。

　　今天,遥感数据的定性与定量综合集成还远未达到最终目的,任重而道远;技术革命尚未成功,管理水平亟须提高。目前,我国遥感应用在单项上,静态的侦察、空间分析与科学实验方面,成就是辉煌的;然而在规模上,动态监测与知识发现、运行系统方面的能力建设和规模效应还是滞后的。我国遥感数据处理的信息流程,至今还在小时级水平,而先进国家早已压缩到几分钟的水平了。遥感专题分析与制图,还需要作很大的努力才能及时更新网络数据库,盘活"数字地球",去赢得预警、预报的时间。这部著作为我们展示了现阶段的复杂的信息处理与制图系统工程。2000 年 11 月国家发布的《中国的航天》白皮书中,已提出了"天地一体化"的设想,要求在 5～10 年期间,实现更高级的简单化和更高级的智能化,地学图谱即其一例。登高必自卑,温故而知新,科技创新尚有待于来者。从现实的起点出发,这个目标我们一定要达到,而且一定能够很快达到。这部专著承先启后的历史使命,也将随之载入光荣的史册。

中国科学院院士
中国科学院遥感应用研究所名誉所长

陈述彭

2001 年教师节

前　言

　　20世纪60年代崛起的遥感新技术,标志着遥感信息科学的萌发。它为探测地球的奥秘提供了一种崭新的先进技术:无论是绿绿葱葱的林海、桑田,还是茫茫无际的海洋;不管是渺无人烟的戈壁沙漠、荒芜沙滩,还是乌云密布、风雨交加的昼夜;哪怕是冰山雪原,还是穷山恶水,……都逃不过其神奇的"慧眼",明察秋毫而一览无遗。遥感技术具有周期短、实时性,覆盖广、宏观性,融合强、综合性等探测地球资源与环境的能力。

　　遥感探测的源源不绝的地球信息,成了地学创新的宝库,是实施数字地球科学系统工程数据共享的基本保证,是构建"数字地球"的重要信息基础。

　　遥感新技术的涌现,对源于统一地理学的地理系统的研究;对揭示地球圈层间的界面及其物流、能流与信息流的交换机制;对于地理现象的定位、定性和定量分析研究,都展示出强大的生命力。

　　当今,遥感的应用已渗透到自然、社会的各个方面,涉及到所有相关的空间信息领域,诸如农林、水利、土地、海洋、地理、测绘、地质矿产、全球变化、自然灾害、环境保护,等等。在所有这些领域的应用成果中,往往拥有各自的遥感影像地图或专题图件和相关的图表。随着遥感地学分析与图谱研究的深化,促使传统地图制图发生了深刻的变革,逐步形成了地图学的一个新分支学科——遥感制图学。

　　在资源与环境遥感综合分析应用的过程里,在地球信息融合体系的基础上,遥感专题制图不论是在理论方法还是在制印技术上都发生了根本的变化,达到了一个崭新的水平,成为遥感应用的一个重要主题和发展方向。

　　实践表明,遥感制图(包括遥感专题制图)是全数字自动化制图的重要内容,是实施"数字地球"的关键技术途径。因此,遥感专题制图引起了国内外的高度重视,得到了迅速发展。

　　进入21世纪,遥感信息应用面临新的机遇和挑战:如何抓住时机充分有效地开发庞大的遥感信息源,不断地开拓遥感应用领域;如何深化遥感信息的传输机理研究,积极地挖掘、发挥遥感信息的潜力和优势,以利全方位地服务于区域可持续发展与全球变化。

面对这种新的机遇与挑战,建设"遥感信息科学"应作为每个遥感科技工作者自己的义务而尽力做好本职工作。作为个人虽然仅是沧海一粟,但众多的涓涓细流汇入终将会成为大海。本人在遥感应用领域尽管所涉猎的知识甚是微薄,但心里终感有一种内疚,不应将数十年的遥感地学分析与制图的实践和工作置之于脑外,哪怕是微不足道或是成败得失的经验教训,都应向培养自己的祖国和人民有个书面汇报。对此,本人在两次得到出版社签约协议的支持与鼓励下,特别如今得到中国科学院科学出版基金的资助,因而鼓足勇气,把自己数十年科研工作中的学习、实践体会总结归纳成本书稿,作为对社会和学科建设的一些微薄贡献。

1961年,本人由南京大学地理学系毕业分配到中国科学院地理研究所工作,从此开展了地图学、遥感技术与地理信息系统应用的实践研究。20世纪60年代初,参与国家大地图集及农业区划图等编制工作;同期在陈述彭教授的率领下,奔赴海南岛进行热带航空像片分析与农业系列制图的考察;20世纪70年代,参与苏联地图和国家651工程宇航图研究和我国首次腾冲航空遥感综合试验及区域地理信息分析与机助制图的研究;20世纪80年代,参与开展了青藏高原地图集的调研及横断山区丽江农业卫星遥感与其自然条件综合系列制图的探索;20世纪90年代初,采用国土普查卫星资料开展了京津唐地区资源与环境的综合应用研究及其区域开发信息系统,以及京津地区生态环境地图集与区域电子地图集等研制工作。诸如此类的工作实践,使我深有体会和启发。

空间遥感信息是地学创新的知识宝库,要充分挖掘地球信息的潜力,关键是要投入知识,实施智能化决策分析,这是贯穿遥感应用全过程的理论基础和技术保证。这正是陈述彭教授一贯强调的,知识投入是遥感应用特色的实质含义。

地学信息图谱是信息时代地图学及遥感专题制图创新的核心。它将充分利用卫星遥感、地理信息系统、全球定位系统、多媒体网络、电子制图、虚拟现实和多维可视化等当代先进技术,进行地球信息标准化和归一化管理,作为图谱的主要信息源及其数据更新的保证。以对地观测技术为主体的全息数字化融合集成的科学体系,是遥感专题地图编辑设计、研制的高技术平台。

基于以上的启示,本书大致归纳为三部分:一是空间遥感信息机理与专题制图研究的理论和方法(第一章至第五章);二是遥感图像地学多元分析专题识别制图的实践(第六章至第十一章);三是遥感制图输出与制印工艺设计(第十二章)。由于本书涉及面太广,又因作者水平所限,更兼时间仓促,故心向往之,而不能达之。书中可能许多是一隅之见,挂一漏万,讹误之处肯定不少,恳请读者指正。

本书是作者长期跟随陈述彭先生等师辈在该领域与许多同事协同工作实践的基础上写就的。因此书中包涵有诸位集体项目合作者的智慧,特此向一切给予协作、关照和支持的同仁,致以衷心谢忱!在此,首先特别要感谢陈述彭院士在我的工作道路上一贯给予的真诚关心和指导,今又特热忱为本书作序。

最后,我永志不忘父母双亲对我的恩泽,感念他们对孩儿事业的关怀和支持,谨以此书告慰九泉之下双亲大人淳朴的心灵。

傅肃性

2000 年春
于中国科学院地理科学与资源研究所

目　　录

第一章　地图学的发展与地学信息图谱

地学信息图谱是地球信息通过分析、高度概括，以地图、图像、图表等图形语言来表述地学时态演进和空间分异的一种多维图解。它可以重建过去、仿真现在、虚拟未来，反映地表事物与现象的空间结构特征模式与时空序列的演化规律。

第一节　地学信息图谱与地图

"图谱"自古以来，是一种人们对时空概念的综合表述。"地学信息图谱"是空间时代和信息社会的产物。其不仅表述了地球信息空间与时间的动态演化，而且还揭示出地学的分异谱型。

地学信息图谱伴随知识的创新应运而生：卫星遥感的高分辨率图像（大于 1m），高光谱图像（数十个乃至数百个波段）以及全天候、多极化的雷达图像（差分精度为厘米）等等，成为图谱的基本信息源；它们借以全球定位系统的实时数据定位，提供空间坐标，以建立地球信息库或地图信息库，同时供作地图制图的空间地理定位，进行数据的实时更新；通过地理信息系统的多媒体、网络、虚拟现实、仿真技术和多维可视化等对时空综合分析的处理功能，形成为地球信息及其空间分异图谱研制的强大技术系统。随着上述科学技术的发展，地球信息科学技术的一体化体系已成为全数字自动化制图与数字地球的重要平台。

传统方式的"图谱"主要是运用图形语言以表达自然过程时空特征与空间分异概念，比如，"地学图谱"。在知识经济的信息时代，地学信息图谱则是建立在严格数学基础上的，具有全数字化的特征。它是以图形思维机制，运用地学分析模型，通过图形运算对地理过程的模拟来表达复杂的地学现象，研究地球信息机理和规律的。

"数字地球"的提出，为地学信息图谱的创新奠定了应用理论基础。所以，地学信息图谱的生成，将是高速全息数字化、自动化和智能化的先进工艺。它势必充分利用地球信息科学体系融合理论与技术的发展，将地球信息规范标准化管理，供作其图谱的主要信息源及数据更新的保证。

地图与图谱是密切相关的。图谱是统一描述区域空间与时间动态演化与地域分异规律的一种模式。人们在研究自然过程中建立了各种谱型，比如，描述人类生产活动过程的人文地理圈层结构图谱、具有诊断功能的地球空间构造格局图谱和时空演化动态轨迹图谱，等等。

可见，地学信息图谱可明晰客观地反映出地球信息客体的空间分布规律。例如，地质构造图谱，往往是地质工作者用作分析判别矿藏赋存的地质环境的。就冀北火山盆地的环形构造地图来说，在其百余个火山环形构造中，有许多中、小型环形构造呈串珠状分布，足见，它是受线形构造带控制所致；而一些大中型火山环形构造多分布于不同方向火山岩浆活动带的交叠部位,它反映出不同级火山岩浆活动中心的展布特征。从中可通过其分析与成矿的关系,揭示出该区火山机构与铀、钼矿化的空间分布。又如,河北迁西的金厂峪、龙湾一带所展布的"多"字形线性图谱,它们往往是地质工作者用作金矿分析预测的依据。

地学信息在地图上的表征,往往反映一定的地理客体的空间分布规律。比如,江岸变迁动态分布图,就可揭示一种江岸演变与凹凸岸及其横向变形强度的趋势关系。于是地理工作者就能从该图谱中,研究江岸摆动的趋势及其强度。由此可分析江岸的稳定程度,进而为整治江岸提供科学依据。

所以,地学信息图谱的研究,应深化对不同尺度地图的各自最基本制图单元及其制图概括指标的分析,旨在运用地球信息科学融合体系反映地球空间信息的特征与分布、演化规律。这对现代地图学的创新具有深远的重大的科学和生产意义。

从上可见,地图、"地学图谱"和"地学信息图谱"是一脉相承、相互关联、各具特点、不断演进的结果。地图是地球信息的重要载体,简言之为地表空间现象及其特征或规律的表述,故是地学图谱中最为普遍的一种图谱;"地学图谱"则是应用于地学分析的多维图解,即在自然或社会现象的时间演化进程系统中,表达其区域的空间分异概念与地学基本规律的地图,它不仅是主要用来描述地球信息的现状,而且能通过地学时空分析模型来再现历史,虚拟未来。"地学信息图谱"是信息时代在"地学图谱"原理基础上的创新与发展。这是陈述彭院士提出的新概念。它是基于遥感(RS)、地理信息系统(GIS)和全球定位系统(GPS)乃至融合计算机多媒体、网络、通信与电子制图技术的地球信息科学体系为技术支撑,遵循地球系统科学的原理,运用时空模型,使其图谱实施数字化、智能化、自动化,使之不仅能反映其时空分布规律,而且具有诊断和决策的功能。所以,"地学信息图谱"是信息融合体系支持下,反映地球科学空间信息特征、分异规律及演绎的图谱。

第二节 地图学性能的演进

地图是一门古老的科学,地图学的兴起与发展同样决定于生产,它反映不同时期社会的需求和生产水平。

当今世界已进入了信息时代,新的知识经济时代给地图学提出了新的要求,1991年陈述彭在"信息流与地图学"一文中就深刻地指出信息时代地图学所面临的新挑战,精辟地提出了地图学功能的时代漂移,分析了信息时代地图信息源与地图更新、地图的科学深加工和地图学科建设等新问题。

一、地图制图模式的发展

地图学是一门古老的学科,又是一门年轻的学科,20世纪是地图学突飞猛进发展的一个新阶段。

当今,地图学从其理论、形式、应用及制作方法方面,已起了质的全新的飞跃。图1-1是20世纪以来地图制图模式发展变化的示意图。

20世纪是从古代手绘至近代印刷地图向现代多学科和航空像片判读制图、卫星影像识别成图与数字智能制图以及多维可视化电脑显示的新时期。

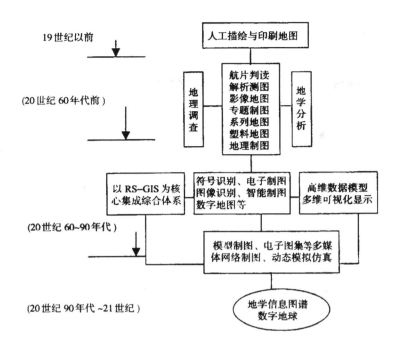

图 1-1   地图制图模式的发展示意图

二、遥感信息与制图

　　遥感是在 20 世纪 30 年代航空摄影与制图的基础上,伴随电子计算机技术、空间及环境科学的进步,于 60 年代勃勃兴起的综合性信息科学与技术,是对地观测的一种新的先进技术手段。而也正是遥感技术的发展赋予了古老的地图学以新的生命活力,为地图制作提供了丰富多样的信息源,使地图学从内容到形式以及制作方面发生了全新的变化。

　　遥感从其内容说,包含航空和航天信息两类。就其应用范围来看,传统所称的摄影测量和像片判读也应归属于广义的遥感一词之中。

　　其实,从空间观测地球,以此获得的资料编制地图,其时间可以追溯到更早的时候。

　　1839 年自世界上发明了照相摄影技术后,法国就有人曾试用拍摄的照片制作地形图。19 世纪 50 年代末、60 年代初,法国、美国相继利用气球拍摄成巴黎街道鸟瞰照片和波士顿街道照片。它们均是城市街道图早期的原始资料。19 世纪 80 年代,英国、俄国和美国都曾有人通过风筝拍摄地景照片,90 年代还有人论述了用这些地物照片转换为正射投影,继而制作出地形图的方法。1903 年曾有人利用鸽子进行空中摄影,它们的目的都是为了在空间利用各种方法来观测地球并描绘地面的情况。1909 年,世界上第一次利用飞机实现了空中观测地球,拍摄了地面像片,这可以认为是航空遥感的一个开端。自此不久,人们就开始采用航空照片编制地形图,从而使航空摄影及其在制图中的应用达到了一个新的发展阶段。在此期间德国蔡司公司又研制成像片立体自动测图仪,这为航空立体摄影制图提供了新的技术手段,也为今后的摄影测量制图仪器的发展奠定了基础。

　　20 世纪 20 ~ 30 年代,又出现了彩色航空像片摄影,并很快应用于海底、海岸地形的测量。

总之，自飞机问世后，航空像片在军事、地质、地理、林业、农业的调查研究、水利和石油勘测方面的应用不断扩大，航空像片在制图中起到了越来越重要的作用。

自1957年苏联发射了世界上第一颗人造卫星以来，开始从卫星上拍摄地球和月球的像片，继而又在"阿波罗9号"上第一次拍摄了多光谱图像。这为以后的地球资源卫星的探测奠定了基础。

1972年美国发射了第一颗地球资源卫星(Landsat-1)，这为探测地球自然资源、发展航天遥感开辟了一个新的途径，也为研究地球景观和环境信息专题制图提供了连续完整的丰富资料。

继第一颗陆地卫星后，于1975年和1978年分别发射了 Landsat-2，Landsat-3 陆地卫星。它们主要是为了探测地质、矿产、森林、土地资源，进行农作物产量估算与环境污染动态分析和监测等。目前各有关部门都利用该陆地卫星系列所获取的信息编制各种专题地图，如地质图、地貌图、植被图、森林图、土壤图、土地利用图、土地类型和土地资源图以及自然灾害图，等等。这些地图一般都是依据该卫星系列图像资料，通过光学处理、图像增强，经目视解译而成。但它们所利用的 MSS 图像分辨率较低，对专题分析制图不甚理想。1982年和1985年美国发射了 Landsat-4,5，它的遥感器除了星载的多光谱段(MSS)外，还专门设计有 TM (Thematic Mapper)专题制图仪，其包含有三个可见光波段:$0.45 \sim 0.52\mu m$，$0.52 \sim 0.60\mu m$，$0.63 \sim 0.69\mu m$；一个近红外波段:$0.76 \sim 0.90\mu m$；二个中红外波段:$1.55 \sim 1.75\mu m$，$2.08 \sim 2.35\mu m$ 和一个远红外波段:$10.40 \sim 12.50\mu m$。其量测精度达 8Bit，即图像灰阶为256级。可见该卫星的功能主要在于改进专题制图及监测的能力。它的地面分辨率为 30m × 30m，是 MSS 80m × 80m 的7倍。1999年又相继发射了备有增强型专题制图仪(ETM)的 Landsat-7。

但陆地卫星系列上所获得的图像，地面分辨率并不高，而且不是立体观测，另外遥感器的机械扫描影响着图像的几何精度，这自然影响环境信息制图。目前，它们主要应用于遥感专题制图；对普通地图，通常是用来修测或更新内容。

随着遥感电子技术的发展，不但为宏观地研究地球景观提供有利的条件，而且也为微观地分析诸自然要素特征，编制较大比例尺的普通地图和专题地图提供了可能性。

法国空间研究中心研制的高分辨率扫描仪就是采用先进的电子耦合器件(CCD)而研制的，它并非运动部件，故其记录的图像几何精度高。

这种刷式的探测器扫描效率高，灵敏度好。探测器由三排 CCD 阵列组成(见图1-2)，

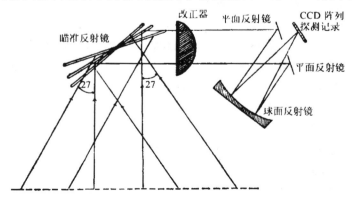

图1-2　CCD 阵列刷式探测记录原理示意图

所以它并非是逐点记录,而是成排将其像元点同时予以记录。在太阳高度角大于30°的良好条件下,可以获摄地面反射率小于0.5%变化的地物图像。该高分辨率探测器(HRV)系安置在SPOT卫星上,每台都带有一个定向反射镜,可进行倾斜摄影,从而产生了旁向立体效应。它可构成遥感立体像对(见图1-3),为地形图编制奠定了基础。

SPOT卫星获取的图像分辨率较高,全色片为10m×10m,多光谱片是20m×20m,它们适宜编制1:10万或1:20万地图,这为革新普通地图的编绘技术开创了一个新的途径。同

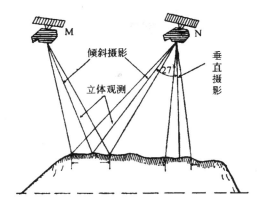

图1-3 SPOT卫星立体摄影观测示意图

时由于图像分辨率高,对于专题解译制图具有很好的效果。SPOT卫星图像还有利于大比例尺地形图的更新。SPOT卫星将使航天遥感与制图的发展达到一个新的水平。

同时,获取遥感资料的手段也日益改进和完善。例如红外探测、微波探测等可以在夜间和云雨天的情况下拍摄像片,从而对水温的测定、环境污染的监测、地质基底的构造和冰盖下地貌的研究都具有独特的探测能力,它们都是专题制图的重要信息。目前,利用不同遥感手段取得的图像合成,进行复合图像的解译处理是遥感专题分析与图谱研究的有效途径,如航空及卫星图像与侧视雷达图像的组合,等等。

第三节 遥感制图发展的新时期

自1972年美国第一颗陆地卫星发射以来,法国、俄罗斯、欧空局、印度和日本与我国相继成功地发射了地球资源卫星,遥感的地学应用得以迅速发展。此前,美国收集了各种地物的光谱数据,测定了600多种岩矿、2 000多种植物、1 100种土壤和60多种水体的光谱特征曲线,为遥感地学分析提供了基础依据,并于70年代末编制了全国1/3的土地利用图等。1973年巴拿马的第一届拉美遥感学术会议上,已反映出墨西哥、巴西的遥感在资源与环境领域应用的成就,如它们分别编制了墨西哥的土地档案图和亚马孙河流域的地质图等。1976年英国开展了全国的遥感土地利用制图,重编了英国1:5万的土地利用图。同年日本进行了遥感作物面积分类与估产。对此,目前美国处于领先的地位,农作物估产的精度高达97%。此后,世界上不少国家,如菲律宾等利用遥感进行了土地面积分类与制图;加拿大、澳大利亚等开展了地质填图;瑞典的遥感森林分类制图也达到了新水平,1975年瑞典等国家还合作利用侧视雷达图像编制了海冰预报图。此间,我国也积极引进了美国陆地卫星图像,并发射了自己的国土普查卫星,编制了全国影像地图,开展了遥感地学分析,编纂了遥感地学分析图集等。同时,进行了京津唐地区的国土卫片资源与环境综合分析应用,编制了1:25万的8种专题系列地图,以及开展了天津市城市环境遥感动态监测和长江、黄河三角洲环境变化研究,建立起遥感监测系统等。20世纪80年代,随着SPOT、Landsat-5等图像的开发,遥感的资源与环境分析应用达到了新的阶段。我国先后利用遥感图像编制了全国1:25万至1:200万的土地利用图。1984年,国际地图

学协会(ICA)提出了资源环境与海岸的制图;90年代,ETM、SPOT和中巴资源卫星1号以及IKONOS的1~4m高分辨率图像之涌现,为遥感的地学分析综合应用开拓出广阔的前景。近些年来,国际上,在资源清查、环境保护、沙漠化调查、土地退化和城市动态分析制图等领域都取得了许多重要的成果:如遥感三维信息可视化图解,干旱区地表沙化的监测等。

20世纪末,我国资源卫星的成功发射,体现了我国的遥感卫星由低分辨率向高分辨率方向发展,纳入了新经济信息时代的全球化空间应用的行列。国内各有关部门都在积极利用自己的资源卫星获取的原始数据,开展农作物类型的识别、种植面积监测估算、精细农业分析、区域环境监测、城镇变迁、生产结构布局以及地质矿产调查和专题制图等。其应用已涉及我国农、林、水、土、环境、地质矿产、油气、灾害、城市和海洋、测绘等领域,对我国重大资源、环境数据库的建设起到了积极的作用。这对我国资源卫星应用示范系统的建立具有重要的意义。

1999年我国与巴西合作发射了中巴资源卫星。实践表明,中巴资源卫星图像层次分明、清晰可读,一般可适用于1:10万~1:25万的土地利用等专题内容的解译。例如,利用CCD获取的B_2、B_3、B_4波段组合的假彩色图像,可以识别出耕地、园林地、牧草地、水体、居民地、交通用地和未利用土地等类型,编制1:10万土地利用图。另外,在河、湖、水系演变中的分析也展示出其良好的效果。在海洋分析方面,对海岸带变迁、海洋环境污染、海洋环境灾害以及海洋资源的分析,都取得了理想的效果。可以相信,今后能得到更好的应用成果。

20世纪90年代,美国IKONOS卫星1~4m高分辨率图像的出现,引起了世界广泛的注意。该卫星重访周期为1~3天,侧摆26°,幅宽11km;有0.45~0.90μm的全色1m空间分辨率图像及0.45~0.52μm,0.52~0.60μm,0.63~0.69μm和0.76~0.90μm四个波段的多光谱4m空间分辨率图像。它拥有11Bit及8Bit的全色与彩色图像,如经地面控制和数字高程模型(DEM)处理,其标准误差即均方根误差(RMSE)为1m的由GIS和精确定位编制1:2 400的精品图像;均方根误差为2m的用于1:5 000制图的精品图像;均方根误差为5m适用于编制1:10 000的专题之图像;均方根误差为6m适于编制1:25 000地图的图像,以及均方根误差为12m适用于编制1:50 000的参考图像。

上述IKONOS卫星的几种图像产品是经过不同精度的地面控制和数字高程模型处理的,其适用于编制1:2 500~1:50 000的地图,可与航空像片相媲美。此外,还将全色1m图像与4m多光谱图像融合成1m的彩色图像,其几何纠正产品的均方根误差为25m,适于编制1:10万~1:25万的专题地图。

通过实践应用,将IKONOS 1m全色图像与4m多光谱图像的融合,是一种颇优的效果,适于识别分类,提高成图精度,适用于资源与环境的分析制图。据江苏遥感中心实验认为,利用IKONOS的5月盐城幅图像,能识别出水田、旱地、菜地、园地、绿化地、城区、乡村住地、工矿区、铁路、公路、村道、河渠、鱼池等类型的1:10 000土地利用图。

美国Space Imaging公司的IKONOS卫星摄取的是全球第一颗民用1m级图像,它不仅适用编制1:2 500~1:50 000专题地图,而且可用于修测1:10 000地形图,或修测大比例尺的普通地图等。

从上不难看出,高分辨率图像,对于开展城乡地籍管理调查,乡、镇土地利用普调和城乡土地规划,资源、环境专题准确识别分类制图与建立地籍管理信息系统乃至地学信息图谱研究等都有重要的应用价值。

20世纪50年代,世界上雷达遥感得以开发,此后,美、加、德、荷、法、澳、俄和我国先后都拥有机载的合成孔径雷达(SAR)系统。自70年代末,美国揭开了海洋卫星(Seasat-A)雷达遥感的新世纪以来,美、加、欧洲空间局、原苏联、日、俄又成功发射了星载合成孔径雷达,目前已广泛地应用于地质、农、林、水、土、海洋和测绘制图等领域。现它们已发展为新一代的多频(率)、多极化、多通道、多模式的合成孔径雷达系统。

雷达遥感是一具有穿透性能的全天候、全天时的先进技术。它极大地增大了时、空域上的观测范围,加强了地物时效性的应用,诸如洪涝灾情监测、水情监测和作物长势监测等。雷达成像具有相干性,故其可获取高精度的目标三维信息和DEM数据,这为先进的测绘立体制图提供了新的信息源和多极化SAR的地物更多信息。

SAR图像现已广泛地应用于森林植被类型制图以及自然灾情分析研究,如地震灾情、地面沉降等。1974年Graham就利用SAR图像进行了地形测绘和制图。90年代自日本、欧空局和加拿大先后发射了JERS-1、ERS-2及Radarsat卫星(1995),从此,使SAR的应用走向实用化研究。例如,数字高程模型(DEM)数据和数字地形图的生成。对此,可以相信InSAR技术的发展,随着其时间分辨率和空间分辨率的不断提高,不仅对1:2.5万或更大比例尺地形制图产生积极的作用,而且对自然界的专题分析监测与制图有着重大意义。

利用雷达图像与其他平台的卫星图像融合,对洪水灾情进行实时监测分析取得了理想的结果。1998年夏我国长江发生特大的洪水灾害,中国科学院曾及时利用加拿大的Radarsat SAR汛期数据与美国Landsat TM汛前数据进行融合分析,从而获得了汛前的水情和洪水期间不同日期洪水淹没区、滞水内涝区、未淹作物分布区以及城镇居民点等水灾实时监测图,取得了上述洪水灾情的不同分布面积,供作洪水灾情的分析评估。

20世纪80年代,随着高新技术的进步,高光谱图像或成像光谱技术,又成为世纪之交乃至新世纪遥感的前沿课题。

目前世界上,美、加、日、澳、欧洲空间局、法、德及我国相继研制成了高光谱成像遥感器,它们的波段一般是数十至数百个。如美EO-1卫星的高光谱通道为542波段;Orbview-3卫星与280波段高光谱仪配套的是分辨率达1~2m的遥感器。它们在土地利用现状调查、植被细分制图、农作物长势估产、精细农业分析和环境监测以及海洋水色研究方面展现出了广泛的应用前景。

成像光谱图像数据具有波段多、光谱分辨率高、数据量大等特点。其海量数据压缩技术、高速处理技术及其图像特征识别提取与地图可视化研究已成为当前的关键。

总之,随着遥感技术的发展,遥感制图不断地被推向新阶段。

1. 航空遥感分析与系列制图

航空摄影测绘70%的地球陆地面积,仅用了约50年的时间。30年代,它基本上取代了传统的经纬仪、平板仪测图的方法,采取航摄解析测图、航空像片分析判读与其系列制图,推动了大比例尺地形与专题制图的迅速发展,建立起航空摄影测量制图理论体系及技术系统。

航空摄影测量为地图编制提供了现势性强、客观可靠的统一信息源。它是地形测图和专题制图的第一手重要资料。

航空遥感专题制图(见图1-4),是以地理相关分析为基础的综合制图研究,是开展系列制图的基本途径。

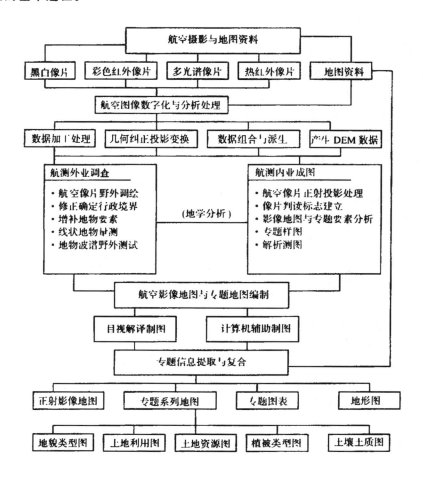

图1-4 航空遥感专题制图工艺

20世纪60年代初,陈述彭教授率领中国科学院地理研究所等单位组成的考察小组赴海南岛,对华南热带作物开展了航空像片的综合调查与系列制图的探索。在这次航测制图的试验中,根据当时农业生产的需求,利用1:14 000~1:16 000的航空像片编制了1:1万~1:2.5万的重点国营农场和乡镇田间基本建设和生产管理使用的地图,以及海南全岛1:2.5万的6种基本自然条件图与1:20万的土地资源图。它们如:

(1)微地貌结构图:分为滨海、河谷、台地、丘陵、山地5个大类,共分40个基本类型;

(2)坡度组合图:按机耕、封山育林等生产指标分为3°~5°~8°~15°~25°~30°等五个不同的坡度组合;

(3)植被图:按森林、草地、滨海植被和栽培植被划分为4大类,共分为18个群系,覆盖度5级;

(4)土地利用图:划分为粮食作物用地、经济作物用地、林地、草地、抛荒地5大类,共分 19 个基本类型；

(5)土壤土质图：分砖红壤性土和红壤、紫色土、水稻土、沙土、盐土和石骨土 7 个大类，并细分成 43 个土种和变种；

(6)农田地形图：其中，农业与土质、植被要素，试用底色代替符号，用 3 种底色表示 7 种不同的土地利用类型，用符号与底色结合表示 15 种不同的植被，同时结合有橡胶和其他 3 类热带经济作物，采用 5 种土质符号。

通过海南岛热带航空像片农业综合制图的探索得出，要适应热带作物农场和乡镇基本建设的需要，利用航空像片编制详实的大比例尺地图展示出广阔的应用前景。

实验表明，在热带地理环境下，利用红外波段可增强土壤之间的反差，利于土壤判读。至于热带雨林及热带作物的识别，研究其物候特征是十分必要的，对推广航空像片的应用有深远的意义。

20 世纪 70 年代末，云南腾冲航空遥感综合试验，是一次检验我国自制的航空遥感仪器、航空遥感综合应用的全面试验。它是一次多部门、多学科、多专题的大型科研工作，有全国 70 多个单位 700 多名科学技术人员，分 33 个专题进行的集体研究项目。这次航摄总面积达 2 万多平方公里，涵盖各种地物 100 余种，获得 1 000 多组数据和波谱曲线，是我国首次实测了大量的波谱数据。同时汇编有测绘制图等分册报告、软件等，并编辑出版了集中体现地理制图、遥感制图和系列制图特点的《腾冲航空遥感图集》，是一次大型的遥感系列制图的成功尝试。与此同时，在遥感系列制图的基础上，开发了遥感信息机助制图软件，自动编制了《腾冲农业统计地图集》(1985 年)，成为我国第一部利用计算机制图出版的地图集。这次航测试验达到了"一次实验多方受益"的目的。自此后，诸如天津渤海湾地区的航空遥感试验，天津市环境质量图集的编制，二滩-米易地区航空遥感试验及土地利用覆盖等系列制图，如雨后春笋似地出现，被广泛地应用于农、林、土、水和测绘等各个领域。

2．航天遥感多源综合分析与识别制图

20 世纪 70 年代，随着卫星遥感的快速发展，导致地学研究手段的技术革命，推动着地学基础理论方法研究进入了一个新的发展阶段。

卫星遥感的应用一般经历了由单一波段到多源的组合分析，由静态到动态监测和预报，由目视解译到模式识别分类乃至建立图像信息系统，通过应用模型进行系统多源综合分析，直到产生各种资源与环境要素专题地图。其成图工艺流程见图 1-5。

航天遥感的应用自 70 年代以来，随着地理信息系统(GIS)等高新技术的发展，已涉及到所有相关的空间信息领域，诸如农林、土地、水利、矿产、海洋、自然灾害、环境保护以及全球变化和区域可持续发展等等。

利用空间图像分析制图，主要是依据地物对电磁波的光谱响应、空间响应及时间响应等特性的基础理论。但是，地物构像是自然综合体集中表征的结果，它内涵有空间特征、时间因素和地物之特性，因此，研究与地物构像密切相关的、且会直接影响其成图质量的基本属性，即对图像背景参数的研究是不可忽视的基本环节。

1) 制图信息源的背景参数应用分析

遥感信息是专题制图的重要信息源。但是，在专题制图中并非所有图像信息都能有

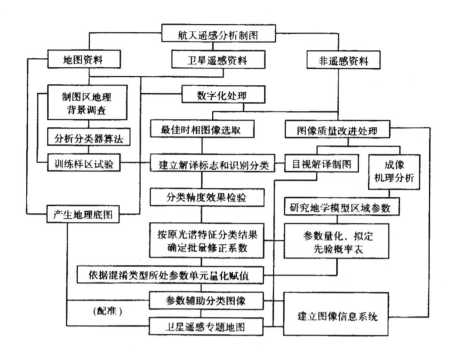

图 1-5　航天遥感专题制图工艺流程

效地适用于制图,这与成图的对象、用途与要求紧密相关。因此,选取信息源时应据此作地学相关分析,诸如:

(1)遥感空间信息的地学生态特性与其制图对象和适中尺度的研究。这对于光谱成像机理研究及其成图内容表达和选择适中制图尺度,满足成图精度的比例尺是必要的,以达到遥感专题制图的实用、经济的效果。

(2)图像模式识别分类图像的物候分析。遥感制图的信息源应依据不同的地物类型及其成图的目的,进行地物物候特性的研究,以选取其成图的最佳时相图像,以增强图像识别度,提高其可分性,同时也可运用地物物候成像的时间差,开展资源与环境要素的演变和动态监测研究。

(3)专题制图的波段优化组合分析。随着多光谱信息和成像光谱技术的发展和应用,在专题制图中对针对性地物识别,波段的选择和组合是甚为重要的。比如,针、阔叶林的区别,SPOT 3 是一主要波段。对于多光谱图像,组合波段的优化是提高图像识别力的有效技术,其一般以三波段组合较为适宜;对成像光谱来说,一般可有更多个波段(如:7~30个)的组合。诚然,组合波段愈多,计算处理的信息量就大,工艺较复杂。因此,遥感专题分类制图,波段的优化组合是图像识别制图的一个基本背景参数。

2)图像识别分类器算法的分析与训练样区的研究

对于空间信息专题制图,不同的分类目标,对分类器的精度要求是不同的,所以分析并选择适应的算法是不容忽视的。比如,最大似然率算法,一般适用于土地利用与覆盖的识别,纹理结构宜于地质构造等的分析。为此,有的放矢地分析适宜算法是提高其分类制图质量的重要一环。

随着获取信息源的遥感器等技术的进步,三维(或多维)信息的处理、定性到定量信息的分析,运用双向反射函数的算法有其独到之处。在考虑算法的同时,研究所分类型的训练样区之选取是事关紧要的,它关系到图像识别成图的精度。选定样区时,既要分析制图区内所分类型的分布规律与特点,同时也要注意到各类地物的生态环境及其地物的典型代表性。

3) 算法识别制图中遥感区域参数的分析应用

以地物波谱特性提取图像有效信息是地物识别分类的重要依据。但在具体分类时,往往受众多因素的影响,难以达到理想的结果,其主要是受区域条件的差异所致,因此,在设计地学、生物学模型时,应考虑其相关的因素,分类时需考虑区域校正系数,其目的在于最大限度地提高空间遥感信息智能识别分类与制图质量和精度,对此,通常有如下两种情况。

(1)地理相关辅助分析。空间地物成像受到制约因素的影响,故需拟定区域校正系数,予以改进。例如,山区草地垂直带的类型分布与其海拔高度有密切关系,这就要求依据不同垂直地带的草地类型,研究其数字高程模型,同时研究其参数量化和模型的赋值问题,从中提高识别效率。

又如,地物因受地形起伏的影响,产生图像阴影,于是也可视太阳入射角的关系辅以其值,消除因地形的作用,改进辐射亮度值。

(2)模式识别中区域参数的应用研究。从地物表面现象描述到地理内在规律,乃至提取有效信息,除了对模式算法的选用外,分析地物类型的成像机理、确定区域参数,以形成量化修正系数改变其判别函数,是地学分析应用的一重要途径。因为欲分类地物的判别函数,不仅取决于其各自的统计参量,而且还取决于其先验概率修正值。当若干类地物统计参量甚是相近时,修正系数值的大小对判别像元的归类有着决定性的作用。因此,利用区域参数,确定各类欲分地物的先验概率修正系数值并按模型赋值,是改进航天遥感图像识别制图的一有效技术环节。

上述是卫星图像模式识别成图中的几个主要环节。在具体实施过程里,用户可视研究目标对象和需求,作增删应用(详见图1-5)。

随着不同平台、不同遥感器等技术的进步,航天遥感图像的种类日益增多,诸如侧视雷达图像(SAR)(包括干涉雷达、差分干涉雷达)、高光谱图像等,都得以较广泛深入的应用。

雷达图像具有全天时、全天候和穿透力强等特点,它与可见光摄像之比,有着时间域与空间域上的应用优势,比如,数据获取具有较好的可靠性与时效性及其有效性。

我们知道,合成孔径雷达(SAR)的电磁波,一旦与地表面相作用,就会产生具有一定幅度、相位和极化的反射波特性,而这些特性与地表的粗糙度、介电常数和地形斜度(起伏等)的参数相关。对此,任一地区的任一地物的变化,都可能改变上述3个地面参数。从而为利用雷达图像监测自然要素或各种诸如地震、火山、地面沉降、泥石流、滑坡以及洪水、土壤侵蚀、沙漠化、盐碱化和病虫害等自然灾害提供了地学应用的依据。因为,自然要素的变化,在SAR图像对其地表的参数都会有不同的影像特征反映,从而可满足用户不同频率和极化的使用要求,提供散射的机理信息。

关于干涉SAR,因其可通过两个相隔一定距离的天线获得被测区两幅SAR图像数据,从而得到所测目标的地形高度,提供 SAR 的 DEM 数据。目前,差分干涉 SAR,可用作厘米级小尺度偏移测量,如地面下沉,地形地震破坏程度的分析应用。

从上分析不难看出,遥感的应用,地学、生物学等知识的投入是一重要的基础研究和技术途径。所以,其在地理信息系统的支持下,融合全球定位系统,开展遥感制图是一项前沿研究。

第四节　信息融合技术的遥感制图

空间遥感信息是地学分析应用的重要信息源。利用空间信息进行图像识别分类与制图,通常是采用适合的信息源,选择所需的分类器算法进行模式识别。但实际的应用中,空间图像内不少信息是混淆的或是被隐含的。因此,要区分识别或者揭示它们,必须投入知识,进行智能决策分析,这就要运用信息融合的一体化体系。因为,遥感可实时快速地提供现势性强的第一手信息源,它可不时地获取用以各种应用和动态处理的地球信息及实时更新各种专题地图;全球定位系统的主要作用旨在实时导航和定位,它可用于大地测量,并扩展到遥感测量之中,应用于空间信息定位提供空间坐标。同时,可补测地物要素和地图数据实时之更新;地理信息系统是海量空间信息处理,特别是对具有多媒体网络、虚拟现实技术及可视化的强大空间数据进行综合处理的技术保证。

信息融合集成,不仅可实现彼此间的互补,而且可产生强大的边缘效应(见图 1-6)。

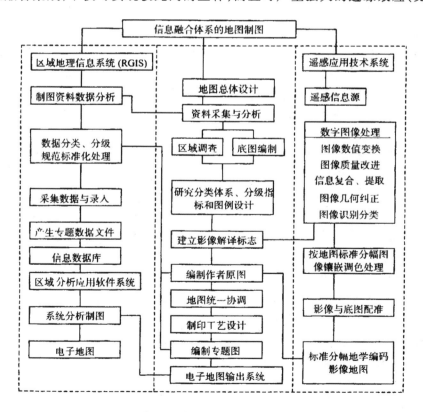

图 1-6　信息融合体系的地图编制工艺框图

在系统融合中,RS 与 GIS 是最基本和关键的集成。以遥感作物估产来说,它是一个复杂的系统。要达到一个高精度的估产目的,单凭某作物的光谱特征,不投入知识、不以地学相关信息借以 GIS 的决策分析,是难以取得理想的效果。

"八五"期间,作物遥感估产的试验研究基本上是采用 RS 与 GIS 的融合技术,进行估产面积提取和制图的。例如,东北玉米遥感估产,首先对玉米遥感估产区域,根据玉米的生境将其适于玉米生长的条件分成若干区:如适宜玉米生长区、较适应玉米种植区和不适宜种植区等。这样利于提高玉米选择训练样区的准确度和分类的精度。因为分区分层分类可以减少识别误差。与此同时,再根据玉米分布区的地理背景及其相关影响因素建立其背景数据库,比如,玉米分布区的生境要素、生态条件和基础相关信息等等。于是,就可在 GIS 支持下,调用作辅助作物估产算法的基本参数;将图像与相关的土地利用图等复合选取样区,进行监督分类,另与玉米生境配合辅助分类,对提取估产面积有积极的作用。由此可提供一定质量的估产用的玉米面积分布图,从而保证估产的质量和精度。

由上可知,多源信息融合技术是多源海量数据处理的一种新方法。它能增强遥感数据的空间分辨率和使用率。近些年来,随着小波理论的发展,小波分析法得以较广泛的使用,它对提高图像的解析能力,有着积极的作用。它不仅能较好的保持原始图像的光谱信息,而且可多层分解图像的富集信息,有利于遥感地物的解译和应用分析。

1. 基于 GIS 的遥感信息电子分析制图

伴随遥感技术的进步,20 世纪 60 年代初,遥感系列制图成为一种新的地图成图概念和方法。即利用同一遥感资料,通过室内外调查研究,在按标准处理编制的统一正射影像底图上,经地学分析,遵循系列地图统一协调拟订的各自分类体系和图例,按不同的要求和解译标志,同步编制成一套专题系列地图。这种系列图,不论在内容上或是在形式上都是相互协调一致的,是一种从系统工程理论反映现代地图综合制图方向发展的新趋势。

对此,由统一遥感信息源地学分析生成的专题系列图,在 GIS 的支持下可作为信息复合或派生制图的基本要素数据,通过制图开发系统与分析评价应用软件进行各种新的组合分析制图(图 1-7)。

由图 1-7 可见,以遥感信息编制的专题系列图为基本要素图件,用作再生图的信息源,基于 GIS 应用软件可进行信息复合和多因子综合分析评价,从中产生另一系列新分析图型,诸如,土地效益分析图、区域中心引力强度分析图和土地价格评价图、区域开发环境图以及区域开发潜力分区图等等。这样,就可按电子地图集的设计要求,运用信息系统,集数据管理、分析与制图技术于一体,将其结果按图集的总体设计,汇存于磁盘或光盘,形成特种的电子系列图或电子地图集。我国 1991 年由中国科学院地理研究所研制,测绘出版社出版的第一部电子地图集就是运用信息融合系统研制而成的。这是现代地图编制的一个新技术途径。

2. 地球信息科学体系的高速全息数字化制图

开发信息资源,发展信息技术,实现国民经济信息化是新世纪信息社会的首要任务。要实现地球信息的这一全过程,必须将卫星遥感应用、地理信息系统、计算机辅助设计制图、多媒体与虚拟现实及互联信息网络和多维可视化技术等融合集成科学体系,以形成对

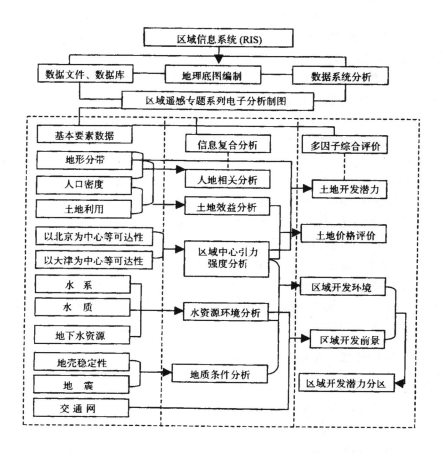

图 1-7　区域遥感专题系列电子分析制图工艺框图

信息流、物流、能流、人流进行时间、空间的综合分析和全息数字化制图。

现代地图研制中,空间动态分析、多维乃至高维可视化、多媒体网络制图等都是重要的内容。目前,不少 GIS 的数据模型大多是二维,且往往是非时态的,因此,很难满足动态分析之类的应用要求。所以,面向对象数据模型研究,构建时间维与空间维一体化、空间数据与属性数据一体化和矢量与栅格数据一体化的数据管理系统,是当前系统集成、数据融合共享关注的共性问题。

可以相信,诸如面向对象及高维数据模型等的开发,会极大地增强地球信息的融合和动态分析的功能,形成为全数字自动化制图系统。新世纪,地球科学信息化的发展、地球信息的科学体系融合集成,也将成为开拓数字地球的重要平台。诚然,地球信息的崭新科学技术体系和地学信息图谱的研究,势必会推动现代地图学的飞跃发展。

参　考　文　献

[1]　陈述彭.地学信息图谱刍议.地理研究,1998,17(增刊)

[2]　京津唐地区国土卫星资料应用研究组.国土普查卫星资料应用研究(I),科学出版社,1998,209～211

[3]　陈述彭.地图学发展的历史过程.地学探索·地图学卷,科学出版社,1990

［4］ 陈述彭.地图学研究方向和任务的商榷.地学探索·地图学卷.科学出版社,1990

［5］ 陈述彭.海南岛热带航空像片分析与农业制图的探索·地学探索.遥感应用,科学出版社,1990

［6］ 傅肃性、张崇厚、李秀云.图像信息分类制图的区域参数应用研究.中国图像图形学报,1996(2)

［7］ 庄逢甘主编.中国地方遥感应用进展.宇航出版社,1998,193～497

［8］ 陈春、张树文、黄铁青.梨树县玉米遥感估产背景数据的建立和应用.小麦、玉米和水稻遥感估产技术试验研究文集,中国科技出版社,1993,261～263

［9］ 傅肃性、曹桂发、张崇厚.京津地区生态环境地图集与电子地图集的研制.第四届全国地图学术讨论会议论文文集,中国地图出版社,1992,198～201

［10］ 陈述彭.地理信息系统的基础研究——地球信息科学.地球信息,1997(3)

［11］ 刘华训、傅肃性等编著.中国地理之最.中国旅游出版社,1987

第二章 遥感制图的功能与效应

　　地图是地学研究中不可缺少的重要手段,同时也是地学工作者表达研究成果的一种有效方式。因此,地图的现势性和科学性是地图编制生产过程中要解决的根本问题。然而,以往的地图编制通常受到资料来源的限制,工序繁多,导致地图周期冗长,科学内容陈旧。通过长期来的遥感制图试验,使人们更进一步地认识到地理环境信息的分析及空间信息识别分类制图是地图学中一个重要的技术革新。遥感制图成为地图学的新分支。

　　一般说,遥感信息分析的结果,通常是以图、表形式予以表现,尤其是专题地图的编制,例如土地利用与土地覆盖图、土地类型图等。对此,连续不断的遥感信息源是保证地图现势性和科学性的关键,也是促进现代地图学发展的一个重要前提。

第一节　遥感制图——地图学的新分支

　　遥感信息是地学图谱研制的一种重要信息源。由于遥感信息数据具有周期性、现势性和综合性等特点,适合于各种目的、用途的专题信息提取,因此,遥感制图是其一个主要的应用领域。遥感专题制图成为一个新的发展方向。

　　遥感图像是地物诸要素波谱特征的综合表征。故此,对其应用必须考虑地理空间信息构像的机理、影像结构的相关制约性。因为在一定的区域范围内,反映地理环境的各种自然景观、地理要素之间存在着相互依存、互相制约的关系。所以,对于一个地理综合体的影像分析,必须运用地学的知识进行综合研究,这不论对于目视解译制图,还是图像模式识别成图,都是一个重要的方法。这就不难看出,利用遥感信息识别制图,不仅需根据地物波谱特征提取专题信息,同时应注意到地理环境对波谱特征的影响,而且这种影响是因时因地而异的。只有这样,才能在遥感信息空间分辨率、波谱分辨率和时间分辨率的综合分析基础上,针对研究对象采用适当的方法,从遥感反映的综合信息中提取必要的信息。这就是遥感制图地学分析的基本思路。显然,要使地物遥感信息得到充分合理的提取,应该将图像信息与区域的地物时空分布规律有机地结合起来分析。

　　实践表明,遥感专题制图的质量和精度,除了与信息源质量和技术方法是否适当等因素有关外,还与地学分析的应用程度有密切的关系。

　　现代制图学中,信息传输理论的实质在于科学地实现信息制图的系列转换,以达到高效益的目的,使制图信息的提取从低层次的分析向高层次的综合方向发展。

　　信息系列转换的关键是信息源的数据采集、处理及制图分析技术的研究。它关系到整个转换过程中的精度、质量、速度和效益。

一、遥感制图的科学意义

遥感信息包括航空和航天的两种,在此重点论及航天信息编制地图的作用。我们知道,自遥感技术引进制图领域后,地图的科学性、现势性和艺术性都发生了根本的变化。

1. 由地球以外观测地球景观,从根本上改变了地理制图资料的来源和制图技术

卫星可以连续不断地向地面传送任一地区的地物信息,因此,航天信息使资料具有全球性、完整性、系统性和周期性,从而保证了编图资料的来源。这种测绘手段的革新,显然为编图解决了一系列的难题。

(1)地图的现势性。地图资料是编图过程中影响全局的关键。目前航天信息覆盖地球的每一个角落,因而一般说它不存在资料的空白地区。包括人们难以进入的制图区域或禁区。同时,它不分疆界、海域都能获得所需的遥感信息,这对编制国内外任何比例尺地图,均不受基本资料限制。从当前世界各国地图资料来说,尤其是一些发展中国家,现有的地图,其应用的资料往往是不完善或属于陈旧的。20世纪70年代以来,不少国家利用陆地卫星图像修编和更新普通地图,新编各种专题地图,这就基本上能保持地图的现势性。

(2)加强地图动态分析。环境监测和动态研究,很大程度上也取决于资料的来源。在传统的制图中,很难利用地图作实时动态的对比分析。现在人们可以有目的地从不同时期、季节、日期中选取相同研究区的图像制作出地图,进行定性和定量的对比研究,有许多要素可以直接对比监测。当今世界上有许多国家就是运用遥感信息的这一特点开展作物的估产研究,以掌握从种子萌芽到收获的每一环节的有效信息。这就不难看出,地图资料的完整性、系统性和周期性对地理环境动态分析的重要性。

2. 遥感制图缩短了地图生产周期,加快成图速度,降低制图成本

在以往的传统制图过程中,对不同比例尺、不同精度的地图资料的收集分析常常要占去大量的时间,而且很难保证地图质量的一致性,在制印工艺上还会增加不少处理的过程。另外,利用航空像片立体对成图,其航摄成本、制图费用都较高,而且成图范围和比例尺都受到一定的限制,周期也长。如果采用卫星图像,例如 SPOT 的精细图像产品,就可直接用来快速编绘大比例尺地形图和更新地图。对比传统的制图,不论在人力、物力或是时间、速度上都显示出航天遥感制图的明显效果。就拿土地利用图来说,效率可以提高很多倍。比如 30 年代英国在全国开展土地利用调查与制图,数万师生花了五年时间完成了1:10000 的 22000 幅图,1975 年它们利用遥感资料,采取新技术自动制图,仅 4 人花费约 9 个月的时间,从资料分析到自动成图完成了全国 1/5 万土地利用图。可见遥感 自动制图比传统的调查制图效率要高很多倍。

3. 促进图像自动分析与制图事业的发展

遥感图像是地物光谱以一系列二进制形式记录于磁带的数据。它便于直接输入计算机进行各种必要的处理,实现制图自动化。遥感图像的辐射强度记录是以灰阶形式进行的(即 $N = 2^b$, $b = 6$, $N = 64$; $b = 7$, $N = 128$; $b = 8$, $N = 256$)。对此,图像中的灰阶变化,倘

若仅凭借人眼来识别地物是很难做到的。因此,通常须进行光学处理或计算机增强等处理改进图像质量,以实行图像识别分类与制图,从而大大地促进现代地图生产的自动化。

4.改变地图制图工艺过程

在常规制图工艺中,一般是由大比例尺地图经过地图基本要素内容的标描缩成中比例尺过渡图,选用适当的比例尺编绘原图,最后缩至出版的中、小比例尺地图。但是自利用遥感遥测技术编绘地图后,这种由大比例尺到小比例尺逐级进行编图的过程得以改变。目前利用遥感信息编图,一般情况下,是直接采用图像软片或CCT磁带作为基本资料,而它们的比例尺都较小,需放大再用以解译成图,所以通常是以小比例尺编大、中比例尺图。在图型上也有新的变化,如普通影像地图和专题影像地图,它们除了上述地图的基本要素外,还反映了地物覆盖的影像特征,从而更加充实丰富了地图的内容。

5.遥感信息的综合系列制图是遥感制图的新途径

它采用统一基础资料——遥感图像,依据图像的直接和间接标志,在一定的地理制图单元图上结合各自不同的专业,通过综合分析,编制出一系列的专题地图。这套系列地图,彼此易实现统一协调,达到要素相关一致性,并各具专题特色。

按照图像获取的地理制图单元(或土地单元)图,不仅是派生专题地图的信息基础,同时也是遥感专题自动制图的基本数据源。由单元图就可借用专题类型分类编码提取出各种类型图,而且还可作加权分析来综合评价土地类型,最后由计算机输出要素图或评价图。

另外,遥感信息具有对地物集中而概括的特点,同时由于其阴影有较好立体效应,因此,可利用卫星图像作为绘制晕渲地图参考依据,而且有助于制作有关的综合指标图谱(如地貌结构线指标图)。

可见,以信息丰富、层次清晰的遥感图像制图,其有工艺简明、生产周期短、图型生动、规律性强等特点,这对推动现代地图学和遥感专题制图的发展具有科学的深远意义。

二、遥感数字制图的应用与前景

遥感制图包括遥感目视解译制图和遥感数字制图。前者是以传统分析方法为主;后者是利用计算机系统对遥感图像进行数值变换处理的制图方法和过程,它采用专用数字图像处理系统或通用计算机及其外围设备系统来实现。其主要环节包括遥感图像输入、数据预处理、图像识别分类、几何投影变换、影像图形输出等:

(1)遥感图像输入,是将计算机兼容数字图像磁带或遥感图像数字化输入计算机。

(2)数据预处理,通过图像的数值变换处理,使原始图像的亮度值重新分布,以提高图像的层次,增强影像特征,获取理想的应用图像。

(3)图像识别分类,应用系统的设计软件、识别模式分类算法,将整个图像依据训练控制样本划分为所需的制图地物类型。

(4)几何投影变换,对在遥感成像中因受系统的和非系统的误差影响所产生的畸变,建立起纠正的变换式,实现图像几何纠正,并选取适宜的地图投影,进行地面控制变换。

(5)影像图形输出,由计算机分析、增强等数值变换处理后的图像分类的图形信息,通过输出装置回放成图像软片。

遥感数字制图的应用领域较广，其中数字自动分类专题制图（如制作土地覆盖和土地利用图等）是遥感制图的重要领域。现代遥感器等技术的迅速进步，使遥感数字专题制图广泛应用到编制地形图及其他普通地图的领域。不少国家已利用环境遥感信息开展综合系列机助制图的研究，如在同一的遥感图像资料基础上所派生的成套地图，这为自然要素的统一协调和综合制图，提供了技术的保证。它将是遥感数字制图发展的一个主流。

利用地学编码影像技术是遥感数字制图的关键，也是提高数字分析制图质量和精度的重要保证。地理信息系统是遥感数字制图的技术基础。从数字图像制图发展的特点和趋势看，应以图像多因子综合分析为基础，人工智能专家系统为研究重点，促进遥感数字制图的标准化、规范化、模式化和自动化的深入发展。

第二节　遥感制图的功能与效应

遥感技术的应用已涉及到地球科学的各个领域：如自然资源调查及其环境评价，生态环境研究和环境保护，自然灾害的调查与预测预报以及各种地图的编制、更新和地球科学的宏观研究。但是就其应用的广度和深度来看，效果较为突出的还是遥感专题制图。

目前，卫星图像在制图中的功能，主要是地图的修编与更新、影像地图的制作和专题地图的编制。

一、影像地图及其制作

所谓影像地图，简单地说就是以遥感图像信息（即航空的和航天的）与地图符号共同反映制图内容的地图。如果没有投影纠正和地理基本要素（如经纬网、高程点、等高线、交通网、居民地等）作匹配的，一般只能通称为遥感影像图。

卫星影像地图是 20 世纪 70 年代以来发展起来的一种新图型。它具有影像和地图基本要素组合的特点：

（1）它既能直观反映地表形态，又明确地表达其地理位置，因此这种地图有空间定位、直观形象，真实易读，有利于地理分析解译。

（2）图面信息丰富，内容层次分明，能清晰准确地反映诸自然要素的基本结构和分布特征，同时能明显地表示出类型的差异，这对专题调查与制图是一种很好的基础地图。

（3）多光谱图像合成的彩色影像地图，清晰易辨，而且具有立体感，在某些意义上说有着晕渲地图的特点。

（4）编图资料来源快，可以选取同一制图中的不同季节时间的优质图像成图，不仅现势性强，而且地图质量和精度较一致。可用它进行不同时期与阶段的环境监测和动态分析。

所以，影像地图对于反映地理概貌，进行综合调查和分析评价，对工农业生产以及自然资源清查与制图具有较大的实践意义。

影像地图依据遥感资料的不同，分为航空影像地图和卫星影像地图；按地图的性质，分为专题影像地图和普通影像地图；按分幅的形式，分为单张影像地图、单幅区域影像地图和标准分幅影像地图；按出版的颜色分为黑白影像地图和彩色影像地图；按成图制印的方法,分成光学合成影像地图和制印合成影像地图等。

影像地图的制作方法,可采用常规的计算机技术工艺,制作的技术途径可归纳为:"影像地图化",即从卫星影像上提取某种所需信息,以专题地图的形式来表达;"地图影像化",即直接利用卫星影像信息充实或更新地图。

因此,制作影像地图应该考虑:确定影像制图区后,需依据影像地图的对象和目的选择适合的季节最佳图像。一般说图像云层覆盖低于 5%～10% 为宜。通常图像质量在 5～9 间符合制图要求(以 0～9 级划分,9 为最好)。所以,为了制作影像地图,所选软片或 CCT 磁带的多光谱图像的质量标准应是"5555"(起码标准)。影像应层次明显,信息丰富,反差适中。影像地图的基本地理要素底图的选择,一般以最新航测地形图或实测大比例尺地形图作为基本资料。然后确定底图所需要素的内容和负载量,使影像和底图比例一致。

卫星影像地图在世界各国都有广泛应用,其比例尺一般有 1:20 万～1:600 万左右不等,但具体视用户需求而定。卫星影像地图的类型很多,大致如表 2-1 所列的几种类型。

表 2-1　影像地图类型区分表

划分标志	按地图性质		按颜色		按分幅形式			按成图方法	
					自由分幅		地图分幅		
影像地图名称	普通影像地图	专题影像地图	黑白影像地图	彩色影像地图	单张影像地图	单幅区域影像地图	标准分幅影像地图	光学合成影像地图	制印合成影像地图

利用卫星图像编制影像地图,在误差理论上有着一定的有利因素:

(1)卫星摄影高度大,陆地卫星轨道高度为 910km 左右,这对于地形起伏不大的平原、低丘来说,卫星图像因地形起伏而引起的投影误差小。

(2)在制作影像地图过程中,对 1:336 万比例尺的图像底片选用时可视原影像分辨率(即在图像底片上 1mm 中可辨明出的线条数)而确定。随着卫星图像地面分辨率的不断提高,采用卫星图像编制影像地图尤为有利。对于一些地形起伏很大的区域也可依据图像的投影差、航高和原影像分辨率加以分析,以判定利用它们的图像是否符合允许误差。一般情况,除了地形起伏甚大不宜制图外,用作小比例尺影像地图是可行的。

(3)目前应用的卫星图像多是粗制产品,所以凡在制作大、中比例尺影像地图时,往往需经过几何投影变换,以使与地理基础底图相匹配。然而在利用卫星图像编制小比例尺影像地图时,若地球曲率对制图的图上精度能保持 0.1mm 左右,则也可不经几何纠正而直接制作小比例尺的参考影像地图。

所以,近些年来世界各国,尤其是发展中国家越来越重视卫星影像地图的制作和应用,从而更迅速地促进了各类影像地图的发展。

影像地图的编制可视像片的几何特点、精度要求及其制图的对象、用途和设备条件,采用光学机械纠正和计算机纠正方法。

光学机械法主要是通过光学纠正仪来改正误差,进行多光谱影像地图的编制。对此可运用光学镶嵌和切割镶嵌制作。它们的基本过程是：

(1)卫星图像原片和地理基础底图的选择及精度分析。对黑白影像图,控制点的选择可从易于辨别、目标清晰的单波段条件考虑。例如在 MSS 7 波段上,水体要素及其相关的地物轮廓线明晰易读,对于彩色图像选点就方便多了。关于地形图上选取控制点,要视制作影像地图的精度而定,一般选择大、中比例尺地形图,但与图像的比例尺不宜相差太大。对编制大比例尺影像地图来说,选择控制点用的地形图和图像的比例尺两者应尽量一致。

(2)控制点的选择、量取与刺点。选择控制点是分别在地形图上和图像上进行的,一般各选 8~9 个相对应的同名地物点。在地形图上量取点的平面坐标(x、y),同时在图像上量算出同名地物点的平面直角坐标(行、列),它们在图面上都应是能正确判别定位的特征点,如小岛、水库坝角、主支流交点、河流大拐点等。这些点选定后,应准确地刺在卫星像片和地形图上,并作出标记绘出控制点配置略图,以便检查。

(3)依据精度要求、用途和设备条件,可分别选择光学镶嵌或计算机镶嵌技术。光学机械法包括光学镶嵌、切片镶嵌两种。它们各有特点:前者常是由感光照相纸裱版而成,然后根据控制点进行晒像;后者是将要制作影像图的像片洗印好,选择色调一致的片子进行逐张镶嵌。光学镶嵌法因裱版无纸张伸缩变形,且平整无切缝,精度质量较好,但操作中难以掌握曝光的时间,一旦疏忽就会前功尽弃。切片镶嵌法,通过切片的选择可使全幅的色调、反差基本保持一致,不过因纸张伸缩方向不一,精度难以保证。这两种方法可视具体要求而选用。

另外,采用计算机进行数字镶嵌,编制影像地图很有发展前景。这种方法对于摄影时间相同或相近的图像更有其特色。

一般是分波段实现图像镶嵌,将其结果记带,并通过输出设备,回放成所需比例尺的软片(如负片),这样可选用适合的波段编制彩色合成的影像地图。

将上述镶嵌的影像编成地图形式,还应具备一定的地理要素基础,但它们需依据编图的目的和要求,确定底图内容的详尽程度。

影像地图的划分可以按卫星轨道号分幅,如由中国科学院地理所编制的全国 1:50 万影像地图集就是属于这一类型。另外,也可按地图标准分幅,这样对于一幅正规比例尺(如 1:25 万)影像地图,往往需要 2~3 幅轨道号图幅相拼,有时要四幅或更多。为使整个图幅色调保持一致,最好选用相同摄影时期的或者彼此接近的像片,通过计算机处理解决。当然也可借助在制印过程中的有关工艺加以处理改进。

关于影像地图的常规和计算机自动制作的工艺与方法,一般如图 2-1a 所示。

利用计算机编制影像地图,目前有通用计算机制图和专用数字图像处理系统制作两种手段,两者的原理基本相同。不过前者的地理基础要素图一般可不作数字化,仅需将计算机处理的图像结果回放后,经制印合成;而后者能通过人机交互方式的处理,直接记带回放,并与底图套合成所需影像地图(见图 2-1b)。

目前我国主要是利用美国陆地卫星底片或磁带制作影像地图。如今我国有了自己的资源卫星和地面接收站,因此,对于编制影像地图中所存在的信息源等问题,如图像的质量、色调等就不难解决了。可以设想随着遥感技术的迅速发展和生产应用的迫切需要,影像地图的编制技术将进一步地发展。

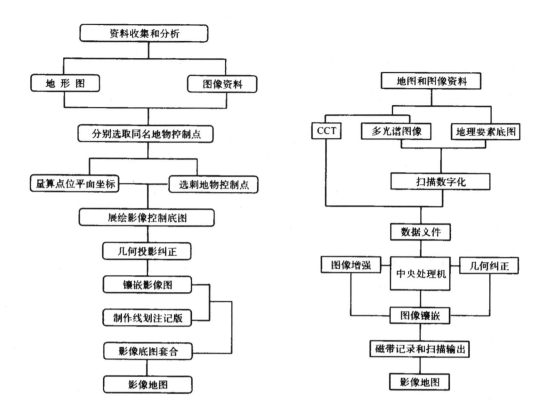

图 2-1a　常规制作影像地图过程示意框图　　　　图 2-1b　计算机自动制作影像地图工序框图

二、地图的修编和更新

利用卫星图像修编、更新地图,在国内外都已取得了明显的效果,不仅大大缩短了修编地图的周期,而且丰富了地图的科学内容,增强地图的现势性。

从其应用的内容看,不外乎是自然地理环境要素和社会经济要素。在自然要素方面主要是修改补充水体要素、植被和栽培作物等;在社会要素方面,主要是修改变化较快的居民地、交通网等内容。

1. 修编与更新地图的技术和要求

(1)修编更新用的原始图像资料的分析与应用。对于各种地学图谱的不同内容的修编、更新,应依据要素的特点分析其辐射特征等选取适宜的波段图像,同时用综合的观点和多种资料加以应用。例如对普通地图上的水系要素,它是地图的骨架,但它又是因资料陈旧和不同季节变化而容易发生变动的要素,因此利用卫星像片解译订正和补充这一内容,对于单波段图像来说,选择 MSS 7 或 MSS 6 波段是较为理想的。当然自然界是一个综合体,它是诸要素综合的反映,因此,在实际应用中总是从多光谱的相关制约性,通过综合分析来确定地物分布的规律及其特征的。

与此同时,为更有效而充分地、准确地修编地图,还需结合有关的地形图和野外考察资料进行较全面系统地分析,这样可以互相补充和引证,同时有助于增强图像解译的数量特征和质量特征的规律研究。

(2)图像数学精度的分析和处理。在我国引进的卫星图像多是粗制的产品,因此,直接用来修编地图存在着多种误差。其中有些可以忽略不计,但有的对于制图的要求需进一步检验和校正。不过,若用户只用其来对宏观现象作某些概要的规律性地填绘修改地图,那么利用粗制卫片是能满足要求的,倘使为了修订中比例尺地图需要定位,保证其一定的精度和质量,则需作若干有针对性的数值变换之类的处理(如几何投影变换等)。

从目前所采用的陆地卫星图像的精度来说,它具有系统性和非系统性的几何畸变,如因卫星姿态、地球曲率和地球自转所引起的误差。有的像片上某些地物点的位移可达500~600m,这对于地形起伏大的山区尤应注意。至于平原地区,利用一般的粗制图像,对于概略性的小比例尺地图的修编,可直接加以应用。通常在修编一般的专题地图时,对于航高大而地形平坦的地区,可视为垂直投影图,即可不作几何纠正。但对航高小于300 km所获取的图像,应作一定的几何纠正。

(3)修编和更新地图内容。利用遥感图像,修编、更新普通地图的水系要素(如河流、湖泊、水利工程等)有较好的效果。例如卫星图像能清晰而正确地反映河流拐弯的特征和形状,牛轭湖及河道汊流、河心岛的分布等。另外,在图像上的咸水湖、盐湖由于其所处的位置、色调等特点而很易识别出来,因而利用图像可订正地形图上的湖泊性质和类型特性。此外,还可选用干旱季和雨季的卫星像片对比来表示出最高湖水位和最低水位分布线以及湖泊或水库的淹没滩地。对于冰川,通过其在图像的外形特征、色调和地形的关系能明晰分辨,从而可用来修改地形图上冰川分布的范围、形态和类型。

利用卫星像片更新地图的其他一些内容也是较有成效的,特别是水利工程(如水库、渠道等)和社会经济要素(如居民地、交通网)变化快,而卫星像片成像周期短,能保证修编地图的现势性。

法国SPOT卫星图像和美国的IKONOS图像分辨率高,利用它来作地图更新尤为理想。其一般过程如图2-2所示。据估计,法国1:2.5万比例尺地形图使用常规方法进行更新,大致要花8~10年时间,若采用SPOT卫星图像对全国的1:2.5万地形图作更新,可以成倍缩减地图更新时间,从而加快修编地图生产周期。

自20世纪70年代以来,世界各国,如美国、法国、加拿大和澳大利亚等都广泛地利用卫星遥感资料修编和更新地图,目前很多发展中国家,如苏丹等大部分1:25万地图也是采用卫星图像进行修编的。

2. 修编更新地图的工艺

(1)按照更新修编地图的内容和对象,选择适当的时相和波段图像或多光谱合成图像。

(2)按修编地图的比例尺,将所需图像作光

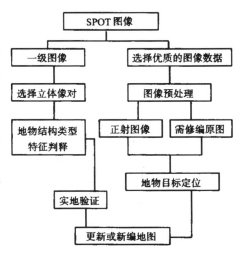

图2-2 利用SPOT卫星模拟图像更新
地图的过程粗框图

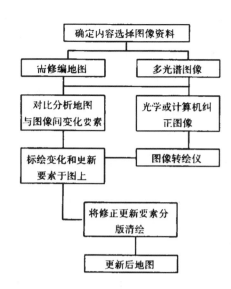

图 2-3 利用图像修编更新地图工艺框图

学或计算机纠正,放大晒印。

(3)对比分析修编地图与图像之间的差异和变化,采用图像转绘仪等将修编更新的内容转绘于地图上。

(4)依据地图修编要素分版清绘或修改原清绘版(图 2-3)

三、专题地图的编制

遥感专题制图涉及的领域很广。如地质图、地貌图、水文图、气候图、土壤图、植被图、土地覆盖和土地利用图、土地类型及其评价图等,此外,还有自然灾害图、环境污染和保护图等。所有这些地图的编制,遥感图像都已成为不可缺少的基本资料。

目前采用遥感资料编图,对航空像片来说多数是大比例尺的,其主要是分析地物覆盖与土地利用特征;中比例尺的航片镶嵌图像,能较好地反映地球景观单元及其结构特征;小比例尺的卫星图像对大地貌单元、形态结构和土地类型的观测,具有其优越性。如果在实际的应用中若能将航空像片与卫星像片有机的结合进行,那么可以更有效地从图像中揭示出地物的属性,从图像的背景中突出所要识别的目标。

遥感专题制图的基本步骤:

1.图像的分析和选取

根据确定的制图目的和对象,对制图区域的图像作必要的分析。首先应按制图的内容选择解译所需图像,其中:

(1)图像的摄像季节,关系到图像解译制图的质量和精度。不同的制图目的所采用的成像季节要求是不一样的,若为了地质地貌的解译制图,一般宜选用冬末初春期间拍摄的像片,这样地表覆盖物(如植被森林)的直接影响较小,利于较客观地分析地质地貌的内在规律和分布特征;但是对于土地覆盖与土地利用图的编制来说,所需图像应考虑制图地区的特点和制图对象,例如北方地区和南方地区,应选择各自合适的季节图像。另外,还应考虑分类的主要内容,如北方的小麦 5 月份的长势,在假彩色图像上,其红色表现十分鲜明。若对长江海滨地区,要较准确地区分芦苇的分布,量算出它的面积,那么一般选用 5~6 月间的图像较好,如江苏长江口地区,5 月间假彩色图像上芦苇呈明显的紫红色,且易区别于其他地物。比如为了编绘盐碱土分布图,就需掌握盐碱土泛碱的季节规律性。例如黄淮海平原地区,盐碱地分布较广(如德州、沧州等地区),利用遥感资料分析调查,是摸清其盐碱地的分布、变化规律和盐渍化程度是一个有效的途径。但它必须研究盐碱土发生、发展和演替的过程,从而选择适宜的季节图像进行分析。此外,还应了解卫星像片成像的前后是否有降雨,同时调查在成像季节内各种作物分布、生长状况,喜盐碱植物分布特性等生态环境。

(2)依据制图的要求选择不同特性的波谱图像。若以研究海岸地貌、沙地地貌,划分相应的地貌类型,那么选用 MSS 4 和 MSS 5 波段图像有其特点:MSS 4 波段,对于沙地、第四纪松散沉积物反映较明显,对水体也有一定的透视力,因此其对反映海滨地貌、沙地与植被过渡带分布有较好的表现,同时对水污染识别有着一定的效果;但对潮间区的海滩和波浪带的反映则较差。而 MSS 5 波段对沙地与沼泽有明显地区分,水体中的悬移质、浑浊度在该波谱图像上都有较好的反映。此外,若要表示水陆分界线、标出海岸线以及研究地质中的隐伏构造特征,一般可考虑采用 MSS 6 和 MSS 7 波段图像。它们系属近红外波段,对水体和湿地反映甚为清楚,且有利于分析水分和植被的关系,对浅层地下水的研究也很有利。

很多情况下进行彩色合成,选择不同的波段,从中选取所需合成图像。比如对于土地利用图,通常采用 MSS 4、MSS 5、MSS 7 波段合成图像;若为了着重识别灌丛、草地、灌木之类的地物,可选用 MSS 5、MSS 6、MSS 7 波段组合。通过制图区域的地理调查和分析,利用适时的季节、选择合适的波段是保证成图质量的重要因素。

2．图像的处理和识别分类

当解译所需的图像资料选定后,对专题制图来说,很重要的一环是进行图像的增强和分类处理。图像处理的主要目的在于充分而准确地将图像中的有效信息最大可能的提取和识别制图。一般有非数字的光学分析方法和数字计算处理方法。后者如视频分布的计算和分析、图像密度的分割、比例扩展、边缘增强、数字滤波、信息压缩以及各种密度变换等,这些我们把它总称为图像质量的改进。

在常规的处理过程中,通常是借助于放大纠正、调整反差色调,利用不同的感光材料,控制曝光量和特定的操作技术进行影像增强的。当原始图像资料在纠正仪上作放大处理时,可据图像反差、密度关系以挡板来控制局部地区的曝光量,并以控制点作必要的纠正。

此外,利用相关掩模法的处理效果也较好。该方法的基本原理是通过图像原片制作各种具有不同影像特征,又能相互重叠的正负模片,然后与原片进行多种组合叠掩,以构成具有新特征的图像。这种改变图像质量的方法称之为相关掩模法。这一方法虽起不到丰富原图像信息的作用,然而它可以有意识地增强其中用户所需的信息内容。

该方法要点在于模片的选配和组合,而其模片的密度处理是一个关键。模片密度表示式:

$$D(x,y) = D_0 + \bar{D}(x,y)$$

式中:$D(x,y)$ 为模片密度值;

$\quad D_0$ 是基准密度;

$\quad \bar{D}(x,y)$ 为模片的调变密度。

实践证明,运用相关掩模技术能够进行反差调整、密度分割、边界增强和专题抽取等各种有关的处理。

上面介绍的两种增强方法都是设备简易,经济实用,切实可行的技术。

在实践应用中,彩色增强是图像处理方法的一个重要途径。因为彩色图像要比黑白图像效果好得多。所以人们通常需将单波段图像实现彩色合成,不过这种光学合成,往往因成本高,合成数量少,并受技术经验所限,很难推广作批量生产。因此,开展制印彩色合成图像的研究具有生产的实际意义。

制印彩色合成法是选用最佳图像原片,根据不同区域地理特征,对不同波段进行增强处理,然后按照印刷版网点的百分数的叠置组合,套印成彩色图像。

其处理过程,首先要分析制图区内的地理特征;其次量测各波段底片上几种主要地物类型的图像密度,然后将它换算成网点百分数,以确定合成效果。实际上,它是利用不同的模片,运用各种组合来调整图像的反差和层次。例如两正片或两负片图像相加,均可增加图像的反差对比性,若将正片和负片相加,能减低图像的反差。前者适用于平原地区的图像处理,后者对地形起伏大的山区较适宜。对图像密度较大的海区水域图像,就应降低原片的底色,即进行各波段网点密度的处理。

关于数字图像处理改进图像的方法是随着电子计算技术的兴起而发展来的。目前许多图像质量的改进都可以自动实现,例如:

图像反差增强:其功能主要是对图像中若干感兴趣而需识别的地物目标,将其亮度值范围拉伸,即将原图像亮度值的区间按线性关系扩展到所需图像亮度值范围或全部亮度值区间(见图2-4)。如设用户要求将原图像的亮度值扩展为0～255,则图像亮度值扩展的

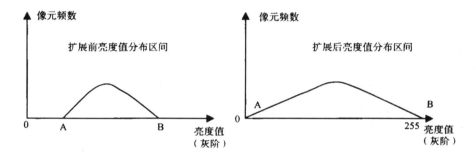

图 2-4   图像亮度值线性扩展示意图

线性关系式为

$$Y = \frac{X - A}{B - A} \times 255$$

其中:Y 表示扩展后图像亮度值;

X 为原始图像亮度值;

A 是原始图像亮度值范围内的最小值;

B 是原始图像亮度值范围内的最大值。

又如分段线性密度变换,也是扩展亮度值增强图像的一种方法。它可以依据直方图的分析,确定原图像亮度值分布需扩展的区间(如区间的最小值和最大值),同时可以突出任一局部所需扩展的亮度值,增强目标的显示。

视频均衡扩展,它同样是为了改变图像亮度值比例以增强地物目标的方法。其原理是将原图像亮度值分布函数变换为线性的均衡分布函数,也就是以压缩原图像视频两端

高低值,而扩展中间区值,使视频呈线性均衡分布,从而增强图像清晰度。

此外,指数变换和对数变换是以输入图像(待处理的)与输出图像(处理后)亮度值关系呈指数和对数形式进行数值计算处理的。它们都是为了在图像背景中突出目标的显示。

在增强处理中,图像的加、减、乘、除四则运算及逻辑代数的运算等,同样是为改进输出图像的质量。

上述列举的几种较常用的图像增强方法,它们的宗旨在于获得信息丰富、层次分明、地物清晰的高质量图像,以作为分析专题内容,编制各类符合实际分布规律和地理特征的专题地图。

可见,增强图像,识别分类包含着因果的关系。换句话说,图像信息的处理和分析,目的在于最大限度地提取有效的专题信息,以建立解译标志和分类指标系统。

人们总称的遥感图像从数学的涵义上说,它是某一区域内表征地物特征的一组数值的集合,其按数学的方式可表示成:

$$M = U\{M_i \mid i = 1, 2, \cdots, n\}$$

其中 M 为构成图像的集合,M_i 表示组成 M 集合的子集合,U 是集合符号。可见,图像是自然综合体的集中反映,而它又是由若干子集合所组成的。图像分类,简单地说,就是将总集合中属于同质相近的地物划分在一起,区分出不同的类型。目前,除了图像的目视解译外,还实现自动分类,这种分类的技术归结有非监督分类和监督分类。

3. 专题类型与地理要素匹配成图

图像质量的改进和分类的结果是实现专题制图的重要一环。但作为专题地图,必须将图像分类要素与地理基本要素经过一定的数学计算处理,使之两者相匹配,套合成所需的地图。

20 世纪 70 年代,我们利用通用机开展了遥感专题制图试验,初步形成了遥感信息专题制图的系统软件。它们由以下三个部分组成(图 2-5):

(1) 图像数据特征的状态分析。

(2) 图像质量改进的预处理。

(3) 图像自动识别分类与图形输出。

在专题制图中,根据精度和成图技术的不同要求,可以采用不同的遥感制图方法,如目视转绘,光学转绘和计算机识别制图。

由于卫星成像的外部和内部因素的原因,往往导致遥感图像记录的失真或畸变。为了准确地分析信息,有效地提取图像内容,满足制图需要,就应设法消除畸变,也就是使所表现地物之亮度值能真实地反映地面的光谱特征。因此必须为各种专题制图,实现图像的数据变换和处理。这里着重介绍几种与遥感专题制图密切相关的几何纠正和投影变换问题。

1) 图像的几何纠正

遥感扫描成像由于卫星姿态(侧滚、偏航、俯仰)和卫星的高度、速度、地球自转、曲率

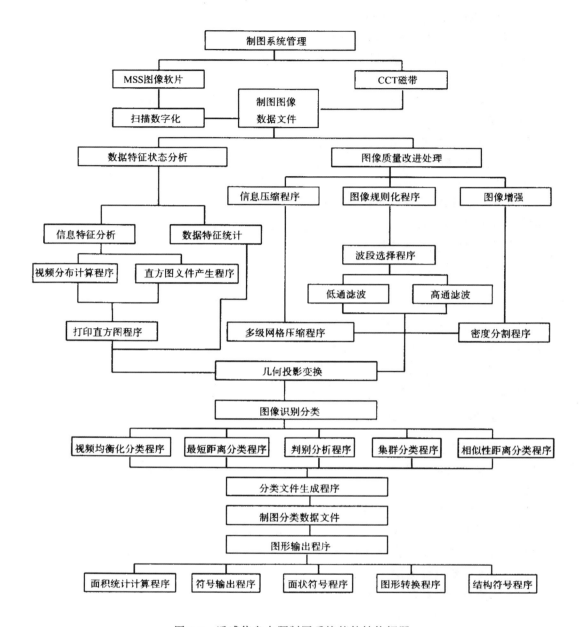

图 2-5 遥感信息专题制图系统软件结构框图

及地形起伏等外部因素产生的随机变形,称之为非系统性畸变;至于因光学系统、扫描器结构及其速度的变化而引起的图像畸变,往往有着一定的规律性,此类性质的变形称为系统性畸变。

对于非系统性的图像几何变形,由于其影响的因素不同,畸变的特性和模型各有特点。

了解图像的畸变因果关系,便于分析建立几何纠正的变换模式,并有助于针对制图对象和要求进行必要的选择、纠正和处理。若一般性的制图,对于平原地区可以不考虑地表起伏所引起的投影差而直接使用粗制图像资料。对小比例尺地图来说,地球曲率所导致的几何变形也可不作纠正;但对扭曲变形,为便于其与地理底图匹配就应考虑改正处理。

从当前所应用的图像资料看,绝大部分是属于粗制的图像,是否需要对其作几何纠正,这取决于制图的目的和精度要求。例如,解译图像如要作面积量算,就需进行投影变换和几何纠正,其中包括像元纵横比的改正。

2) 图像投影变换

由卫星所获得的图像属多中心投影。其特点是由图像中心至边缘各部位的比例尺和变形都不一样,越到边缘畸变越明显;但由于卫星的航高大,遥感器的视场角小,因此,在实际应用中,往往把它看作是垂直投影。

卫星粗制图像,一般仅仅是依据卫星的姿态、轨道和成像的精确时间等参数,确定卫星轨道位置在地球表面的投影,并以坐标计算出经纬度,然后加绘在图像上,表现为正射影像的性质。可见粗制图像的地理坐标是未经地图投影改正而加在统一横轴墨卡托投影平面上的。因此,位于每一带中央部位的图像和边缘部分的图像,其正射图像和统一横轴墨卡托平面的地理坐标两者误差不同:中央部分的图像误差很小,边缘部分的误差逐渐增大。所以边缘部分的图像应依据航测地图作控制纠正。

精制图像是在粗制图像的基础上,依照一定的地面控制点作几何投影的纠正,变换在已计算好的统一横轴墨卡托投影或极球面投影上的。因此,图像的精度较高,适用于专题制图。

关于投影的变换有光学投影纠正和计算机数值分析变换等方法。光学纠正法系属常规投影的纠正。其作业过程大致是:

(1)选取最新实测大比例尺地形图作为纠正控制底图,从中选择稳定而明显的地物控制点,同时在地形图上和图像中量测同名地物点的平面直角坐标,并利用高斯投影反算公式计算各点的地理坐标(经度、纬度值),然后将它们代入预先所选定的投影公式,计算出新投影的坐标值。

(2)根据计算所得的新投影坐标值,借助于坐标展点仪,将各点坐标展绘在纸质或毛面塑料片上,用作为光学纠正的控制底图。

(3)选择地面控制点明显的一波段软片(如负片),同时刺出每一地物控制点,继而利用大型精密的纠正仪投影与控制底图对点,并进行曝光晒像,最终完成光学投影的变换。

对于这种光学纠正方法,在我国不少单位用它来编制中、小比例尺卫星影像地图。实验表明,解析光学投影变换能保持一定的精度;但它在误差分配方面还存在着问题,所以对制图精度要求较高的情况,宜采用新的计算方法进行投影变换。

计算机数值变换法是实现地图投影自动变换的一个重要方法。对此通常运用解析法和数值变换法。解析法是在已知原图投影公式及常数的前提下,通过反算求解原投影点地理坐标,并代入新投影公式,从而建立两投影间的平面直角坐标关系式;另外,运用多项式数值逼近法,以建立起图像和地图投影间的关系,实现投影变换(详见第三章第四节)。

总之,遥感专题制图从资料的选取分析、识别分类到要素匹配成图,是一个完整的过程,可以认为专题制图是遥感应用中的重要课题。从今后发展的特点看,遥感专题制图应以遥感图像多因子综合分析为基础,借助计算机的新技术来推动专题制图的发展,利用多时相图像开展环境动态研究和数量分析。

四、遥感信息综合系列制图

环境遥感信息综合系列制图是在一定的制图区域内,利用统一的遥感图像资料,通过多专业联合调查,相互引证,综合分析,结合各自专业特点,按照统一的比例尺、分类原则和制图单元所编制的成套专题地图。所以,它既有专业要素的特点又具备有系统的综合性。

综合系列地图通常包含各自然要素图,例如地貌、坡度、土壤、森林、植被、水系及其水资源、土地利用、土地资源和自然区划等地图。它们一般有 5~10 幅图,多者可有 20 多幅。如云南丽江县,曾利用 1:20 万的卫星图像进行实地调查研究,室内解译编制了 15 幅大比例尺的专题系列地图。可见,综合系列地图是在基于同一的卫星图像资料的基础上所编制出来的成套地图(图 2-6)。

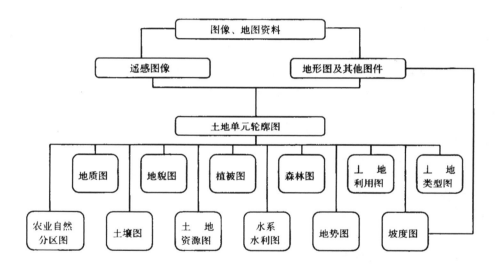

图 2-6 遥感综合系列专题地图派生过程框图

从图 2-6 看出,环境信息综合系列地图主要是通过土地基本单元(或自然地理单元)轮廓界线图派生出来的。所以在野外利用卫星图像进行多专业综合研究分析土地单元时必须认真地确定图像解译标志,从其色调、形状和分布位置等综合因素标定单元的轮廓,同时分别在同一土地单元中描述和划分出各专题类型及特点,并标出单元轮廓的序号,从而为派生各类专题地图提供了基础。

遥感信息综合系列地图具有与常规专题制图不同的特点。首先,遥感系列地图的诸要素基本图件都是依据统一的土地基本单元轮廓界线图,由各专业人员按照各自专题内容和分类图例系统同时开展解译制图的。这样,成套地图可以在相同期间完成编稿,互相对比、彼此引证,以达到统一协调的目的;其次,用遥感信息源编制的专题地图工艺有了新的变化。以往这类地图的编制一般是由大比例尺到中、小比例尺逐级转绘,或者由大比例尺野外填图,最后照相缩小成所编地图,现在可经图像直接编成所需比例尺地图。另外,人们还能从这类专题地图中量测所需数据,并结合必要的统计数据,产生新的统计地图。

可见,遥感信息的土地单元轮廓界线图是派生专题分要素图、类型组合图和土地分析评价图的基础,是计算机成图的信息源。因此,它也是系列制图自动化系统的前提。

根据土地基本单元轮廓界线图实行专题地图自动编制的方法,是通过自然诸要素组合编码来表达土地的综合特性。所以它既符合于综合制图的要求,又利于各要素图间的统一协调。对土地单元轮廓图数字化后可进行各种专题制图,其成图的过程:

(1)将土地单元编码图数字化的原始数据文件输入计算机,经必要的订正等处理后产生制图信息文件。

(2)依据制图要素信息文件,通过计算机软件,根据用户的要求提取单一信息,输出所需的单要素图;由单要素信息及其属性文件所产生的单要素属性专题图,通过多要素数据文件,借以专门研制的程序处理,形成组合专题地图。同时还可依据土地规划和整治的需要,提取各要素数据文件,运用一定的数学模式,按照各要素类型的划分等级进行土地评价,产生相应的分析评价图。

(3)编制必要的综合系列地图的专题底图,作为自动处理成果的匹配基础,使其具有统一的地理要素。

由上可见,利用遥感信息所获取的土地基本单元,不仅是常规多专业综合系列成图的重要信息,同时也是系列专题图自动编制的必要数据(图 2-7)。

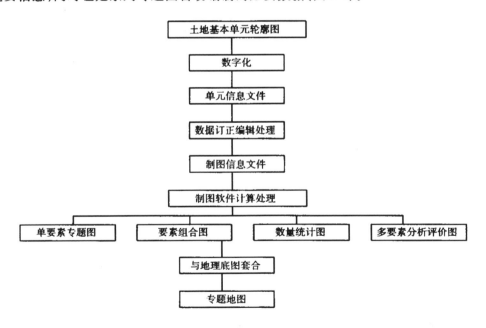

图 2-7　利用土地单元轮廓图自动编制专题图组框图

从图 2-7 可以看到,环境遥感系列制图具有综合性、系统性和分要素组合、分析与评价的灵活性,是一种很有发展前景的制图形式。

第三节　全息数字自动化制图与数字地球

数字地球,通俗地说是信息化的地球。这不论对具有地理坐标的空间信息或有其空间特征的经济、社会信息与数字地球技术系统都是密切相关的,它是一个复杂的系统工程。要实施如此庞大的科学系统,关键是全息数字化、自动化和智能化。20世纪70年代末,这种思想在我国已有萌发。比如,全数字自动化测图系统工程,就是基于该思想的。数字地球的一个关键技术需有高速的全数字自动化测绘制图功能。所以,全息数字化自动制图系统是遥感与 GIS 系统一体化集成的重要集合点,是数字地球的一个关键技术。

众所周知,计算机系统是实现高速全息数字化测图的技术保证。卫星遥感的发展确保了数字地球的重要信息源。因此,数字图像处理技术的进步,为"全数字化"铺平了道路。

"全数字自动化测图及测图系统"是王之卓教授于1978年首次提出的,其思路是将影像数字化,实现自动化测图。全数字自动化测图系统旨在使航空像片等按灰度数字化形式,经计算机运算,通过数字地形模型(DTM),测绘等高线地形图及正射影像地图。可以认为,这一系统为全数字自动编制地形图、专题影像地图等奠定了重要的技术基础。同时,该系统适用于任何遥感数字图像处理装置,这为遥感图像的自动处理、分析制图提供了必要的保证。这也是实现数字地球所必须解决的关键技术之一。

以往的影像控制点匹配处理,主要是由人眼观测确定的;目前采用数字相关,自动从影像灰度数据中识别出同名地物点进行匹配处理。同时,自动产生建立 DEM,并由其逐条内插出各格网边与每条等高线交点坐标,最终得到光滑等高线及其数字影像,进而填入注记产生数字等高线影像地图或正射影像地图。与此同时,还可借助全数字自动化制图系统,通过地球信息的自动获取、数据仓库与数据交换和网络数据库及智能分析乃至融合体系,成为全数字高速制图和数字地球的技术平台。

随着计算机高级可视化技术的进步,地球信息表达的形式已由基本的二维地图可视化发展为高级的多维可视化。而地图的介质,也渐由纸质向磁介质、电子介质和光介质发展。对比传统地图,计算机多维可视化具有信息载体容量大、易兼容扩展、储存阅读简便、易作数据更新、精度高等特点;另外,地球信息融合的科学体系成图工艺流程先进、灵便,多媒体、网络化、智能化高,成图周期短、现势性强,工作效率高,可输出各种用户所需的可视化地图产品,例如立体景观图、多维叠加专题地图(如立体农业图等)。诸如此类,目前,除了电脑三维可视化外,更广泛地应用于地球信息的动态(含虚拟现实、动画显示)监测研究。这已成为地球信息多维图解和地学信息图谱发展的一个重要方向,也是现代地图学多维可视化的一个新趋势。

参　考　文　献

[1] 廖克、刘岳、傅肃性编著.地图概论,科学出版社,1985
[2] 地理学编辑委员会.中国大百科全书·地理学,中国大百科全书出版社,1990,461~466
[3] 陈述彭.地理学的探索.遥感应用,科学出版社,1990

〔4〕 张祖勋、张剑清.全数字自动化测图系统软件包.测绘学报,1986(3)

〔5〕 承继成、林珲、周成虎等编著.数字地球导论,科学出版社,1999

〔6〕 傅肃性、张崇厚、曹桂发.地球信息科学体系融合理论与技术发展.地球信息科学,2000(1)

〔7〕 傅肃性、张崇厚、李秀云.图像分类制图的区域参数应用研究.中国图像图形学报,1996(2)

第三章 图像信息源的特性 与制图分析

地图的科学质量、制图精度、内容的完整性、可靠性和现势性,主要取决于编图资料的质量。

在传统的地理制图中,一般所采用的资料主要是地图(如地形图和各种专题地图)、航空像片、考察资料(如野外考察报告、路线考察图件、照片)以及各种实测的与统计的数据表格和文字资料等。利用这些资料编制地图往往存在着如下的情况:

(1)缺乏完整系统的地图资料。对于不同制图区的基本地图由于测图区域的自然条件、社会经济因素及人类生产活动的程度差异,其完备性也大不相同。例如,我国东部各种类型的不同比例尺的基本地图是较系统完善的,不仅拥有大比例尺的航空像片,而且有各种比例尺的地形图和各类专题地图。具有较好的编图基本资料。但在我国西北地区,地势高峻,气候严寒,人烟稀少,测图条件差,有的地区成为资料空白区,如西北沙漠戈壁区、高山冰川区等,对于这类地区就缺少完整的系统资料。编图中引用的资料往往残缺不全,无系统性资料可作分析对比,其成图质量和精度亦参差不一。

(2)地图资料陈旧和现势性的影响。我国幅员辽阔,条件较好的地区航测多次,地图更新周期快;但广大西部地区,更新周期就慢。

由地球资源卫星获取的遥感图像信息,基本上解决了以上提及的几个编图中带有根本性的问题,它具有很多特点。

遥感图像是地物波谱特征的显示。它是地物信息通过一定特性的遥感器于磁带上的记录。首先由地面接收站将其记录在高密度的磁带上(HDDT),然后经过数据处理系统将其转换成计算机兼容磁带,即称 CCT 磁带,尔后再分别经过计算机的粗、精处理和特殊处理获得不同精度的图像数据,即处理成图像软片(或胶片)和卫星图像数据带(见图3-1)。

Landsat MSS 等图像软片按处理的精度分为粗制和精制两类。它们的比例尺一般分为 1:336.9 万(相当于 70mm 软片)和 1:100 万(相当于 240mm 软片),它们通常以分幅形式(即 70mm×70mm 和 240mm×240mm)提供给科研生产部门使用。这类产品均经过了对卫星姿态(侧滚、偏航、俯仰)、地球曲率、地形高差和遥感仪器等所产生的几何误差的纠正处理。但这种图像处理的精度和质量仍是有限的,一般仅供作图像数字分析、地图更新和目视解译用。为了制图工作,尤其是大比例尺专题制图的需要,还应对粗制图像产品进行必要的精制处理。其过程是将 70mm 的粗制底片,通过地面控制点进行逐点的相关分析和比较计算,得出误差改正值,然后按照统一横轴墨卡托投影(即 UTM)扫描回放成比例尺为 1:100 万 240mm 的软片。我国引进的只有小部分 CCT 磁带是属于精制的,绝大部分均是未经精制处理的粗制图像产品。

至于图像的特殊处理是为了满足计算机自动识别、分类的需要,为此,要选择粗制和精制的图像数据带,以一种特殊图像注记数据,对磁带上的图像数据进行改制、编辑和注

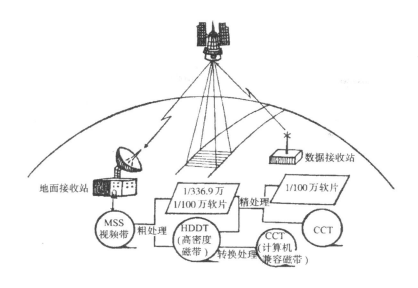

图 3-1　遥感信息数据记录及其处理过程示意图

记等处理,以便改变数据磁带的记录格式,运用计算机进行图像的分析与制图。

　　粗制、精制和特殊处理的计算机兼容磁带(CCT),它们的磁带精度是不同的,用途也不一。

　　这里还应指出,不同探测器所获取的图像质量、精度和特点,显然也各有差异。因而,它们在科研生产和地理制图的应用中,其效果也是不同的。

　　目前,航天遥感主要应用的是美国陆地卫星图像,此外,法国于 1986 年发射了地球资源观测实验卫星(即 SPOT),它所采用的探测器有其独有的特点,构像也具特色而被较多的采用。

第一节　空间图像类型及其数据的特性

　　遥感信息(航空遥感信息和航天遥感信息),均是地理制图的重要依据,它们各具特性。

　　航空遥感是以飞机为平台,从空中拍摄地面的景物。航空摄影的种类众多,如垂直摄影、倾斜摄影等(见表 3-1)。

　　航空遥感信息的特性:航空像片属于中心投影。它的构像比例尺与投影距离(航高)和投影面相关,若倾斜时,各部分的比例尺是不同的。另外,航摄成像受地形起伏的影响,起伏愈大,投影误差愈大。因此,对于航空像片的利用,必须考虑几何纠正等问题。如中心投影变为正射投影,以及统一比例尺等。

　　航空像片的比例尺多是大尺度的,例如 1:1000,1:50000 等。航空像片的像对可进行立体观测,绘制地形图和城市平面图等。所以,航空像片用作城市规划管理和调查分析制图都有很好的效果。但是,航空像片因航高的关系,其摄影范围有限,不利于背景的宏观分析。对此,航天遥感则显示出其特点。

表 3-1　航空摄影分类与产品表

类型与产品 航摄分类	类　型	产　品
按倾角方式	垂直摄影（倾角为 0°）	水平像片
	倾斜摄影（倾角大于 3°）	倾斜像片
按感光胶片方式	普通黑白摄影	黑白像片
	彩色摄影	彩色像片
	黑白红外摄影	黑白红外像片
	彩色红外摄影	彩色红外像片
	多光谱摄影	多光谱像片
		多光谱扫描图像
按摄影方式	单片摄影	单张像片
	航线摄影（单航线）	
	区域摄影（多航线）	

航天遥感是以人造卫星、宇宙飞船及航天飞机等作为平台,实现对地球探测的。航天遥感的种类很多(见表 3-2)。

表 3-2　航天遥感分类

分类方式	类　型	备　注
按辐射源方式	被动式遥感	
	主动式遥感	如侧视雷达图像
按成像方式	摄影式遥感	如全景式照片
	非摄影式遥感	如红外扫描等
按光谱方式	可见光遥感	一般有像片和 CCT 数据磁带
	多光谱遥感	一般有像片和 CCT 数据磁带
	红外遥感	一般有像片和 CCT 数据磁带
	微波遥感	一般有像片和 CCT 数据磁带
	紫外遥感 ……	一般有像片和 CCT 数据磁带

目前,我们较广泛应用的航天遥感图像,有陆地卫星 MSS、TM 图像,SPOT 图像,IRS-1C 图像,国土卫星像片与中巴资源卫星图像等,它们各有特性(见表 3-3)。

表 3-3 几种主要资源卫星图像谱段的基本特性

项目 卫星名称	发射日期	遥感器	波段数	波段范围 (μm)	空间 分辨率 (m)	数据 编码 (bit)	重复 周期 (d)	扫描 宽度 (km)	备注
陆地卫星 (Landsat)	1972.7 1975.1 1978.3	多光谱扫描仪 (MSS)	4	0.50~0.60 0.60~0.70 0.70~0.80 0.80~1.10 10.40~12.50	80 240	6,7	16	185	L1 L2 L3
	1982.7 1985.3	专题 制图仪 (TM)	7	除 MSS 外有: 0.45~0.52 0.52~0.60 0.63~0.69 0.76~0.90 1.55~1.75 10.40~12.50 2.08~2.35	 30 30 30 30 30 120 30	8	16	185	L4 L5
	1993	ETM	7 全色	同上 0.50~0.90	同上 15	(失控)			L6
	1999.4	增强型专题制 图仪 (ETM)	8	0.45~0.515 0.525~0.605 0.63~0.69 0.775~0.90 1.55~1.75 10.4~12.5 2.09~2.35 0.52~0.90	30 30 30 30 30 60 30 15	8	16	185	L7
印度 IRS-1C 卫星	1996.12	CCD 相机 (LISS-3)	4	0.52~0.59 0.62~0.68 0.77~0.86 1.55~1.75	23.5 23.5 23.5 70.5	7	26	142 142 142 148	侧视 ±26°
		广角传感器 (WIFS)	2	0.62~0.68 0.77~0.86	188 188		5	810,774	
		全色相机(PAN)	全色	0.50~0.75	5.8	6		70	
地球观测 卫星 (SPOT)	1986.1 1990.1 1993.9 1998.3	多光谱 CCD 扫描仪(HRV)	全色 3	0.51~0.73 0.50~0.59 0.61~0.68 0.79~0.90	10 20	6 8	26	120	侧视 ±27° SPOT₁ SPOT₂ SPOT₃ SPOT₄
		植被仪 (VI)	4	0.43~0.47 0.61~0.68 0.78~0.80 1.58~1.78	1000 1000 1000 1000		1~2	2250	(SWIR)
国土普查 卫星	1985 年 1986 年	棱镜扫描式 全景相机	全色 彩红外 反转片	0.40~0.70 0.58~0.80	10~15 (星下点)				返回 式 卫星

项 目 卫星名称	发射日期	遥感器	波段数	波段范围 （μm）	空间 分辨率 （m）	数据 编码 （bit）	重复 周期 （d）	扫描 宽度 （km）	备注
中巴 资源卫星 （ZY-1）	1999.10	CCD 相机	5	0.45 ~ 0.52 0.52 ~ 0.59 0.63 ~ 0.69 0.77 ~ 0.89 0.51 ~ 0.73	19.5	8	26	113	侧视 ± 32°
		红外多光谱 扫描仪 （IR－MSS）	4	0.50 ~ 0.90 1.55 ~ 1.75 2.08 ~ 2.35 10.4 ~ 12.5	78 78 78 156			119.5	
		广角成像仪 （WFI）	2	0.63 ~ 0.69 0.77 ~ 0.89	256		4 ~ 5	890	

航空和航天信息都是编制地图的重要资料,但两者各有其特点。航天的卫星图像覆盖面积大、地理单元轮廓显示清晰;而航空图像的细部特征反映明显。所以通常同时兼用,取长补短,有的采用航卫合成图像。

在航天遥感中,由地面接收站或遥测数据站所采集到的图像数据分别经过粗、精处理和特殊处理获得的图像数据,一般统称为遥感资料。

利用遥感资料(如 Landsat)进行图像处理,一般采用计算机用数字磁带(CCT)或图像胶片。关于磁带记录的密度有 800BPI、1600BPI 几种(BPI 即每英寸的字位)。对此,一幅包含有四个波段的图像数据,其按记录密度的高低,在 CCT 磁带中可以有几种记录方式;若采用 800BPI 记录密度磁带,那么可将一幅 185km × 185km 四个波段图像分作四条带,并分别记录在四盘磁带上;对于记录密度较高的 1600BPI 磁带,将两个条带的图像数据记录在一盘磁带上,因此,四个条带需两盘磁带;至于对记录密度更高的磁带(例如 6200BPI),可将一整幅的图像数据全记录在一盘磁带里。除此几种标准的记录组织方式以外,也可按波段等形式加以组织记录。

以上介绍的数据记录方式,其格式各有差异,但它们都包含有鉴别标识记录、注记记录和图像数据与校准数据三个记录块。

鉴别标识记录:其标注的主要内容是图幅与帧数、磁带序号、扫描行数据记录长度、校正标志及多光谱数据方式和校正码等。对此,在图像处理或在通用计算机上打印回放之前,首先须了解标识记录格式。

注记记录:其目的是为了注释图像,说明图像信息获取的基本参数,如曝光时间、图像中心、底点的经纬度、航向、太阳高度角和图像的边框位置等。

图像数据记录:一般每盘磁带有 2340 个记录块。记录数据的磁带,通常有 7 道和 9 道两种,在使用的 CCT 磁带中,多数是 9 道的。

使用 7 道磁带时,其中有一道用作数据校验,另 6 道用来记录图像数据;对 9 道磁带来说,其中 8 个字位用作记录图像信息,即 $N = 2^8 = 256$ 个灰度级。

了解 CCT 磁带的记录格式,目的便于实现图像的回放显示,以用作图像数据的分析和识别分类制图。

应该指出,在无图像处理设备和磁带的情况下,一般采用图像胶片进行扫描分析制图。为了保证成图质量,应根据云层、雪被覆盖程度等选择质量好的底片,同时应考虑图数转换系统的精度。多数情况下,扫描数字化仪器的灰阶分辨率愈高愈理想,扫描分解力越高,其识别分类后的精度就越好。

对于像片(或胶片)的模数转换设备,目前大致有滚筒式机械扫描、电子扫描和激光扫描几种型式。它们都可在计算机控制下自动实现记录和处理。

图像信息分析,其宗旨在于选取最为理想的图像数据,最大限度地提取有效的专题信息,以建立解译标志和分类的指标系统。这样就应掌握图像信息的构成特点及其时空分布的差异和规律性,研究不同的专题波谱特性。这不论是采用数字磁带的计算机处理提取信息,或是光学模拟处理的方法,都应依据专业解译的目的要求,分析诸地物要素间影响的主要标志和不同的波谱辐射特征,选取并拟定出不同波谱图像的排列组合,进行图像的比值和差值分析以及多要素的相关分析。

图像数据处理的目的在于通过图像质量的改进,便于对图像"主题"的研究,使之更有效地进行图像信息的识别和分类。

譬如多光谱图像特征分析,它主要是依据多个波段地物图像的空间分布特征作为主要变量进行分类的。因为任何地物都具有不同的波谱特征,此外同一地物在不同波段记录的波谱特性是有差异的。故此在各波段图像上的色调均有明显地反映,因而它就构成一定的灰阶作为分类的识别标志。所以,利用不同波段识别分类,有助于揭示地物空间分布及其彼此影响的相关性。这种以地物波谱特征为主要判别标志(或决策规则)来划分类型的方法,对于土地覆盖或土地利用之类图型的编制,其效果较为理想。

然而在自然界中,各地物的波谱特性的反映往往是受自然诸要素综合影响的结果,因此人们对于某些较复杂的类型图(如地质、土壤和景观图)进行自动分类编图时,除了考虑多光谱特征外,还应顾及起主导作用的多因素制约指标和各专业的特点。这种多因素的综合分析对较复杂的专题分类制图具有实际的意义。

第二节　资源卫星数据的性能与制图分析

遥感以地球资源与环境为主要的研究对象,其为国土资源调查、环境动监测以及自然灾害监视评估等提供了先进的技术手段。

由遥感器所获取的信号,是地球表面各种物体在诸环境条件影响下,不同电磁波的综合集中表征的结果。因此,其影像具有不同的地物波谱特性,所以,对遥感信息的应用,必须研究各区域环境的每一种物体的辐射与反射的波谱特性的遥感信息源。

20世纪70年代,地球资源卫星的发展为地球资源与环境的综合应用开拓了新的技术途径。1985年10月,我国成功地发射和回收了第一颗国土普查卫星。它是以可见光全景扫描相机等,在180km高度摄取地面信息的。其所获取的是长1.98m、宽0.2m的黑白和彩色胶片,拍摄中心图像比例尺约1:200000,向四周逐渐变小,至边缘约为1:400000不等。

资源一号卫星(ZY-1),系1986年国家批准由中国和巴西联合研制的,故也称中巴资源一号卫星(CBERS-1)。其为圆形太阳同步轨道卫星,轨道高度为778km,轨道重复周期为26天。它已于1999年10月14日在太原升空,是我国首次发射的资源卫星。

1. 资源卫星数据的特性

资源一号卫星安装有不同空间分辨率的三种成像遥感器,它们的指标如下:

1) CCD 相机

该相机是 ZY-1 卫星的主要成像遥感器,扫描幅宽约 113km,其有 5 个波段:

波段 1(B1)	$0.45 \sim 0.52 \mu m$
波段 2(B2)	$0.52 \sim 0.59 \mu m$
波段 3(B3)	$0.63 \sim 0.69 \mu m$
波段 4(B4)	$0.77 \sim 0.89 \mu m$
波段 5(B5)	$0.51 \sim 0.73 \mu m$

B1、B2、B3、B4 波段与 Landsat-4,5 的 TM 波段类似,地面分辨率 19.5m,优于 Landsat TM 有关波段;B5 类似 SPOT 全色波段,其具有侧视功能($\pm 32°$),可获取立体图像的像对数据。

2) 红外多光谱扫描仪(IR-MSS)

该遥感器可获得 CCD 相机所没有的红外光谱信息,扫描带宽 119.5km,有 4 个波段:

波段 6(B6)	$0.50 \sim 0.90 \mu m$
波段 7(B7)	$1.55 \sim 1.75 \mu m$
波段 8(B8)	$2.08 \sim 2.35 \mu m$
波段 9(B9)	$10.4 \sim 12.5 \mu m$

以上波段的数据地面分辨率比陆地卫星 TM 图像相关波段要低:如 B6,B7,B8 的地面分辨率为 78m,B9 为 156m。

这些红外波段扩展了资源卫星数据的应用范围,增强了分析应用的功能。

3) 广角成像仪(WFI)

它是 ZY-1 卫星 CCD 相机的辅助遥感器,其有 2 个波段:

波段 10(B10)	$0.63 \sim 0.69 \mu m$
波段 11(B11)	$0.77 \sim 0.89 \mu m$

其地面分辨率为 256m。该遥感器的特点是覆盖面积大,其扫描宽度可达 890km。4～5 天就能覆盖全球,因此,其可在短期内实施对同一地区进行动态监测。

上述三遥感器的辐射量化为 8bit。

此外,ZY-1 卫星还装有数据采集系统(DCS),可用于采集平台(DCP)所获得的实时观测的专题数据(如气象、水文等),从而广泛地服务于各专业部门和用户。

2. 资源卫星数据的应用性能

如前所述,不同波段图像反映了各地表物体的电磁波特征。ZY-1 卫星诸遥感器的各波段图像上同名点的灰度值表征出其光谱特性,具有不同的应用性能:

波段 1(B1):$0.45 \sim 0.52 \mu m$,蓝波段。其短波端对应于纯净水体的透射峰,对水体穿透力强,利于水深、水质和沿岸泥沙等的判别与海岸调查。同时,长波端近于蓝色叶绿素吸收区的上限。对叶绿素及其浓度有敏感反映,有助于针叶林与阔叶林的识别。

波段 2(B2):0.52~0.59μm,绿波段。其介于两个叶绿素吸收区之间,对健康茂盛的绿色植物的反映灵敏,易区分林型、树种,适于植物生物量的测定。另外,它还具有较强的水体透射力,利于水体污染的分析。

波段 3(B3):0.61~0.69μm,红波段。其处于叶绿素的吸收区,对植被条件的研究有利,此外,它对地表特征有较高的反射特性,是广泛用于地貌、土壤、地质岩性等的最有用的可见光波段。

波段 4(B4):0.77~0.89μm,近红外波段。其对应于植物的峰值反射区,能使之集中地反映植物的近红外波段的强反射,适于绿色植物类型的区分,是评估植物生物量及其水分含量的通用波段。

波段 5(B5):0.51~0.73μm,基本属可见光全色波段。其与 SPOT 全色波段相同。它对诸地物的反映特征与黑白航空像片性能类似,适用于地理调查与制图。

波段 6(B6):0.50~0.90μm,属绿波段、红波段至近红外波段。包含全色波段的功能。该波段对云、冰、雪等有明显反映,对水陆界线也有较好的显示。

波段 7(B7):1.55~1.75μm,中红外波段。其与陆地卫星 TM5 相同,处于水的吸收区,故适于对地物含水量的探测,作物长势的分析应用;对于云层、冰雪和岩性、土壤识别也有良好作用。

波段 8(B8):2.08~2.35μm,中红外波段。该波段适于地质应用分析,尤其是利于岩石的水热蚀变的研究,另对健康植被等分析也有较好的作用。

波段 9(B9):10.4~12.5μm,热红外波段。其类同于陆地卫星 TM6,对热异常反映灵敏,利于热特征地物的识别,如地面、水体温度,城市热岛现象的分析,同时适于地热分析制图。并可探测农作物缺水状况和植被类型的区分等。

波段 10、波段 11 类同于波段 B3 和波段 B4,该遥感器设计的宗旨在于获取大范围、周期快的遥感信息,以便对资源环境(如植被、生物等)开展动态监测应用。

3. 卫星数据的基本属性与制图分析

遥感信息是地理环境综合反映的产物。它是不同波谱分辨率、空间分辨率和时间分辨率的综合。其图像具有一定的几何特性、物理特性和地学特性。

1)图像信息的几何特性

遥感图像中航空图像属中心投影,其像片因倾斜、航高和地形起伏等因素而各部位的比例尺不同,存在像点位移误差,一般说中心部位无误差,距像主点愈远,误差愈大;航高愈大,像点位移误差就小,地形起伏大,位移则大。为此,应用航空像片时,因考虑上述诸因素所产生的地物几何误差,进行辐射与几何校正。

航天遥感图像为多中心投影,通常因航高大,视场角小,将其视作为垂直投影。但实际上,其图像存在因遥感器和地球曲率引起的变形,地形起伏、能量传输介质不均匀性产生的像点位移,地球旋转引起偏扭的误差,以及图像因采用不同方式的地图投影(如高斯-克吕格投影等)所产生的地图投影误差。诸如此类的图像几何特性,其制图时都应视用户的具体要求,实施必要的处理。

2）图像信息的物理特性

遥感图像具有不同的电磁波反射和发射、辐射的物理特性,即地物波谱特性。这种地物对电磁波的光谱响应、空间响应及时间响应特性,是构成图像信息光谱分辨率、空间分辨率和时间分辨率的基本物理属性。

地物光谱的时间特性主要反映在不同时间地物光谱的变化上,而空间特性是因不同区域的地物特征差异所致。在遥感应用中,它通常是用作图像分析评价的标准,也是地学应用分析的理论基础。因此,遥感制图过程中,对图像属性应作认真分析。

3）图像信息的地学特性

上述而知,遥感图像信息具有随着时空分布而变化的地理规律。这种影响成像的地学特性,是遥感应用地学分析的基本原理。

遥感图像信息因受区域的水平地带性和垂直地带性的影响,能反映出区域的水热条件的差异。诸如此类因地物空间分布变化的规律性,是图像解译的直接或间接标志的分析依据。

遥感图像在时间上主要是受季相节律的影响。例如,作物的生长、植物的盛枯、冰雪的消融等,它们的变化都会反映出一定的图像差异。如不同季节水体面积的消长;在图像上,春夏森林呈红色,秋冬林地多为褐色等。所以,遥感图像的应用需考虑其地学特性,比如图像物候历和图像的时相等。

与此同时,遥感信息分析还应注意地物的相关性规律。例如,植被影响土壤的分布,地质条件制约着土壤的母质,地貌影响土壤潜水等,这些就是遥感地学相关分析与制图的理论基础之一。

第三节　图像分析制图的理论与方法

图像机理的地学分析是遥感制图的基本原理,它是遥感专题要素解译成图的重要理论和方法。

1. 地物成像机理

遥感信息是通过卫星遥感器对地球表面的各种物体所感受的能量,即包含太阳辐射能、地球与大气层放射能及其对太阳辐射的反射能量等。可见,地物成像是自然综合体复杂又集中的表征结果。它是受区域、季节和太阳高度角等环境条件的影响而发生变化的。所以其内含有自然界的空间分布、时间因素及地物特征等信息。此种以光谱形式综合反映的图像,既具有事物的本质属性,又有地物间相互演绎概念,所以,图像解译过程中,不仅要研究其色调、形状和位置等直接标志,同时还需逻辑分析地物相关制约性之类的间接标志,以知识拓展信息的内涵,延伸其潜在属性。这就是遥感应用依据图像机理,投入知识的根本目的。

2．图像解译的基本参数分析

遥感信息的应用研究,投入地学、生物学知识是极为重要的,是实现资源卫星应用系统及制图智能化的基本保证。

遥感应用背景参数,主要是指与图像研究目标信息有密切关系、对其成果质量与精度会产生至关重要的、但并非直接影响的因素。它们诸如:

(1)图像信息应用对象与识别制图尺度。遥感所获取的信息有些往往被"隐含"了,而且不同平台的遥感图像其空间分辨率等可识别性和精度是有差异的,而用户使用的目的要求也是不同的,因此,应用时应视具体的研究对象和精度从地学特性分析,予以选取所需信息源,达到实用、经济的效果。遥感应用实践表明:不同平台遥感器所获取的图像信息,在遥感制图中其可满足成图精度的比例尺范围是不同的。

(2)图像识别分类的物候分析。图像地物的识别,进行物候期特性的分析是保证遥感图像制图质量的基础。其应用目的是增强图像的解像率,提高识别分类与成图的精度;同时利于资源与环境要素的动态分析。不同作物有其一定的物候期为影响生长、产量的关键期,这也是选取最佳时相图像的主要依据。它是识别分类精度的一个基本保证。但应指出的是,图像地物识别的最佳时相是随区域而有变化的,因同一种作物在各个地区的物候期也是不同的。

(3)图像解译波段组合优化分析。对多光谱的选取,旨在适中有效地提取用户所需的信息。成像光谱技术的发展和应用,对专题制图研究,波段的选择对地物的针对性识别有着更现实的作用。也就是说,对各光谱段的选取因视研究对象不同而有针对性地选择应用。

(4)图像识别目标的背景数据库建立。图像识别背景参数的研究,是遥感专题分析与制图的基础。而目标的背景参数研究,旨在辅助分类提高其精度,因为,它们除了受主导因素的作用外,还受其他相关因子的影响。因此,针对地物目标,研究与其密切相关的因素,建立目标的背景数据库,在 GIS 的支持下提取背景库中的某些与目标相关的背景参数,进行综合分析是一有效的技术途径。这也是信息融合技术的发展趋势。

3．图像识别地学相关综合分析

深化遥感空间信息的地学研究,对资源分析管理、环境动态监测等具有重要的科学与经济意义。

区域地理环境中,各种自然景现、地理要素之间存在着相互依存、互相制约的关系,因此,在遥感应用中,运用地学相关综合分析,是开展深层次的图像分类研究的一重要方法。

遥感区域参数的应用研究就是基于这个目的。因为,区域内诸地物要素的内在特征差异主要是由于各种地物区域环境条件的不同所致,所以,在建立地学、生物学模型时应考虑区域性主导的和相关的因素,其目的在于提出区域校正系数,应用于空间信息模型,以最大限度地提高遥感空间信息智能识别分类与制图的质量和精度。

地理相关研究含主导因素分析和相关分析。前者是从地理环境各要素的关系中找出主导因子,例如山区垂直地带,不同海拔高度的地貌条件是影响植被、土壤差异的主导因素,于是在遥感解译中,地形高度往往是用作解译的主要标志之一。诚然,这还需视地域环境条件,如黄土高原区,影响植被分布的主导因素应是降水。这里不难看出主导因子分析,旨在研究对象的空间地理特征与规律,与此同时,相关分析也是图像解译常用的一种方法。在自然界中,事物与现象间之相互关系在图像上表现出地物信息的相关性。比如,地质线性构造、环形构造与矿产储存环境的关系,从中通过遥感地学相关分析可以预测矿区。可见,遥感图像专题的解译,首先应研究对象的空间分布规律,然后依据图像信息特征进行相关的景观结构分析。因此,遵循遥感地物构像的机理,开展各种辅助数据和区域参数的研究是一种图像专题分析的有效方法。

1)地理相关分析

自然地物的分布,在其相互存在相关性的同时还具有制约性。如山区的地物类型,因其辐射亮度受地形影响,分类时需消除地形的影响因素,就能改善其分类精度;对垂直带地区的地物分类,如辅助于高程带数据,给出数字高程模型(DEM),则可明显地提高分类精度。因为,多维的空间地物缩小成平面的影像,某些被隐含的信息需借助于相关数据辅以识别分类。例如,山区的植被、土壤形成反映有一定的垂直地带性规律。而其除受非地带性的岩性、成土母质的影响外,还受垂直地带的植被分布的作用。所以,对山区土壤遥感分析与制图,必须注意其高程辅助数据的应用,以增强遥感图像专题要素的可分性。

2)地理主导因子分析

根据区域分异规律和景观生态学理论,研究有关地物目标的成因特征信息参数,是归纳、演绎从地表现象描述到地理内在规律揭示,以至形成量化修正系数、表达模型,提高空间信息电子制图精度的一种重要方法。

因为每类地物的消长变化,都是遵循一定的有序性地理熵规律和内在因果关系的主导因素的,因而将各种地物信息的波谱数据,结合地学、生物学空间模型的区域参数研究,是遥感地学综合分析的理论基础之一。

诸如在某些地物类型中,往往因不同的生态环境,存在着一种主导性的控制因数,土地利用类型中的盐碱地,其形成主要是受地下水位、盐份及地形部位因素所控制。

实践应用表明,通过地学相关的综合分析,在应用中充分引入专家知识,是实现资源卫星应用系统及智能化决策的重要保证,其实施程序一般如下:

(1)基于空间图像光谱特征信息的统计研究,分析其分类的机理信息,确定空间模型的区域参数。

(2)根据控制参数体系,进行参数量化处理,同时针对地物光谱分类结果,研究区域修正系数,并依实验拟定分类算法的先验概率表。

(3)在多光谱图像数据识别分类的基础上,结合区域参数及其量化值,进行辅助分类,产生新分类图像。

(4)按照遥感专题解译与制图的技术要求,通过几何投影变换等处理,实现分类图像与图形(地图基本要素)配准,最终产生由区域参数辅助分类的专题要素图。

第四节　图像数字处理的技术工艺

图像处理的主要目的是为了增强图像清晰度,改进图像应用质量,保证其一定的成果精度,服务于国民经济的建设。

1．图像纠正、投影变换

图像几何纠正旨在归正图像,提高几何精度,一般有光学机械法和数字纠正法。关于图像数字纠正法原理是依据纠正变换公式,将图像矩阵中的灰度值(或称亮度值)移动位置,当变动后的位置正是整数行列时,把原有灰度值置于新位置上,即为纠正的图像。

图像数字纠正,通常有直接纠正和间接纠正两种方案。

1) 直接法纠正方案

由原始图像矩阵起,按次对其每一个像元 $p(x,y)$ 经纠正公式求其在新图像中的位置 $P(X,Y)$,并将 $p(x,y)$ 的灰度值送至 $P(X,Y)$ 位置上,其表达公式的一般式为:

$$X = F_x(x,y)$$

$$Y = F_y(x,y)$$

其中,x,y 为某原始图像中像元的坐标;

X,Y 为纠正后图像中同名像元的坐标;

F 为纠正变换函数。

2) 间接法纠正方案

从纠正后图像矩阵起,依次计算其每个像元 $P(X,Y)$ 在原始图像中的位置 $p(x,y)$,而后将 $p(x,y)$ 位置上的灰度值返送给 $P(X,Y)$ 像元。其一般表达式:

$$x = g(X,Y)$$

$$y = g(X,Y)$$

其中,g 是该法纠正函数关系,是 F 函数的逆运算。

图像数字纠正的方法,一般有多项式纠正法、共线方程纠正法和随机场中的插值纠正法等。它们可视具体变形的状况予以选取。

(1) 多项式纠正法:当地形平坦,无需考虑高程信息、遥感器位置和姿态等参数的前提下,一般选择多项式纠正法较适宜。常用的多项式,一般有齐次多项式法。

其表达式为:

$$x = a_0 + (a_1 X + a_2 Y) + (a_3 X^2 + a_4 XY + a_5 Y^2) + (a_6 X^3 +$$

$$a_7 X^2 Y + a_8 XY^2 + a_9 Y^3) + \cdots$$

$$y = b_0 + (b_1 X + b_2 Y) + (b_3 X^2 + b_4 XY + b_5 Y^2) + (b_6 X^3 +$$
$$b_7 X^2 Y + b_8 XY^2 + b_9 Y^3) + \cdots$$

其中, x, y 为某原始图像像元坐标;

X, Y 为纠正后图像同名像元坐标;

a_i, b_i $(i = 0, 1, 2, \cdots)$ 多项式系数。

在运用上述多项式中,当地物控制点分布不均匀时,往往采用勒让德(Legendre)正交多项式法。

其表达式为:

$$\sum_{i=1}^{n} P_i(Z) \cdot c_i$$

其中, c_i 为多项式系数;

$P_i(Z)$ 为多项式中每项的表达式。

当处理某一由多片影像镶嵌而成的整幅图像时,一般适用双变量分片插值多项式纠正法。

这类图像变形从属于多项式的规律时,常采用多项式法,故也称非参数法。

(2) 共线方程纠正法:是通过确定的函数模型,对遥感器成像时的几何状态实施数学模拟进行纠正的,称之为参数法,即共线方程纠正法,其理论上较为严密。在地形起伏较大的情况下,采用此法较为适宜,但纠正时,需赋以地形高程数据。因此,其纠正精度较多项式法为高。

(3) 随机场中的插值纠正法:当图像的变形误差分布从属于随机场内的统计分布规律时,通常是采用该纠正法。但其纠正中,必须使用控制点,其在计算中常用的插值法有加权平均值法、移动平均值法和带有协方差函数的线性最小二乘插值法。

关于我国返回式卫星全景像片,曾利用多项式法或带附加参数的光束法,先对空间图像进行预处理,然后将其按地图坐标系分 N 行 M 列的矩阵进行有限方法的图像纠正,取得理想的精度。应该指出,对遥感图像若采用不同的地图投影,就会有不同图像的地图投影误差,即遥感地物图像相对于其在地图投影平面上图形的变形。因此,通常应把原始图像纠正到某个地图投影系统,实施投影变换处理以保证其一定的地图精度。

由上不难看出,目前,关于遥感图像传统的几何精纠正,一般有多项式纠正法、共线方程法等。多项式法需有足够多的地面控制点,才能实现图像的纠正;而共线方程式法需有卫星的姿态参数或依据一定数量的地面控制点来反演姿态参数,方可对图像实施纠正。可见,对于缺少控制点的动态获取的遥感图像的几何纠正,其纠正精度往往达不到要求,有时难以达到精纠正。对此,任留成、朱重光等曾利用空间斜圆柱投影(SOM)公式对陆地卫星 TM、SPOT 图像进行了纠正研究。其在图像扫描范围内只需少量的地面控制点(10 个以内),直接建立影像与投影之间、像点与地面点之间严格的数学关系,从而取得纠正精度均在一个像元之内的理想效果。

2. 图像质量改进处理

前述图像几何形态与变形误差的处理,旨在消除多种因素产生的几何及辐射误差,以

改进图像的应用质量。其基本方法,有包括点运算、局部运算的变换运算和多元概率统计分析。它们的处理方法众多,大致可归纳为:

(1)图像复原处理。由地物形成图像,受到大气传输、遥感器系统传输变换和运载系统产生的误差或噪音,使得图像质量不良,出现对比度差,图形模糊和图像失真状况,因此,首先应作诸如代数运算复原和随机估计复原等处理。

(2)图像数字增强处理。增强处理是改进图像质量的重要环节,是处理的主要内容之一。其重点是要使识别目标从背景的亮度值中清晰地显示出来,这除光学增强处理外,通常是要进行图像对比度的扩展、滤波处理(空间域和频率域的)、彩色增强以及图像比例尺变换等。

(3)图像复合处理。图像复合是其处理的常用有效方法,它包括波段图像的算术运算(如加法、差值、比值分析),变换复合(如傅里叶变换、KL 变换与多级变换等)处理。它们可有不同平台图像的复合、不同时相图像的复合和遥感与非遥感信息的复合处理等。

以上所有这些图像处理都是为了地物图像的识别分类,最大限度地提取用户所需信息,增强应用效果。

3.图像识别分类与制图

利用空间信息进行图像识别分析与制图,国内外都从不同角度和领域进行了深入研究,它们采用各种不同的分类算法,诸如:

(1)地物图像灰度特征量分析。主要是以图像训练样区为基础,通过各类型像元光谱特征的统计量阈值分析进行分类的。

(2)图像像元的空间特征分析。它们如纹理(texture)特征和上、下文(context)特征分析。前者反映局部像元之间波谱值变化的统计关系;后者是指像元(或组)和图像中其他像元的空间关系,依据像元之间的距离、方向、连通性等予以分析计算。

(3)神经元网络分析。是将图像样本相关信息转换成概念(或特征值),并行分布在网络节点上,采用一定的网络学习算法,经计算机学习训练等映射至联想记忆,而后对比分析归类的方法。神经网络具有学习性能、容错能力和抽取外界输入信息特征功能。人工神经网络模型有神经元结构模型、网络连接模型、动态特性和学习算法四个要素。最后,可据训练得之网络参数对图像进行分类制图。

(4)二向性反射分布函数(BRDF)。该算法模型的提出,使遥感应用基础研究有了新的进展,从而将其从传统的图像解译、识别分类走向目标空间结构特征的反演。即从以往以垂直采集数据的方式所获的地面目标的二维信息,经 BRDF 理论建模研究,使室内的 BRDF 从数据自动采集、三维可视化显示到模型验证和反演实现了一体化。另外,在多角度遥感图像配准研究方面,提出了基于图像灰度和图像特征相结合的配准方法,并通过局部自适应样条函数表面拟合,获得了高精度配准图像。

诸如此类,利用遥感图像实行计算机分类制图的技术归纳起来有两类,即监督分类和非监督分类。监督分类是图像处理过程中经常采用的一种分类技术,它是一种通过人们预先选取的各个类型样本训练计算机,使其掌握识别图像特征过程的方法。计算机经过训练掌握了决策规则后,就能对图像进行自动分类。其逻辑过程见图 3-2。

非监督分类是计算机按照一定的算法和图像数据分类的决策(如分类级数,类型界限

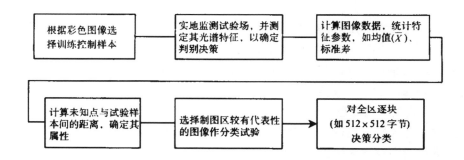

图 3-2 监督分类处理流程示意图

值等),凭各样本的内在相似性自行归类或分割类别的过程,如集群分类等。其逻辑过程,见图 3-3。

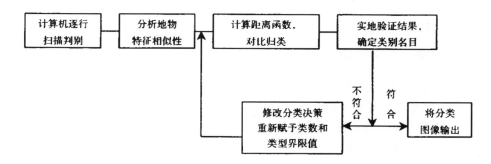

图 3-3 非监督分类处理流程示意图

这两种分类方法都采用数理统计的原理,由计算机依据图像波谱的特征,按照它们彼此的相似性来确定像元的归属。所不同的是监督分类技术需要选取试验场作为分类样本,而非监督分类技术不需要选择分类试验样本,其分类结果不知类型的内容和名称,需要经实地观测确定。

在上述两种图像识别分类的方法中通常还需要进行一些基本参数的统计计算,如像元数的平均值(简称均值)、标准差、协方差等。

均值对于图像来说就是一系列随机变量(如 X_1, X_2, X_3, …, X_n)各个像元亮度值之总和,除以像元的个数 n 所得的商。可用下式表示:

$$\overline{X} = \frac{\sum_{i=1}^{n} X_i}{n}$$

由上式可知,均值就是算术平均值,它与系列数据中的各个变量均有密切关系,因此,可反映像元亮度值系列水平集中的趋势。

标准差是直接测像元分布离散度的量度,其表达式为:

$$\sigma^j_i = \sqrt{\frac{\sum\limits_{i=1}^{n}(X^j_i - \overline{X^j})^2}{n}}$$

式中:n 为像元个数,$i = 1,2,\cdots,n$;X^j_i 表示 j 通道的某像元亮度值;$\overline{X^j}$ 表示 j 通道中像元数的亮度平均值。由此可以看出,标准差(σ)是用来衡量像元离散度的标准。

界限值也是图像数字处理分类中经常应用的一个量。类型界限值(或阈值 S_i)一般可以认为是某一需要归类的地物点与其类别之间的最大距离。它可用下式表示:

$$S_i = \sum_{i=1}^{n} \sigma^j_i$$

类型界限(S)值无论是在监督分类或非监督分类中,通常是用户预先给定的一个重要的分类决策标志值。

协方差是图像识别统计的一个特征参数,其表达式为:

$$\mathrm{cov}(i,j) = \frac{\sum X_i X_j - (\sum X_i \sum X_j)/n}{n - 1}$$

相关系数(r)是用来表征某两个变量 i,j 之间关系的,其公式:

$$r = \frac{\sum (X_i - \overline{X_i})(X_j - \overline{X_j})}{\sqrt{\sum (X_i - \overline{X_i})^2 \sum (X_j - \overline{X_j})^2}}$$

当 i,j 两变量间的相关系数 $r = 1$,表明它们是完全相关。

以上这些统计参数在各个分类算法中往往是以具体要求而计算的。

关于遥感图像分析及其专题自动制图,世界上许多国家都曾作过各种试验,研究出不少分类算法。这些算法在图像数据处理与应用中各有其特点:

判别分析是图像信息研究及其分类制图中常用的一种方法。该方法首先要选择训练计算机的样本(个数的多少视用户所需分类情况而定),然后根据实地观测各类已知地物的光谱特性分析确定分类决策,并以此作为对所需分类的像元点的归属指标。这就要求研究需分类地物与已知类型样本间的相关性,即进行所求点与样本间的距离计算,也就是依据各试验样本来确定分类算法,以计算分析相似性来决定它们的归类。它们诸如:

欧几里德距离法:在实际应用中,一般采用欧几里德距离计算的公式为:

$$d = \sqrt{\frac{\sum (X_i - G_i)^2}{n}}$$

式中:X_i 为第 i 波段像元的亮度值;G 为已知类别的亮度平均值;$i = 1,2,3,4$,为波段序号。

由此式可求得像元点 X 与所需分类型(设 A,B,C)三类间亮度值的距离 d_a,d_b,d_c,并对比分析确定其中的最小距离,然后将它与用户预先所给出的类型界限值(S)比较。如果像元点 X 和 B 类之间的距离最小,同时 $d_{(X_i,C_b)}$ 又在类型界限值允许范围之内,即 $d_{(X_i,C_b)} < S$,那么 X 应归属到 B 类中去,即 $X \subset B$。

这里是通过计算均值进行识别分类的,也可不求均值,直接与各类中的像元亮度值作对比,取得 X 与 A,B,C 类中最近像元亮度值的距离。设 $d_{(x,b)}$ 为最小,而且 $d_{(x,b)} < S$,则 $X \subset B$。由上述可知,它的计算方法原理是相同的,只是它们的计算速度、精度有所差异。

相似性距离法:这是按照像元与设待分类地物为 A,B 两类的中心位置距离计算,据其远近来确定它们归属的方法。其公式为:

$$D_{(x_k,c_k)} = \sum_{k=1}^{n} |X_{ik} - C_k|$$

式中:k 设为 MSS 的 4,5,6,7 波段;X_{ik} 为 k 波段第 i 像元(点)的灰度值;C_k 是 k 波段的类型中心均值。

该算法的分类程序我们曾结合土地利用分类制图做过实验研究,其设计思想与计算过程包括:

(1) 将得到的分类图像诸波段像元灰度值存放在一个二维数据场(IB)中;

(2) 求算出第一波段像元的灰度平均值($\overline{X}$)和标准偏差(S_k);

(3) 按类别计算中心值(C_{k1},C_{k2}):

$$C_{k1} = \overline{X}_k - S_k$$

$$C_{k2} = \overline{X}_k + S_k$$

(4) 求出每个像元到分类中心 C_{k1} 和 C_{k2} 的距离,然后依据其距离大小来确定它们的归类。其表达式为:

$$D_1 = \sum_{k=4}^{7} |X_k - C_{k1}|$$

$$D_2 = \sum_{k=4}^{7} |X_k - C_{k2}|$$

(5) 根据分类后新计算的已分类别内像元灰度的实际均值和标准偏差,与预先所给阈值进行分析,确定是否进行细分。如果标准偏差 S_k 小于阈值,即满足条件要求,分类结束。否则,继续再分,直至每类的标准偏差 S_k 都小于阈值。最后将分类结果存盘或记带,同时调用打印程序,输出专题类型图。其流程见图 3-4。

实验表明,利用该算法分析,自动编制土地利用图,能获得较好的效果。

另外,还有一种统计分析方法,它可认为是一种简化了的距离计算方法,计算公式为:

$$D = \mathrm{MAX} |X_i - G_i|$$

式中:X_i 为第 i 波段的像元亮度值;G_i 是第 i 波段的类别亮度平均值;$i = 1, 2, \cdots, n$ 波段序号。该方法的基本原理是通过上式计算求出某波段像元 X 与此波段的类型亮度平均值 G 之差的最大绝对值。设有 A,B 两类,对 D_a,D_b 进行类别距离的对比,确定其中最小的一距离值(设 $D_b < D_a$),同时与用户预先给定的类型界限值(S)作比较,若最小距离值 D_b 处在 S 值范围之内,那么该像元点就属于 B 类型。

这种方法比起前面的欧氏计算法简便而又经济,不过分类精度不如欧氏计算法好。

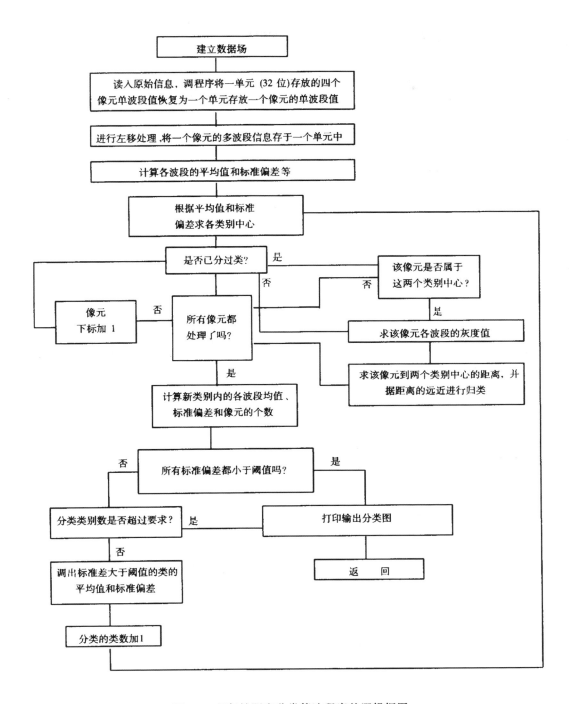

图 3-4　相似性距离分类算法程序的逻辑框图

椭圆法:这是依据某平面内一点 $N(x,y)$ 在运动时到两焦点 (f,g) 的距离之和,始终等于定长 $(2A)$ 的椭圆定义所设计的分类算法。其原理是将若干组地物类别均看成椭圆形,并根据椭圆的定义求出需分类像元与类别间的距离 R_a 和 R_b,然后对比判别其归属。

设有两类地物 I 和 L,视作椭圆形,并通过椭圆距离 R 判断该两类地物外的离散像元点属于何类。如果 $R_i < R_l$,而且 R_i 又小于用户事先给定的类型界限值(S),那么该点应归到 I 类。这里应指出,所求点 N 应该看成是处在椭圆平面内的或者是一近似椭圆形内的像元点(图 3-5a)。

椭圆距离 R 就可以根据椭圆定理 $N_f + N_g = MP$ 进行计算(图 3-5b)。

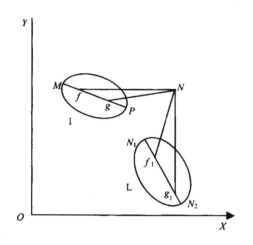 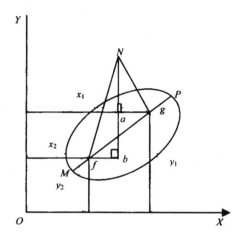

图 3-5a 椭圆法分类示意图   图 3-5b 椭圆距离图解

$$R = \frac{N_f + N_g}{MP}$$

$$= \frac{\sqrt{(x - x_1)^2 + (y - y_1)^2} + \sqrt{(x - x_2)^2 + (y - y_2)^2}}{2A}$$

高斯分布最大似然率法:它是依据图像点的高斯正态分布规律进行的。一般认为,在光谱空间内若符合于高斯分布的图像可归属于同一类。

高斯分布的表达式是:

$$P(X) = \frac{1}{\sigma \sqrt{2\pi}} e^{-\frac{1}{2}(X - G)^2/\sigma^2}$$

其中:

$$\sigma = \sqrt{\frac{\sum (X - G)^2}{N - 1}}$$

这样,最后就可将 X 图像点的概率密度写成:

$$d_i(X) = \frac{1}{(2\pi)^{K/2}} (|V_i^{-1}|)^{\frac{1}{2}} e^{-0.5(X - G_i)^T V_i^{-1}(X - G_i)}$$

式中:V_i^{-1} 表示类别 i 协方差矩阵的逆;X 为某像元点的矢量值(即亮度值);G_i 为类别 i 的亮度平均值;K 表示波段数;T 表示转置矩阵;$i = 1, 2, \cdots, n$,为类型号。若在上式计算

结果中 $d_i(X)$ 是最大的,那么其概率就可按下式计算:

$$P(X \mid i) = \frac{d_i(X)}{\sum_{i=1}^{q} d_i(X)}$$

式中:$\sum d_i$ 为诸不同类别的概率密度和;q 为类别数。通过计算,如果 X 对 i 的条件概率大于用户预先所给出的类别界限值(S),那么,X 点就应归属于类型 i。

有人曾采用此法对森林进行过自动识别分类,结果分出了针叶林、阔叶林、水体、道路等十几种类型,效果较好。

关于多波段图像光谱特征的分类是利用多波段光谱数据分析进行的。首先,依据视频分布计算的直方图确定红、绿、蓝三波段的界限值,如 MSS4 波段给出四个界限值,MSS5 波段给出八个界限值,MSS7 给出八个界限值。然后再将各波段分成相应于色阶(级),如将 MSS4 分成四个色阶,即 0,1,2,3 级;将 MSS5 分成八个色阶,即 0,4,8,12,16,20,24,28 级;将 MSS7 也分成八个色阶,即 0,32,64,96,128,160,192,224 级。由此可确定,它们的起始亮度值为 0,终极亮度值之和为 255。

假设由直方图确定的 MSS4 波段的亮度界限值为 30,40,60,255,那么就可将像元亮度值 $I \leqslant 30$ 的色阶 TAB4(I)定为 0 级;将 $30 < I \leqslant 40$ 的色阶 TAB4(I)定为 1 级;将 $40 < I \leqslant 60$ 的色阶 TAB4(I)定为 2 级;将 $60 < I \leqslant 255$ 的色阶 TAB4(I)定为 3 级。同样,对 MSS5 波段和 MSS7 波段也可做出各自的色阶表。依据上述三个波段的色阶表,重新组合成一个新的亮度级,即用户所需的类型。

该方法属于非监督分类技术,因此,它的分类结果需经实地观测,然后再确定类型名目。

上面我们介绍的图像监督分类和非监督分类技术中的常规方法,主要是依据地物的光谱空间分布特征,应用数理统计概率算法实行识别分类的。对此,我国不少单位在图像处理分类中对模糊数学综合理论等研究和运用越来越重视,例如模糊图论和模糊聚类分析等。这种集合理论的基本思想是从需要分类图像光谱中提取一些最重要的和本质的信息特征,作为自动识别分类的基本参数。由此可想,模糊数学理论对于那些包含着模糊特性的图像分类是较为理想的。这些图像识别算法模型是在实践应用中不断发展的。另外,当前对遥感定量反演研究,非线性理论的应用研究,四分形理论、局部自适应理论、小波理论等研究也甚是活跃。同时在计算机网络中,通过图像高速处理软件系统,用多台工作站和微机进行调度和远程执行,可以实施高速并行的图像处理。诸如此类综合性应用问题的解决,将为今后快捷、便利发展遥感新的应用模型,推动遥感制图打下良好的基础。

4. 图像识别分类制图的工艺程序

遥感数据处理识别分类编制专题地图是今后发展的一个重要趋势。以往我们利用遥感资料解译编制各种类型的专题地图,多数是借助于光学仪器处理,通过目视判读编制而成的,在数量、质量等方面都受到一定的影响。而运用计算机编制专题地图,则可大大地加速成图的速度,提高地图的质量。试验结果表明,遥感专题制图自动化是很有前景的。从成图的工艺过程来说,也较简便,一般可归纳为数据输入存盘、数据处理与分类和成果加工输出阶段。下面分别加以说明（详见图 3-6）：

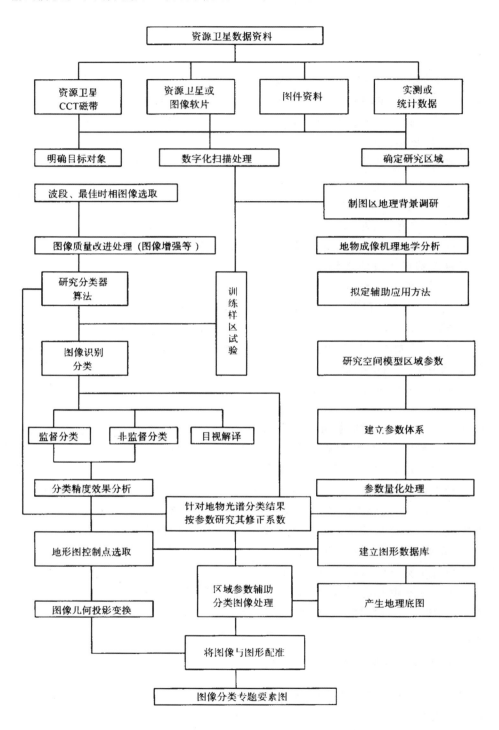

图 3-6　资源卫星数据处理技术流程示意框图

（1）数据输入存盘：在图像处理前，首先选定需用的数字磁带（CCT）或图像软片。如果是图像底片（或像片），那需经过扫描数字化，并存入磁盘。至于磁带输入存盘的指令，一般应标明磁带名称（或公司名）、区域范围、通道数，并给定一个图像名称。

（2）图像识别分类处理：这是整个成图工艺中的一个主要环节，它包括图像质量的改进和数据处理识别分类两部分。分类后应进行自动设色，并给出新的图像名称，然后记带或存盘，待进一步回放处理。

（3）分类结果加工输出：它是图像处理的最后一个过程。对分类结果的整饰处理应视用户具体要求而定，一般包括图像规则化、图像类型轮廓线以及图面的配置等。最后可通过数控绘图仪或激光扫描仪、静电绘图仪乃至电子地图制版系统输出分色加网软片，供地图制印。

对于图像几何纠正和投影变换这一工艺过程 可视具体情况确定。如果仅是为了改进图像，那就不需要这一步骤。若是为测量面积实现图像专题制图，那就要作几何纠正和投影变换。前者是通过改变像元数目，即改变像元的纵横比来纠正，故也称为简单面积纠正；后者是通过某一投影基础作控制来纠正，故人们也称作为投影坐标变换。

参 考 文 献

[1]　廖克、刘岳、傅肃性编著.地图概论,科学出版社,1985

[2]　傅肃性.感信息的特性.城市规划与管理信息系统,测绘出版社,1991

[3]　王志民、傅俏燕.中国资源一号卫星及其系列化发展的展望,遥感应用回顾与效益分析,宇航出版社,1998

[4]　郑威、陈述彭主编.资源遥感纲要.中国科学技术出版社,1995.92～98

[5]　傅肃性.遥感技术在专题地图制图中的应用.专题地图制图,地震出版社,1984,102～126

第四章 遥感图像识别制图的参数分析与应用

遥感成像及其分析制图主要是依据地物对电磁波的光谱响应、空间响应及时间响应等特性为理论基础,进行光谱、地学综合研究的。因此,在遥感专题制图中,应用地物光谱特性是其分析的一个重要依据。然而地物构像是自然综合体复杂而又集中表征的结果,其内含有自然界的空间分布、时间因素、乃至地物特性等等。所以,从地物光谱特性与其成像机理有机结合进行空间信息识别制图,是一个应用基础研究。

我国遥感应用的特色和特长的形成,正如陈述彭院士所说的,它是由于地学界与生物学界的广泛应用和知识投入。可见,要开展有特色的遥感应用研究,投入地学、生物学知识是极为重要的,是实现资源卫星应用系统及制图智能决策化的重要保证,也是从根本上改进和提高空间信息地理制图质量与精度的关键。

第一节 空间图像解译制图的背景参数研究

在 21 世纪信息时代,航天遥感器获取的 1~4m 或更高分辨率图像,已成为现代地图研制的重要信息源。因此,各个遥感应用领域,都从不同角度深入探讨遥感信息专题制图的理论与方法,寻找最佳的技术途径。

利用空间图像分析制图,研究其背景参数是地学分析的重要内容;然而,在实践中这些参数或因素往往易被人们所忽视。因此,重视遥感制图背景参数的应用研究是提高空间信息成图水平的一个重要环节。对此我们曾有过不少的经验教训:比如,江苏沿岸滩涂芦苇地面积识别量测,因忽视其物候期,时相选取不适,导致误差过大;又如,在市域用地动态监测中,因分析对象的农时历与最佳时相的不协调,而严重影响动态监测的正确性。

遥感制图背景参数,主要是指与图像制图目标信息有密切关系,对遥感成图质量与精度会产生至关重要的,但并非直接影响的因素。诸如,图像信息地学特性、遥感地理制图对象与尺度、影像制图波段组合和地物农时历与最佳时相及目标背景因素,等等。系统地研究背景参数,对空间信息地学分析规范制图,保证成图质量,具有重要的科学与生产意义。

1. 地物识别的背景参数应用分析

图像的地面分辨率、波谱分辨率和时间分辨率是遥感信息的基本属性,在遥感应用中,它通常是用作图像评价的标准。然而,对这些属性若不从研究对象的地学特性、生态特性及综合特性分析,往往难以达到理想的效果。

1) 图像信息的地学生态特性与其制图对象和尺度

遥感所获取的信息并非是自然综合性的全部信息。因此,针对研究的对象、应用目的和尺度,运用地学、生物学等专业知识,结合地面样区信息进行综合分析和信息传输机理的研究是必要的,也是可行的。

自然界的地物在区域空间分布上,通常反映出其区域分异的特征。例如,在农作物、植被、草地、土壤等地带性因素影响下,其空间分布具有明显的地理规律。东北松辽平原梨树地区的玉米,由于所处地理位置、地貌、土壤类型的差异,其分布、长势等显然不同。中部波状平原地带,因保水保肥条件好、有机质含量高、温度、酸碱度适中,种玉米长势好;西北部地势低洼,易涝,多风沙、盐碱地,不利玉米种植;东南丘陵地带仅缓坡地分布有玉米。因此,它们在图像上有明显的景观差异。这些正是对地物通过地学、生态特性分析揭示的专题目标空间分布规律。又如,新疆山区草被分布,随着海拔高度从 500~1200m 至 3900~4400m,其间草被由半荒漠草原带、干旱草原带、森林草原带向亚高山草原带和高山草原带过渡,具有显著的垂直地带性。而这些垂直带谱上的草原类型,在遥感图像上是难以依据二维的草被信息予以识别的,只能遵循其空间分布规律,在地学知识的支持下,推断演绎,运用数字高程模型(DEM)加以辅助分类。诸如此类背景因素或参数的分析,都是由此及彼,由表及里的唯物辩证分析的过程。

另外,在遥感应用中,研究对象、尺度间的关系也是影响成图效应的一个不可忽视的因素。制图的目的、对象不同,其选取的平台信息源,也应从地学特性予以分析。

遥感应用实践表明,不同平台遥感器所获取的图像信息,在遥感制图中其可满足成图精度的比例尺范围是不同的(表4-1)。

表 4-1 不同平台信息源适于制图精度的比例尺范围

内容		Landsat		SPOT	国土普查卫星像片	备注
		MSS	TM			
地面分辨率(m)		80×80 (1~4波段)	30×30 (1~5,7波段)	20×20 (1~3波段)	20×20	其精度与量测地物面积大小有关
同一地物图像面积量测精度(%)		85±	93±	98±	98±	
专题制图	适应比例尺 最大适中比例尺	1:25万~1:50万 1:25万	1:10万~1:25万 1:10万	1:5万~1:10万 1:10万	1:10万~1:25万 1:10万	
普通地图修测、制作 适中比例尺地图		修测1:50万图	修测1:25万图	修测、制作 1:10万地图	修测1:25万地图	

由上表可见,我们进行遥感专题制图和普通地图(含地形图制作)的修测更新,对不同平台的图像信息源,都应结合研究宗旨、用途、精度和成图比例尺要求,予以分析选用,以达到实用、经济的效果。

2) 地物识别分类制图的物候分析

物候分析是图像地物识别分类制图的重要环节。它是影响遥感制图的一个不可忽视的主要因素。不论是用作提取图像有效信息,还是开展不同时相的地物动态监测,都有积极的作用。下面我们结合不同作物(如小麦、玉米、水稻等)图像识别制图,对时相选择进行分析(见表4-2)。

表 4-2   各地区不同作物解译制图的物候时相分析查找参考例表

地物目标		物候期			最佳时相或较适中时相图像	备注
		分蘖始期	拔节始期	抽穗		
小麦	冬小麦	10 月 11 日~10 月 21 日	4 月 11 日~4 月 21 日前	5 月上旬	11 月中旬~12 月中旬或 4~5 月	如太原、石家庄、天津、北京等地区
	春小麦		5 月下旬 6 月 1 日前	8 月中旬~9 月上旬(乳熟期)	5 月下旬,6 月上旬	如沈阳、长春、哈尔滨等地区
玉米	春玉米	5 月 21 日左右(三叶期)	6 月 20 日左右		6 月中旬,或 8 月份	北京、沈阳等地区
	夏玉米	6 月 11 日左右(三叶期)			6 月中旬~6 月下旬	成都等地区
水稻	早稻 中稻 晚稻			6 月 20 日左右 8 月上旬 9 月中旬	6 月中旬 8 月中旬 9 月中旬	南方地区
盐碱地		3~6 月 9~11 月 积盐期	冬小麦 4 月中旬拔节		3 月下旬~6 月上旬, 9 月下旬~11 月上旬	德州地区
森林 草地		4 月中旬展叶期			11 月或 4 月中旬 7 月~8 月	北京地区、半湿润季风地区

小麦种植面积的提取和估产,首先应考虑其所分布地区的相关特征,然后研究整个发育生长期,从出苗、返青至成熟阶段的生态特征。同时结合提取目标要求,进行作物物候期的分析。以华北平原的冬小麦为例,11 月中旬~12 月中旬,越冬期麦苗长至 3~4cm,此间植被(除针叶林外)基本凋落,背景利于冬小麦信息的提取,可选为冬小麦播种面积提取的适中时相。但冬小麦在次年的 3~4 月间,正处于返青与拔节期。4 月上旬,冬小麦正进入此物候期,植被覆盖度增大,但目标与背景对比,此间冬小麦绿度值正介于森林与春作杂草之间,仍能较易区别于其他作物。而拔节至抽穗正是关系麦穗数的关键物候期。由此可见,该区用以提取冬小麦播种面积的最佳时相宜选取 12 月中旬前的图像;若为了估产,则宜择其 4 月上、中旬的图像。自然,最佳时相的选取,还应考虑云量,所以,选取时可有一定的幅度,或利用其他平台的适时图像。

又如水稻其生育期一般为 5~10 月间,此间也是其他绿色植物生长的旺期:早稻由 4 月底~7 月底,其中 6 月 20 日前后抽穗;中稻从 5 月下旬~9 月上旬,约 8 月上旬抽穗;晚稻在 7 月底移栽至 10 月底成熟,大致 9 月中旬抽穗。而水稻的抽穗期是关系其产量的重要物候期。因此,我们用以提取水稻种植面积的最佳时相,一般择其孕育抽穗期。从上可知,不同作物均有一定的物候期为影响生长、产量的关键期,这是选取最佳时相图像的一个主要依据,它是地物识别精度的一个基本保证。

这里应指出的是,各种作物图像识别的最佳时相随着区域而变化,因同一种作物,在各个地区其物候期是不同的。例如几个地区冬小麦的物候期变化可见表4-3。

表 4-3　不同地区冬小麦物候期的变化例表

物候期	北京	南京	成都	南宁	乌鲁木齐
分蘖始期	10月下旬	11月中旬	12月11日左右	12月21日前	10月11日左右
拔节始期	4月21日前	3月中旬	2月1日左右	1月1日后	5月1日左右
抽穗期	5月21前	4月中旬	3月中旬	2月1日左右	6月1日左右

另外,在土地利用类型中,各种地物类都有不同的生态环境和各自宜于图像识别的最佳时相。比如,草地一般5~8月是其生长期,仲春夏初是发绿期。因此,草地单要素的识别提取,应视区域的特点,考虑背景因素予以选择。

3) 专题解译图像波段优化组合分析

利用多光谱和高光谱信息进行图像解译制图,更拓宽了其应用领域。对多光谱的选取,从理论上说,波段愈多,其宽度愈窄,图像信息量就愈大,利于地物细微差异的分析。但波段分得越细,其彼此间数据相关性就大,增加了信息的冗余度,增大了图像信息的处理量,所以,综合分析多元因素,应针对制图对象合理地择其有效波段,有的放矢地优化组合波段以保证其成图质量(参见表4-4)。

表 4-4　不同地物类型解译图像波段优化组合应用试验参考例表

地物		图像组合			波段特征说明
		MSS	TM	SPOT	对农作物、植被有较好可分度;利于农作物、植被、土壤的识别;可评价植物生长活力
农作物	冬小麦		B4,B3,B2		同上
	春小麦		B4,B3,B2		除具有上述特性外,同时对作物、荒地等均有较好反映
	玉米		B4,B3,B2		对农作物、土壤含水量区分有利
	水稻		B4,B5,B2		它们利于针、阔叶林的区别,是植被的敏感波段,林地农田等易反映,地物层次反映好。
森林		B4,B5,B6	B3,B4,B5	B3,B2,B1	
植被		B4,B5,B7	B5,B4,B1		
草地			B5,B4,B2		
土地利用			B4,B3,B5		

随着多光谱信息和成像光谱技术(或窄光谱带遥感技术)的发展和应用,在专题处理分析与制图研究中,波段的选择对地物的针对性识别越显得重要。例如,在植被要素的分析中,若要研究其生物化学成分(如植物纤维素等),那么选择成像光谱 $0.45 \sim 0.60 \mu m$ 及 $0.76 \sim 0.90 \mu m$ 波段组合,进行回归分析,能取得颇有效的结果。

诚然,不同研究的对象,对各光谱段选取的针对性、有效性和组合是不同的。需因物、因地选择应用。

波段的应用,首先针对识别目标进行有效谱段的分析选择,然后将各符合要求的波段作优化组合,或者利用不同平台图像的波段,予以复合提取。我们知道,不同地物其影像的亮度值是有明显差异的。比如,水体、沼泽湿地为低亮度值;冰雪地、沙滩、沙地及裸露地等处于高亮度值;农作物地、林地、灌丛和草地等一般属中间亮度值。对此根据不同波段对地物的敏感性(TM2、TM3对叶绿素较敏感,TM4对植被密度有良好反映,MSS5、7对农业用地有很好显示;SPOT3是区分针、阔叶林的主要波段;SPOT1、TM2、MSS4是植物绿色反射峰),同时考虑作物生态特性(冬小麦生长差异变化明显的时期是3月底至6月初,苗期时,其长势的光谱可分性好;抽穗开花后,小麦长势的光谱可分性就不理想),并结合不同通道波段对作物的光谱表征差异,波段的信息量、相关性、有效性和局限性,进行综合分析,可形成优化的组合方案。

在常规应用中,一般采取标准假彩色组合方案,MSS7,5,4(配赋R,G,B);TM4,3,2(配赋R,G,B);SPOT3,2,1(配赋R,G,B)。诚然,当我们利用物体的不同波段之内在差异组合时,关键是因物选择适中波段,进行多波段优化组合,通常是三个波段,因为多了会增加计算处理的信息量与噪声误差。因此,地物波段的组合,通过地学、生物学的分析,采用"叠加光谱图"法是一种经济有效的途径。

此外,还可根据不同的应用目的,采用多时相图像信息的复合;多种平台图像信息的复合,乃至遥感信息与非遥感信息的复合等等,旨在充分利用不同的信息特性,最大限度地提取所需的有效信息,对地物的显示可分性发挥出最佳效应。

2. 地物识别的目标背景数据研究

地物要素背景数据的研究,是遥感专题制图的基础与前提。然而,在分析应用中还有诸多复杂的因素,如区域分异、分辨率局限性、时空效应以及地物间干扰等,也会不同程度地影响分析结果,而目标背景数据的研究,也是提高其应用精度不容忽视的因素。前面我们分析了用以解译的图像背景因素,与此同时,还应研究辅助分类的目标背景数据。众所周知,任何一地物要素总是诸多因素的综合产物。因此,它们除了受主导因素的作用外,还受其他相关因子的影响。这正是地理相关分析法的原理。

空间图像的表征相互制约的结果,并非是综合体的全部信息。所以,有些信息尤其是受覆盖等共性作用的地物,不可能——被揭示。因此,利用空间图像进行专题调查与制图,仅以图像中的色、形、位等直接标志,难以达到理想的应用效果,在分析信息源的图像背景参数同时,还需关注目标背景因素的研究。

随着遥感与地理信息系统(GIS)的一体化发展,在目标背景的应用研究中,GIS成为分析空间数据的强大工具,发挥出更显著的作用。例如,作物中玉米的生长期(4~9月)与田间其他作物长势混淆,出现严重的"同谱异物"现象。为此,需针对地物目标,研究与其密切相关的背景数据;与玉米生态特性相关的作物区划(分区)图,分析适于玉米生长的土壤类型图、地貌类型图、土地利用图、气候要素图(如降雨量、积温等)、玉米产量分布图以及行政区划图等等,同时将它们建成目标的背景数据库。这样,在GIS的支持下,可视图像识别要求,提取背景库中的某一与目标相关的背景数据,如玉米区划或生态的分区,按其不同区配合影像,并按土地利用中不同作物复合图像的绿色植被指数的差异进行分区、分层提取识别目标。这种运用目标的背景数据予以辅助分类,具有较明显的效果,可取得较好的精度。

由上可归纳为,空间遥感信息的地学、生物学分析应用,是在波谱特性基础上选取各种识别分类器算法提取有效信息的同时,用机理和背景参数分析方法以改善分类精度、提高成图质量,这是不可忽视的基本途径和研究方法。

第二节 空间图像识别制图的区域参数应用

21世纪,区域可持续发展是世界范围内关注的主题。因此,深化地球空间信息的应用研究,对资源分析管理、环境动态监测和发展规划,具有重大的科学与经济意义。

遥感(RS)、地理信息系统(GIS)和电子制图是运用高新技术集成的综合体系。这种一体化技术体系的发展与应用,不仅能深刻地揭示地理过程中大量变化的自然规律,而且可促进地理信息分析处理向系统化、规则化和决策智能化方向发展,增强地理系统分析及其综合研究的能力。

遥感信息是地学研究的重要信息来源,故此,有效地应用地学理论和先进的技术体系,开展深层次的图像分类研究,是国内外力求探索的新途径。

一、区域参数的涵义与功能

在区域空间研究中,对遥感信息的分析与制图,通常以地物波谱特性研究为基础来提取有效信息。但其效果往往不理想,究其原因,有众多因素,而其最根本的是在利用空间信息处理和分析制图过程中,对地物空间信息的构像机理,缺少深入的地学分析。为此,我们应注重地物构像规律的研究,诸如盐碱地形成的内、外因子的"成因性"特征信息,植被覆盖下影响土壤发育过程的"制约性"特征信息等,这些研究区域内诸地物要素内在特征差异的重要因素,由于各种地物类型区域条件不同,在建立地学生物学模型中应考虑其区域性主导的和相关的因素,故此,称作为区域参数。比如水田,有滩涂上的水田,冲积平原上的水田,山地的水田等,它们的参数都不应一样。陈述彭教授将这类区域参数,看成是空间信息模型应用中所需要的区域校正系数。而这些因素或参数,应该由研究地学等的有关专家予以提出,通过试验模型,达到运行系统的目的。其功能是为了最大限度地提取空间有效信息,改善智能识别分类与制图的质量和精度。

由上可见,在分析图像地物类型的波谱特性的同时,还应重视影响成像机理的区域参数研究,有机地利用地物光谱特性数据与空间区域参数结合的方法,这是一条有效的技术途径。

利用空间信息进行电子识别与制图,国内外都从不同角度和领域进行了深入的研究。他们采用各种不同的分类器算法,诸如地物特征量统计分析、上下文特征识别、纹理结构研究、神经元网络模式和双向性反射分布函数算法等,这些都不同程度地改进了地物分类的精度,这是一种基本的研究途径。但与此同时,针对空间地物目标,探求其内在的区域分异规律,研究其成像机理参数,并应用模型量化分析,予以定量描述,则是提高空间信息自动识别与制图精度不可忽视的重要途径。所以对主要地物信息,开展区域参数研究,这对提高遥感信息分析制图质量和精度,具有重要的理论意义。

二、空间信息区域参数研究的原理

实践结果表明,利用空间信息作为辅助数据,可不同程度地提高图像识别分类与制图的精度。因此,深入研究其应用方法的区域性、适用性与局限性是增强空间信息电子制图智能化的重要环节。

众所周知,遥感图像主要是地物类型光谱特性的综合反映。因此,以波谱特征为主要标志的模式识别分类方法,是空间信息自动分类与制图中最常用的方法之一。但这种依据地物光谱特性所表征图像的相似性,用作识别分类往往产生同物异谱或同谱异物的混淆现象。这是因为自然体的影像受众多因素综合影响的结果,所以,在识别分类中,单以地物光谱特征相似的统计分析为依据存在着一定的局限性。因此,人们根据地物构像的机理,深入地开展了各种辅助数据和区域参数的研究。

1. 空间制约性地理相关辅助数据分析法

自然界的地物分布,在相关性的同时具有制约性。如山区的地物类型,因其辐射亮度受地形影响,分类时,需要消除地形的影响因素,如若辅助于太阳入射角数据,其分类精度则大有改善;又如,垂直地带分布区的地物识别分类,辅助高程带数据,不仅有助于专题要素的分类,且能大大地提高分类精度。例如:云南丽江玉龙山区,植被、土壤和农作物的垂直带分布十分明显。但是单纯依据地物的光谱特征,进行目视解译或计算机识别分类,是难以达到理想效果的。因为从多维的空间地物缩至成平面的影像,其中一些信息特征被隐含,不能充分显示。就土壤类型的识别来说,山区的土壤形成反映出一定的垂直地带性,而它除了受非地带性的岩性、成土母质的影响外,还受垂直地带的植被分布的作用。因此,在对山区土壤遥感分析制图时,必须注意到其高程辅助数据的应用。

我们知道,山区的植被与土壤的分布具有一定的相应性垂直地带规律(见表 4-5)。

表 4-5　云南丽江玉龙山区植被、土壤垂直地带分布示意表

高程(m)	植被类型	土壤类型	备　注
5000	雪被	冰川雪被	雪线(5000m 以上)
4500	地衣、高山砾石冻荒漠	原始土壤、高山寒漠土	荒漠带
4000	嵩草高山草地、高山杜鹃灌丛	亚高山灌丛草甸土、亚高山草甸土	灌丛草地带
3000	铁杉、冷杉、红杉、云杉等	暗棕壤、棕壤	
2000	云南松林	山地红壤、耕作红壤	
1500	山麓荒草地	耕作土	

山区土壤垂直地带的分布与其植被的垂直地带分布,有着较密切的地理相关性,它们可以相互引证,用以辅助图像信息的识别分类与制图。

此外,在利用辅助数据分类研究中,还可以针对欲分地物类型的要求,依据地学分析结果,按其制约性特征信息,建立必要的地理背景数据库(含地面实测数据与相关图件信息),这样可在地理信息系统支持下,有的放矢地辅助遥感图像的分类与制图,例如数字地貌模型(DGM)参数的应用。

2. 地物成因性特征信息区域参数法

根据区域差异规律和景观生态学理论,研究有关地物目标的成因性特征信息参数,是归纳、演译、解决空间信息分类制图的一种不可忽视的方法,也是从地物表面现象描述到地理内在规律揭示,以至形成量化修正系数、表达模型,提高空间信息电子制图精度的一个重要方法。因为每类地物的消长变化都是遵循一定的有序性地理熵规律和内在因果关系的,因而将各种地物信息的波谱数据结合地学、生物学空间模型的区域参数的研究,能使其获得实质性的进展,取得新的效果。

诸如在某些地物类型的成因中,往往因有不同的生态环境,而存在着一种成因性的控制参数,土地利用类型中的盐碱地就是较典型的一种。它是盐碱土的主要分布地,大多分布于内陆干旱、半干旱地区和滨海区域。

例如黄淮海平原的禹城、齐河一带的盐碱土,在其成土母质中含有不同数量的矿物质盐分,在排水不良的低洼地区,形成含盐量不同的高矿化度地下水。因此,当土壤中不同数量的可溶性盐分积累达到一定程度时,就形成了盐碱土,它可按表层土含盐分量的大小,区分为非盐碱土、轻盐碱土、中盐碱土、重盐碱土和盐土等。它们对作物的生长反映出不同程度的影响。

从上述分析可知,土壤与地下水中含有盐分是产生盐碱土的内在因素;一定的气候、地貌、地下水位、土壤质地等因素和排灌设施、耕作措施等人为因素是形成盐碱土的外部条件。不难看出,盐碱化的发生、发展是一系列自然因素彼此相互综合作用的结果。

从盐碱土形成的内因、外因及地球化学元素迁移运行规律的地学分析可见,它们最终是经过一定的地貌单元及其部位反映到地表面上的。因为,盐碱土的形成条件:其一,地势低洼易使水盐汇集;其二,土壤与地下水可溶性盐含量大,且潜水位高。因此,在地势低平,土壤潜水位又高于土壤盐渍化临界深度时,就产生土壤盐渍化。另外,其严重程度与地貌的组成物质的成分大小息息相关。比如,一般均质沙土与均质黏土因毛管力较低,不易上升可溶解盐水,故而,它难以产生盐渍化。而均质壤土毛管水上升高度大,就易形成盐渍土。由此不难说明,盐碱地的分布与其一定的地貌单元及地形部位有着极密切的关系。

就禹城、齐河一带的大地貌单元论,属黄河下游冲积平原。黄河长期的频繁决泛,给这一地区的土壤盐渍化发生、发展和演变带来重要的影响。该地区由于黄河历史演变,形成复杂的微地貌分布,主要有高地、平地和洼地 3 种类型,包括河滩高地、高坡地、平坡地、洼坡地、平洼地和槽形洼地等。而在这些微地貌中,盐渍化主要发生在低平地与洼地内,尤其是洼地边缘及洼地的局部高起处。足见,该区的微地貌对土壤盐碱化的形成有着区域控制的作用,它是导致土壤盐碱化诸多因素中的关键因素之一。所以,我们在利用卫星图像进行盐碱地识别分类处理过程中,分析应用微地貌这一区域参数,作为改进分类的修正系数。

考虑到该区的不同微地貌类型对土壤盐碱化程度的作用,为了盐碱地的识别分类,对其区域参数作了研究:一般说,河床高地、河滩高地、决口扇形地等,地势较高,地下潜水埋深大,排水条件较好,不易产生盐碱化土壤;微斜平地、平坡地、低缓平地,因地势平缓,地下水位较高,较易产生盐碱化;河间坡洼地、浅平洼地和槽形洼地,其地势低洼,地下潜水埋深浅,排水条件不良,容易产生土壤盐碱化。

根据上述各微地貌单元分布特征与盐碱化程度的地理相关关系分析,我们确定了用以辅助盐碱地识别分类的区域参数体系:

- 不易产生盐碱化的微地貌单元;
- 较易产生盐碱化的微地貌单元;
- 容易产生盐碱化的微地貌单元。

据此区域参数,就可在原以光谱信息为依据的分类基础上,分析量化模型,进行盐碱地辅助决策分类与制图。实践表明,这是进行空间信息地学分析成像机理,提高分类精度,不可忽视的有效方法。

三、区域参数在图像识别分类制图中的应用

遥感图像是专题制图的一种重要信息源。因此,地理制图也成为遥感的一个主要应用领域,所以,针对目标对象,研究区域参数,从空间图像提取有效信息,保证制图质量是遥感制图地学分析的基本思路。

从图像的光谱特征统计分类,结合地学、生物学理论,对遥感信息作地理相关的机理分析,研究制图对象的区域参数,引入专家知识,是实现资源卫星应用系统及智能决策化的重要保证。实施这一多学科综合应用研究的技术途径,是从本质上改进和提高空间信息电子地理制图精度与质量的关键措施。

区域参数分类制图应用研究的实施程序:①基于空间图像光谱特征信息的统计研究,分析其分类的机理信息,确定空间模型的区域参数;②根据控制参数体系,进行参数量化处理,同时针对地物光谱分类结果,研究区域修正系数,并依实验拟定分类算法的先验概率表;③在多光谱图像数据识别分类的基础上,结合区域参数及其量化值,进行辅助分类,产生新分类图像;④按照遥感专题制图的技术要求,通过几何投影变换,实现图像与图形的配准,最终产生由区域参数辅助分类的专题要素图。其实施流程见图 4-1。

以上方法和流程,我们曾以盐碱地类型进行了实验研究。

1. 区域参数的量化分析

建立起能直接反映微地貌类型与土壤盐碱化相应关系的区域参数体系后,就可进行参数的量化研究,这是实现区域参数辅助分类的关键环节。

在多光谱图像模式识别分类中,我们是采用最大似然率判别规则进行的,即:

$$g_i(X) = -1/2\ln\left|\sum_i\right| - 1/2(X - U_i)^T \sum_i^{-1}(X - U_i) + \ln P(\omega_i)$$

式中,$g_i(X)$ 为第 i 类的判别函数;X 为图像像元值向量;U_i,$\sum_i$ 分别为第 i 类的像元均值向量和协方差矩阵;$\sum_i^{-1}$ 是 $\sum_i$ 的逆矩阵,$\left|\sum i\right|$ 是 $\sum_i$ 的行列式;$P(\omega_i)$ 为第 i 类的先验概率。

由上式可知,任何一类地物的判别函数,不仅取决于其各自的统计参数,而且还取决于其先验概率。可见,分类过程中,当某些地物类别的统计参数甚为相近时,其先验概率

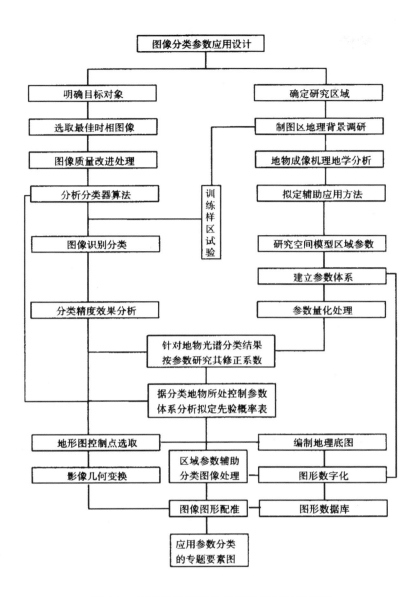

图 4-1 区域参数辅助分类制图流程示意框图

值的大小,对判别像元的归类有着决定性的作用,这就是参数量化的原理。

显而易见,在其识别分类中,若能依据前述的区域参数,分析研究各类地物的先验概率值,那么,就能针对原多光谱分类结果的分析,赋于较合理的修正系数,即先验概率值。该参数量化值确定的原则是依据欲分类地物类型在容易产生盐碱化的微地貌单元中,出现土壤盐碱化的可能性,要比不易产生盐碱化的微地貌单元中的大。这样就可根据区域参数体系确定分类地物的先验概率值,用以表达量化模型。

2. 参数的赋值原则与分类应用

先验概率值的确定,旨在研究批量修正系数,改进分类精度。

从盐碱地的图像识别分类结果可以看出,仅利用多光谱信息统计所分的地物类型,其混淆现象较多,有的几乎区别不开。我们在实验中所分的十几个类型中,因盐荒地、沙地,其色调均呈白色,灰度值较高,且甚是相近,因此,难以区分;重盐碱地与城镇类型也有混淆,不易分开;此外,不同盐碱化程度的小麦地、裸露地也存在着混淆现象。对此,利用区域参数量化而得的各类地物先验概率值,可按欲分地物所在不同微地貌单元赋予修正系数。详见表4-6。

表 4-6   区域参数量化赋值分类例表

类 型	不易产生盐碱化的微地貌类型	较易产生盐碱化的微地貌类型	容易产生盐碱化的微地貌类型
盐荒地	0.01	0.07	0.13
重盐碱土	0.01	0.09	0.13
中盐碱土(裸土地)	0.01	0.10	0.25
轻盐碱土(裸土地)	0.05	0.15	0.05
非盐碱土(裸土地)	0.25	0.10	0.01
中盐碱土(小麦地)	0.01	0.10	0.25
轻盐碱土(小麦地)	0.05	0.15	0.05
非盐碱土(小麦地)	0.25	0.10	0.01
城镇	0.13	0.02	0.01
沙地	0.13	0.02	0.01
水体	0.10	0.10	0.10
合计	1.00	1.00	1.00

例如,盐荒地,若其处于容易产生盐碱化的微地貌单元内,则赋予它较大的先验概率值;如果它位于不易产生盐碱化的微地貌单元中,则给予较小的先验概率值。当盐荒地、沙地两类易混淆的地物均处在容易产生盐碱化的微地貌单元时,则适当增大盐荒地类的先验概率值,相应减小沙地的先验概率值,这样,两者各自所得的判别函数值就不同,前者因其值较大,就被分到盐荒地类中去。那么,对于非盐碱化的裸地、城镇等位于不易和容易产生盐碱化的微地貌单元时,凡它们处于不易的单元内,赋值应比处于容易的单元要大。其参数量化的先验概率值,可通过上述原则将欲分地物类型识别分类的实验,予以确定,根据上述区域参数分析量化模式应用的结果可以认为,利用批量修正系数的分类比单凭多光谱特征识别有较大的改进,提高了分类的精度。

实验表明,根据不同的微地貌与土壤盐碱化的相关关系,确定分类地物的先验概率是区域参数量化的理论依据,也是建立基于知识(包括各领域的专业知识)的多变量综合分析模式以及规则化专家系统的基本前提,同时又是促进遥感、地理信息系统和电子制图综合系统与智能化的重要基础,进而能综合地利用遥感信息、非遥感信息(含辅助数据和专家知识),运用一定的智能方法,予以揭示地物特征信息的机理。

随着高新技术的不断进步,系统的设计应是多级分块结构,以利更新功能与数据,便于针对具体问题对系统作相应的调整,以适用于多种应用领域。

通过上述应用区域参数进行卫星数字图像自动识别分类的研究表明,这种基于地学分析的模式识别是有效的。在禹城地区的试验结果,对其西部古河床洼地上盐荒地的分布,东部河间洼地中大片重、中盐碱土的分布都得出较客观的显示。足见,在图像识别中运用地学分析方法研究区域参数用于分类,是改进其精度的一个重要途径。

第三节　多源信息复合分析与制图

遥感信息,不论是航空的还是航天的,都具有各自的影像特征。这种由不同平台和遥感器,不同时期所获取的信息,在应用中各有特点。

随着遥感信息应用的深入,遥感信息的复合分析技术日益为人们所重视。信息复合的目的在于综合各种有关资料,即遥感之间、遥感与非遥感之间的相关信息等,以丰富、增强有效信息,改进图像识别方法,提高图谱的效应。

信息复合是在同一研究区域内,实现影像的空间位置与信息内容的配准。所以,信息的复合,实际上应是在统一地理坐标基础上,建立影像与地面以及影像之间的对应关系,以作有机的配准。即包括:

- 影像的空间配准,如几何投影的匹配;
- 信息的内容复合,如图形间或图形与数据间复合。

关于信息的复合,因应用的目的不同,而有各自的方式:

(1) 遥感图像间的复合,如:

- 航空与航天遥感信息的复合;
- 多波段信息的复合;
- 多时相信息的复合等。

(2) 遥感图像与地图的复合,如:

- 图像与地理基本要素底图或地形图的复合;
- 图像与专题要素图的复合等。

(3) 遥感信息与非遥感数据的复合(包括多光谱、高光谱信息与地学数据的融合),如:

- 遥感信息与遥测数据的复合;
- 遥感信息与统计数据的复合;
- 遥感信息与地学实测数据的复合等。

诸如此类不同信息间的复合,已广泛地应用于各个领域,其复合所产生的新信息的应用效果明显地强于单一信息。实验表明,信息复合是当前遥感应用分析的基本方法,也是遥感应用中多源信息分析和综合研究的重要基础。

在区域城市调查与规划工作中,信息复合的应用发挥了显著的效益。例如,城市用地分类中不同时相、波段的 TM 图像复合分析,使其分类精度提高 15% 左右。

遥感是由空间观测地球的新技术,但在应用中也有其一定的局限性。如多维空间地物缩影成二维的平面图像,就会不同程度地影响到城市大量三维地物要素的影像标志的表征。因此,在城市信息的识别过程中,引入数字地形模型(DTM)数据等,进行两者的复合分析,势必能提高地学图谱的图解力。因此,在城市规划调查中,实现信息复合可更有效地发挥遥感的应用技术。

此外,应用遥感信息研究区域的空间结构、环境结构、功能结构以及其生态系统中的物质流、能源流和信息流之间的流通规律和效率,需运用地学原理分析城市分布与发展的地域规律。比如,北京市的规模和生产布局的圈层式结构与其地形阶梯分带式及环带形的地域特征以及交通网络可达性的内在联系等均是紧密相关的。

　　目前,遥感在城市研究中的应用,通常是用航空像片和卫星图像作为基本的信息源。但它们两者并不能彼此替代。因而,采用航空与航天遥感信息的复合,是经济有效的方法。

　　航空和航天遥感信息具有微观与宏观特征差异,为此,将两者结合进行复合分析,是一种切实可行的技术。其方法步骤:

　　(1)根据区域规划的要求,选择现势性好、适中比例尺的航空像片,分辨率高、最佳时相的多光谱图像(或彩红外像片等),同时,对其两种信息作对比分析;

　　(2)按照成图比例尺,据所需地形图和图像,选择明显的同名地物控制点,并量算坐标,为两者信息复合提供配赋的控制数据,以实现空间配准;

　　(3)将选定的卫星图像信息(或 CCT 数据),利用图像处理系统,将它处理为成图比例尺图像,同时把同一制图区的航空像片缩成为相同比例尺影像,然后依据同名控制点,作两者的复合处理,以获取一幅既具有区域宏观信息,又能突出其微观内容特征的图像。其信息复合的作业流程见图 4-2。

　　从图 4-2 可知,信息复合包含有两个主要部分,即信息的几何位置匹配和信息的内容

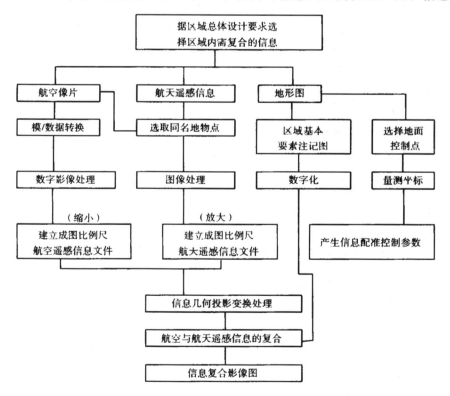

图 4-2　航空与航天遥感信息复合作业流程示意框图

复合,前者是为了建立统一的地理坐标,以保证复合信息的精度,后者在于丰富并增强专题信息,改进复合图像之质量。

在《京津地区生态环境地图集》的城市功能结构图组中,天津市土地利用现状图就是利用不同时相复合信息进行模式识别分类而成的。

天津市区位于海河五大支流的交汇处,是北方的主要经济中心,其地势由西北向东南降低。平原区水系河渠纵横交错、湖沼洼淀星罗棋布,沿渤海湾滩涂广布,盐田规则而平展。解放后,天津市区有了很大发展,城区的用地作了新的调整,如工业区的改造与扩建,居住区、商业区以及交通系统的合理调整等。所以,城市土地利用现状图的编制是城市规划的基础图件之一。

例如,天津城郊用地基本类型(如城区、城郊区、乡镇、绿化地、菜地、耕地、水体及其他用地)图,就是利用 TM 图像的两个最佳时相进行复合分类的。其结果表明,复合后的空间信息,不仅丰富了其影像特征,而且增强了城区、绿化地、菜地、水体,及郊区农田等类型的专题信息。

这一方面是由于多波段所构成的数据集,丰富了地物波谱信息;另一方面,因不同时相的复合改变了某些地物波谱特征,从而导致了一些地物影像特征的变化,突出了有用信息,抑制了某种无关的信息,故而较好地提高了城市用地分类效果。

分析表明,在 5 月份的影像上,天津的城区呈浅蓝色,水体的色调为深蓝色;而 7 月份影像,市区与水体的色调差异不明显,均呈深蓝色,难以从色调上加以区分,因此,两者复合后,就会改变波谱特征,利于城区和水体的识别。倘若仅是为了区分城乡与水体类型,那只利用 5 月份的影像就可区分了。但它对于城郊区的农田、湖沼洼淀芦苇地、菜地和园林、绿化地等,不利用上述两个时相进行复合分类,是达不到客观的分类精度的。

从上述时相复合分析结果不难看出,对于时相的选用,必须根据研究的对象,考虑地物物候农时历等变化规律。这样,才有助于复合后信息特征的显示。另外,通过不同时相的复合,更有利于城市用地类型结构的变化分析和城市用地变化的比例关系、扩展速度与发展趋势的研究。可见,信息复合也是城市动态研究的一种有效手段。

综述信息复合的应用,应视地域的不同层次和目标而定。关于信息复合的内容和方式也需考虑具体的要求和条件。比如,遥感信息与地理信息之复合应用,是当前系统综合分析的重要途径。

第四节　　空间图像解译标志与制图的地学多元分析

利用遥感资料编制各种专题地图是加快成图速度、提高地图质量的重要手段。目前所采用的像片(或胶片)和计算机兼容磁带的生产过程,首先是经数据处理系统记录在视频带上,然后通过数据预处理系统将它转换成高密度磁带(HDDT)和 CCT 磁带及胶片图像,提供给生产、研究单位使用。同时,也可经过精密处理,获得精密像片和数据磁带,再进行地学分析处理的。

遥感图像的识别,除了应掌握地理诸要素的综合分析的基础知识,地学、生物学及有关学科的专业判读理论和技术方法外,还需熟悉地物遥感构像的理论与基本原理。这对于遥感图像的机理分析和地球信息解译的标志建立是十分重要的。

一、图像解译标志的地学多元分析

任何地表物质都有发射、反射、吸收或散射电磁波的特性。它们发射、反射和吸收电磁波的能量与地物的性质密切相关,不同物理、化学特性的物体,其反映波谱的特性有着明显的差异,而且这种差异程度往往又和自然条件及季节性的变化有关,所以不同地物在不同时间、不同自然条件下所构成的图像特征是有差异的。这些特征的变化主要反映在图像色调和形态结构方面。因此,在遥感图像解译中,应用电磁辐射理论判别地物类型是一个重要的手段,它是识别图像的理论基础。另外,由于各种物体内在物质结构和排列组合的差异,它们发射、反射和吸收电磁波的波长及频率也是不同的。依据不同的波长和频率可组成各种电磁波谱图。人们的肉眼只能见到其中的一部分辐射能,即电磁波谱中的可见光部分,而光谱中其他大部分辐射能,比如红外线、微波和无线电波,是人肉眼所见不到的。然而,遥感探测器却可以探测出人们无法看到的光谱。对于热红外来说,通过红外探测仪就能测得温度的微弱变化。这些特征标志,通常都可以作为图像解译的依据。

遥感图像是自然景观经缩小后的客观记录,所以也有人称此表像为"地球的缩影"。目前利用遥感资料进行解译制图,其所应用的识别标志,一般可归纳成直接标志和间接标志两类。前者是指直接可在图像上识别出地物类型的标志,如图像的色调、图斑大小、图形结构及地物的空间位置等,简称色、形、位标志。后者是指通过影响图像的自然诸因素的相关分析来确定地物归属的标志,如地貌、土壤、植被等均可作为间接标志。但具体分析建立标志,应视解译的对象而定。如果编制地貌图,那么地貌本身就是判别类型的主题。可是,对于地质图的编制来说,一般却从植被(包括农作物等)、岩性和土壤等间接的相关要素分析来确定它们的属性。又如土壤的分类,图像中由于地面植被的覆盖或地表疏松层的分布影响,色调、几何图形、图斑结构等并非都直接反映土壤类型的属性,这就必须利用相关的间接要素,如植被、土地利用、作物分布和地形部位、水文和地质要素等来建立判别模式,实现类型的划分。所以对土壤分类标志的选择,利用间接因素往往更为有利。应该说明,在一般的遥感解译制图中,直接和间接标志通常是结合进行的。

但是,不论是传统的目视解译制图或是图像自动识别分类成图方法,一般都以图像的色调特征和图形结构特征等为主要判读标志。然而,上述两种成图方法在应用这些解译标志时往往有其侧重,前者常以外形结构、图斑大小之类的特征为判别的主要依据。后者通常采用色调等特征,如图像灰度值作为自动识别的重要参数。所以,在运用直接和间接解译标志进行识别制图时,应考虑到各不同专业要素的特点。比如对土地资源的判读,首先应研究土壤、植被的波谱特性,同时分析与作物生长密切相关的土壤类型与肥力有关的生物特征和其他的相关因素。对此,采用多光谱图像进行解译制图更能显示其优越性,因为多光谱图像对于不同波段具有不同的解像力,同一地物在各波段中反映的灰度值也是不同的。

不同波段对诸要素的解像力明显不同。例如,MSS4 光谱段对水体、沙地、沉积物、沙地与植被的过渡区、水污染和地质岩性等均有清晰的反映;MSS5 波谱段对沙地与湿地、沼泽的过渡区和河水中悬移质及其浑浊程度反映清晰,另外,图像中土壤、植被要素的显示效果也较理想,人们常用此波段来划分土壤、植被类型;MSS6 波段与 MSS5 相反,对沙地与沼泽间的过渡反映不明显,但对水体与植被、水陆间分界反映清晰,像片上的干、湿地物色调深浅明晰;MSS7 与 MSS4 不同,像片中沙地与植被之间过渡不清楚,但它反映水陆过渡的特征很好,对反映海岸地貌及确定海岸线分布等极为有利。它对针、阔叶林的区分也很明显,如阔叶林反射红外光呈现鲜红色,针叶林吸收红外光表现蓝色,病态树呈暗紫色。该波段由于对水有较好的敏感性,因此对地质构造、岩性等的分析也是很有意义的。例如有的构造带因地质构造作用后,上、下盘间不同介质的水分变化,其在图像中色调和形状的反映呈线性分布,据此就可结合其他标志判别出实际的构造线。

在具体解译时,由于研究对象不同,对波段的选用也是不同的。如能根据研究目的选择合适的波段组合使用,则可取得更为理想的效果。

二、数字处理图像的制图技术分析

CCT 图像数据经计算机处理的结果,通常是记带后回放成底片,并晒印像片提供使用。但是,从制图的角度来说,在复制工艺过程中,还应进行一些有关的技术分析处理。

1. 图像底片复制处理

利用回放的底片进行专题要素底图的编制,为了获取最佳图像效果,在制印过程中应作如下技术处理。

1) 波段组合方案的筛选

图像合成中,波段的组合可有不同的方案。如何组织以获得最佳方案,应视具体要求进行试验和筛选。在京津及邻区 1:25 万影像图复制中,我们利用 4200F 型多光谱数据处理系统,依据其测定的数据,通过屏幕显示,从多种组合方案中筛选出最佳的方案。

这种组合试验,应考虑多要素的综合效果,依据其显示的层次和特点,测定基本数据,从中选取较理想的组合方案(见表 4-7)。

表 4-7　京津地区 1:25 万影像组合方案表

项目 波段	波长(μm)	滤色片	印刷墨色	灰度电平区间	灰阶数	特征要素显示
MSS4	0.5~0.6	蓝(B)	黄(Y)	44~137	5	地貌、土壤
MSS5	0.6~0.7	绿(G)	品红(M)	14~223	10	植被、耕地
MSS7	0.8~1.1	红(R)	青(C)	59~255	9	河流、湖泊、海水、盐田

表 4-7 所列举的波段组合方案主要是从影像的综合反映考虑,并非以某专题解译的特殊目的出发,因此,对各专业的应用具有普遍性。

2) 像片连续色调扫描放大处理

处理后回放的底片,为了制印需作扫描放大处理,包括对比度扩展。经 C-4500 图像处理系统回放的底片密度为 0.31~1.44;该片利用 SG-1000 型电子分色扫描仪做连续色调扫描成倍放大时,其密度扩展为 0.20~1.90。

可见,原底片经连续色调扩展后,其亮调段的密度经原底片降低,而中间调与暗调段,比原底片提高(见表4-8)。

表 4-8　回放原底片扫描放大后密度的变化

项目 底片	底片密度	亮调段	暗调段
回放原底片	0.31～1.44	0.31	1.44
扫描放大底片	0.20～1.90	0.20	1.90
处理后密度的变化	中间调提高	比原底片降低0.11	比原底片提高0.46

根据上述底片密度变化分析,在制印时,对平原区图像的处理,应压缩暗调层次,保持和扩展亮、中调层次,至于暗调损失的层次可利用黑版加以弥补。

另外,这种连续色调的放大,还有助于降低因高倍放大感光卤化银颗粒度所引起的噪音,使图像保持细腻的层次。

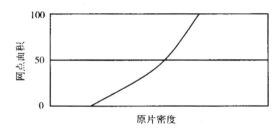

图 4-3　图像复制加网特征曲线

3)图像底片半色调放大处理

数字图像处理的一个重要目的是使图像清晰,因此,复制过程中如何保持处理后高质量的图像是必须考虑的问题。

对此,一般是将以等比级数变化的连续色调的图像密度转换成按等差级数变化的半色调的网点面积,依据复制加网特征曲线,使获得明亮、中调为主的影像网版阶调(见图4-3)。

在利用黄、品红、青复制影像时,以色相的差别反映不同波段的主题;以亮度与饱和度反映地物目标的等级差异,使图像保持明显的对比性和客观真实性。如天津幅影像合成,不同地物网点组成(见表4-9)。

表 4-9　天津幅影像合成不同地物类型网点组成

地物 波段	海河		蓟运河 入海口	大沽 盐田	小站 稻田	人工 水面	旱地			沧州市 城区	古河道		机场 跑道	渤海湾	
	河道	入海口					旱地	休耕地	裸地		旱地	裸地		浅海	深海
MSS4	85.7	92.2	58.9	85.2	83.4	83.4	87.8	63.5	14.9	45.5	83.4	38.7	0	57.7	72.4
MSS5	82.5	80.4	54.1	81.2	87.1	89.2	85.4	52.4	0.73	35.9	86.7	21.5	0	38.9	72.4
MSS7	96.2	97.3	93.1	95.3	21.4	97.7	23.4	47.5	0.25	67.6	12.6	0.84	0	78.3	97.3
颜色	黑蓝	深蓝	中蓝	深灰蓝	大红	深蓝	大红	中灰	浅灰	中灰蓝	红	黄灰	白	中蓝	深蓝

2. 影像制图技术分析

20世纪70年代以来,卫星影像制图技术已广泛地应用于地图学领域。随着遥感图像处理系统及其自动分析技术的发展,遥感制图成为一个新的方向。这就有必要分析图像处理与制图之间的耦合及有关技术条件问题。

1) 图像计算机处理

图像计算机处理,可视用户要求一般可有非制图与制图两类。前者,一般是依据专业的特定要求,通过图像处理直接提取某一专业信息;后者,在图像处理前,要有一个从信息源的采集(包括数字化)、处理内容、制图精度分析、投影变换、地图匹配以及制印处理工艺的总体设计。这样,在分析方法、处理速度、成图质量和经济效益方面,能得到基本的技术保证。但是,对于影像制图的总体设想,往往被人们所忽视,因而,在数字图像处理与制图过程里,出现顾此失彼,互不协调,达不到预期的目的。为此,图像处理与制图分析应考虑其技术路线(见图4-4)。

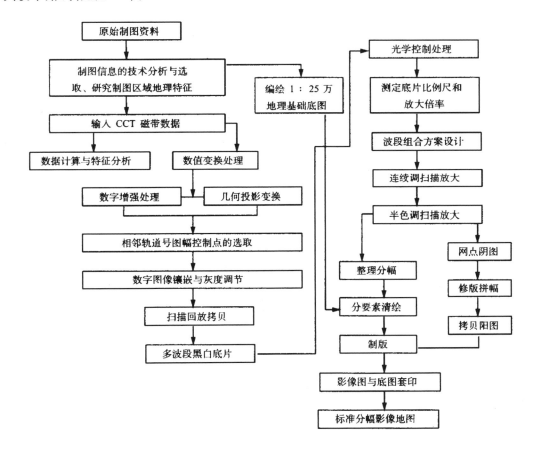

图4-4 1:25万卫星图像处理与制图分析技术方案框图

可见,数字图像处理和影像图编制技术分析是两个主要组成部分,而这中间的每一环节的处理都是相辅相成紧密关联的。

2) 图像比例尺配准的处理

陆地卫星MSS图像原片比例尺为1:336.9万,而相邻图像的比例尺并非都一致,另外,经计算机处理的CCT结果,回放底片尺寸是按扫描孔径大小计算,无明确标尺,是一个近似的估算比例尺。因此，为保证每幅影像图的拼接与分幅配赋精度，需测定成图比例尺及其放大倍率。

（1）将回放原片放大成编图比例尺，分别选取同名点、并量取平面坐标、标定点位号，且把点坐标值按1:25万图分幅列表（一般不小于10个点），展绘于透明薄膜上。

（2）对点控制纠正，以1:25万地图为基准，作对点平差，使两者的对点差和影像接边差的配赋符合要求。

（3）在回放原片的对角线上量取影像特征点的距离，同时量得放大纠正对点平差后同名地物点的距离，从而计算原片比例尺及其成图放大倍率，使图幅比例尺一致，保证拼幅配赋的精度。

3）几何控制投影变换精度分析

对非制图目的的图像处理，这一过程通常省略，但对标准影像制图，却是一个重要环节。

（1）地面控制点的选取。在控制底图和图像上选取明确稳定的同名地物点，布点要力求均匀，统一坐标原点与计算单位。计算控制点的点位误差，按精度要求消去余点。

（2）影像制图配准精度分析。利用计算机处理的图像数据，编制按国际地图分幅的标准影像地图，这是遥感制图应用的一个趋势。

参 考 文 献

[1] 陈述彭等.遥感地学分析.测绘出版社,1990
[2] 万恩璞等.中国玉米遥感动态监测与估产.中国科学技术出版社,1996
[3] 傅肃性.遥感信息多元综合分析及制图系统.中国空间科学技术,1991.56～64
[4] 徐吉炎等.多种遥感资料的综合应用评价.再生资源遥感研究,科学出版社,1988
[5] 王乃斌等.中国小麦遥感动态监测与估产.中国科学技术出版社,1996
[6] 赵锐等.中国水稻遥感动态监测与估产.中国科学技术出版社,1996
[7] 陈述彭.资源与环境信息系统的开发环境及运行条件.见:崔伟宏主编,微机资源与环境信息系统研究,中国科学技术出版社,1990
[8] 杨凯等.辅助数据在遥感影像计算机分类中的应用.环境遥感,1986,1(3):213～218
[9] 傅肃性.地学分析在遥感影像计算机分类中的应用.环境遥感,1986,1(3):41～48
[10] 张晋、傅肃性,王恩尧.卫星数字图像处理与制图分析.地理研究,1987(2)
[11] 傅肃性、张崇厚、傅俏燕.遥感专题制图的背景参数研究.地理研究,1998(2)
[12] Fu Suxing,Zhang Chonghou and Li Xiuyun. A Study on the Application of Regional Parameters in Remote Sensing Digital Thematic Mapping. The Journal of Chinese Geography,1996,6(4)

第五章 地球信息科学体系的模式制图

遥感(RS)、地理信息系统(GIS)和全球定位系统(GPS)的集成(下简称3S),是遥感技术走向综合应用的时代特点。

3S 的集成,势必成为快速实时的空间信息综合分析和决策应用的支持工具。它是基于信息高速公路,对各种遥感数据和地理信息实现智能化实时数据处理的高新技术系统。

随着地球系统科学的不断发展,全球性的资源与环境问题,区域可持续发展的战略研究更趋向综合系统工程化。3S 集成系统为地理现象和过程,从单一到多元要素,由静态到动态,从定性到决策定量化,乃至多维立体可视化的研究,为地球信息科学的发展提供了重要的融合技术体系。

第一节 遥感与地理信息系统一体化的分析应用

地球信息科学是以地球(电离层-莫霍面)为平台,以人/地关系为主题,以服务于全球变化与区域可持续发展为目标,将卫星遥感技术、地理信息系统、电脑辅助设计与制图、多媒体与虚拟技术、互联信息网络为主体的高速全息数字化集成的科学体系,形成能对人流、物流、能流和信息流进行时间与空间分析及宏观调控的战略技术系统。

进入新世纪的空间时代和信息社会,实现包括资源、环境、社会、经济的地球科学或地球系统科学的信息化乃至国家信息化是一个重要的目标。对此,地图、遥感、地理信息系统和全球定位系统等融合的综合体系是实现快速、大容量、传输存储、处理分析和应用管理地球空间信息的重要技术保证。

地理信息系统已发展为具有多媒体网络、虚拟现实及可视化的强大空间数据综合处理的技术系统。

遥感是实时获取、动态处理空间信息的对地观测、分析的先进技术系统,是提供 GIS 现势性信息源和实时更新数据的重要保证。

全球定位系统,主要是为遥感实时数据定位,提供空间坐标,以建立实时数据库。故可供作数据的空间坐标定位,又能进行数据之实时更新。

上述系统各自既有独立性,又可平行运行。它们的集成,不仅实现了互补,而且产生出强大的边缘效应,将极大地增强以 GIS 为核心的综合体系功能。诚然,这种综合性系统的融合具体可视实施规模、解决问题的实际予以集成。比如,为了加强系统智能决策的支持,可融合专家系统(ES),目的是为建立实时、准确、综合的快速反应的集成体系。

这类一体化的发展,最关键的是 GIS 与 RS 间的融合。对此,Ehlers 等提出了三个发展阶段,而今仅达到使两个软件模式有共同的用户接口,例如,ARC/INFO 能与 ERDAS 系统之间的兼容处理并显示。至于要使 GIS 与 RS 实现具有同一接口、同一工具库和同一数据库的综合实时处理功能的软硬件整合系统,正是 GIS 同仁们在新世纪需开拓的研究课题。

显然,为了使 GIS 与 RS 的融合,尽早集成为软、硬件整合系统,力求新突破的同时,仍须关注两系统集成中深化地球信息形成机理的融合研究,只有这样,才能使 GIS 与 RS 的集成,技术水平与基础理论得到崭新的升华,其集成体系的应用才会有质的飞跃。

例如,利用热红外遥感作地震短临预报是一世界性科学难题,但在我国其预报效应是较令人满意的,其根本原因是他们运用了地球信息科学的基础理论,较透彻地剖析了地震发生的重要信息机理。首先,他们根据孕震区的高应力状态和地球-大气耦合作用原理,分析岩石圈层的物化变化与外界物质能量交换的规律,以及震前外界地表低空大气增温,出现低空因电场异常并释放如甲烷、CO_2 等气体含量增高现象,然后,通过卫星热红外图像震前异常信息特征分析,作出短临预报,其成功率约达 50%。对此,若运用 GIS 与 RS 的一体化融合分析,相信预报的成功率将会更高。

我们知道,地震前的孕震区(或"红肿区"),图像上所表征的信息特征,不可能一一的都被热红外辐射仪所记录(或被隐含),而且,震前所表现的一些震兆往往与其他某些自然现象所混淆,变得错综复杂;同时,震前的各种异常现象,在时空分布上范围较广,故通常缺乏必要的大范围的分析与观测数据。为此,我们应在孕震区,建立与其相关的所有地震背景的信息库,即孕震区临震前后的地面、水面、大气温度图、低空气体(如甲烷、二氧化碳等)的含量变化等值线图、低空电场异常等值线分布及地下水位变化图,以及地质构造(尤其是活动断裂分布)、物化地磁数据、震中、裂度分布图和孕震区地理要素政区图等。

于是通过 GIS 与 RS 一体化系统,将孕震区热红外图像及其分析预报图输入,在孕震区的地震背景信息库的支持下,进行复合分析或时空模型综合研究,以最大限度地提高其预报精度。所以,以基础理论为指导,融先进技术系统的整合分析,是加强 GIS 开发研究人员与地学应用人员之间有机结合,促进 GIS 在地学应用发展中的必然途径。

目前,GIS 与 RS 的一体化融合分析,随着 GIS 技术的飞速发展,其应用已渗透到社会各个方面,使生产、生活发生深刻变化;涉及到所有相关的空间信息领域。它们包括诸如农业、林业、水利、土地、矿产、海洋、自然灾害、全球变化、环境保护、区域可持续发展等等,见图 5-1。

故早在 1965 年,Garrison 等人提出把遥感数据纳入地理信息系统的观点,Nichols 和 Brooner(1972)及 Steiner(1973),分别介绍了遥感与地理信息系统的接口问题的研究。这里不难看出,遥感是 GIS 的重要信息源,GIS 是处理和分析应用空间数据的强有力的技术保证。遥感数据输入 GIS,才能发挥遥感数据的最大作用。而 GIS 与遥感数据的密切配合,势必促进空间信息的专题制图、动态监测和信息更新的自动化。目前,国内外都在积极深化遥感-地理信息系统一体化的研究。

我们知道,以往的 GIS 数据库主要是通过各种地图,包括地理基础地图、普通地理图、专题地图的数字化而建立的。因此,GIS 的数据源往往影响到其成果的精度。另外,其所获取的信息通常是静态的,难以进行 GIS 的数据动态监测和信息更新。随着 GIS 的发展,遥感信息可与数字高程模型(DEM)进行复合,产生三维立体地形图或与土地利用图组合形成三维立体土地利用图等新图谱。

最近十几年来,在遥感与地理信息系统的一体化问题上,人们愈来愈认识到开发遥感

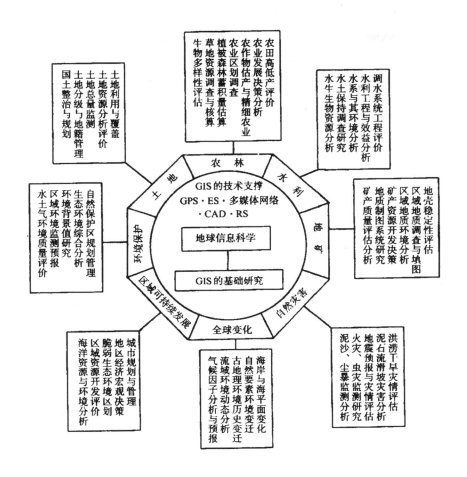

图 5-1   地理信息系统与遥感一体化的应用范围

数据的重要性及地理信息系统(GIS)对其管理的发展前景和实用价值。

　　这里不难看出,遥感与 GIS 两者之间,关键的技术是栅格和矢量数据格式转换的接口问题,遥感系统普遍采用栅格格式,其信息是依像元存储的;而地理信息系统,主要是采用图形矢量格式,即按点、线、面(多边形)存储的,它们间的差别是影像数据和制图数据用不同的空间概念表示客观世界的信息而产生的。为此,其实质是需解决两种系统之间的直接关联的标准接口问题。国内外都在为解决这个问题而努力探索,目前所取得的一些具体研究成果,都表明遥感与 GIS 的一体化的可行性和应用的潜力。例如,图像分析系统与 GIS 之间的某种数据交换格式的实现,ARC/INFO 软件已具有某种数据交换的功能,今后重点是解决两种技术不同空间概念的矛盾,完全实现遥感与 GIS 的统一系统,成为系统处理和分析空间数据的一体化。

　　随着改革开放,高新技术的迅速发展,为遥感(RS)和 GIS 的发展提供了一个契机,走以社会主义市场经济的商品化发展道路,促进经济、科学技术的进步,使我国的地理信息系统和遥感集成技术展现出更强大的生命力。

　　与此同时,在 GIS 的支持下,机助专题制图技术得以快速的发展,它们包括各种类型的基础地图以及专题系列地图,乃至分析性的电子地图和电子地图集。

当今信息时代,地理信息系统的发展,大大促进了现代地图学的进步,电子地图集的出现,可谓是 GIS 技术发展的产物。它主要是在 GIS 的支持下,利用库中的数据,依据图集的总体设计,通过所需的模型分析,将结果以数字形式存储于磁带、磁盘或光盘,并在计算机屏幕上显示、阅读的一种特殊地图集,《京津唐区域开发环境电子地图集》,就是在我们开发的区域分析微机辅助信息系统(MASRA)的支持下,将数据管理技术、数据分析技术、计算机辅助制图技术等融为一体的软件系统,进行分析研制而成。它是 1991 年 6 月由测绘出版社出版发行的我国第一部电子地图集。图集内容分基础要素图组、初级分析评价图组、复合相关分析图组和多元综合分析评价图组,合计 30 幅地图,它们可以随时在具有 VGA 卡等彩色监示器的兼容微机上进行查询阅读。另外,该电子地图集还配有 MASRA 软件系统,存于 1.2 兆的另一软盘(片)中,从而便于用户对该区域进行各种必要的地学模型分析,产生新的专题图件。可见,实现在 GIS 支持下,快速研制各类专题电子地图和电子地图集,是 GIS 广泛应用的一个领域。

第二节　基于空间信息库的系统分析制图

对于一个信息系统的研制,其数据源的研究是其必要的组成部分。故而经济有效地分析原始资料,筛选或采集数字化信息源,建立空间信息库,对系统分析研制地学信息图谱有深远和现实的意义。

一、系统制图数据库的构建

区域信息系统设计的目标是为区域合理开发,宏观决策服务,因而要求:

(1) 对区域环境信息实现高层次的系统综合分析研究,为区域规划等服务;

(2) 进行多种信息的复合处理,开展动态监测预报,同时不断更新系统信息;

(3) 信息共享,集单一分散的有关信息成库,实现信息的规范化标准化,以提供权威性的信息产品,利于交换共享,便于推广应用。

鉴于上述目的和要求,必须研究系统的信息源,即对信息的获取、选择、采集和录入进行有机的研究。它关系到系统数据库的实用性,数据质量精度以及数据更新等应用和效益问题。因为数据是信息系统及其数据库建立的重要基础。其信息源主要有:

(1) 地图信息,如地形图、专题地图。

(2) 遥感信息,如各种航空像片、卫星像片及 CCT 数据磁带。

(3) 实测数据,如遥测数据、调查和观测数据。

(4) 统计数据,如部门、专业统计的各类数据(人口、面积、工农业产值等),它们也包括各种量算或派生的二次数据。

上述信息源,对于不同目标的系统,其信息获取的尺度、数据项多少、数据精度、信息的分类体系、数据记录格式、信息编码和地理坐标,均有各自的具体要求,但它们都应有一定的规范和标准。

系统数据库的建立,由于区域科学调查程度的差异,其资料状况往往存在着两种情况:一是信息源多、种类齐全、时间序列和系统完整,但它们多数是部门分散所存,且资料质量精度参差不齐;二是资料零散、缺乏,乃至空白。对此,作为系统信息源的采集,都应进行必要的处理。前者主要是分析、筛选、归纳;后者,需结合有关任务或组合研制数字化信息源图。不过,无论何种情况,对信息源的研究均应考虑:

(1)信息的可靠性,反映客观实际的分布。

(2)资料的现势性,信息源系列相关程度。

(3)数据的实用性,序列完整度和归化可能性。

(4)分类体系的适应性及其归类简化的系统性。

关于系统的数据源,有时同一数据项可能有几种信息类型图。比如,京津唐地区的土地利用这一数据项,就有1:25万和1:50万几种比例尺和几个时相的图件,包括以专题图、地形图为基本资料编制的地图,利用遥感信息分析解译编成的土地利用类型图等。它们各有特点。依据系统的设计目标及其对信息源的基本要求,我们从建库的内容、比例尺、坐标系统、分类体系几个方面作了分析,选取了既具有主要的利用类型,又重点反映出城乡居民地、交通网、工矿用地等非农业用地要素的图件为基础资料,然后以统一单元图为控制,研制所需的系统数字化信息源图。

这种为建库增删、订正、归化成的数字信息源图,不仅利于数据录入,而且适于宏观决策应用。这里不难看出,系统建库的数据,它主要来自于各种原始的调查研究成果,但它并非是单纯的选取,而需结合系统实际加以分析研制。因此,我们结合国家攻关项目、国家自然科学基金项目和国家重点委托项目,进行较全面系统的分析,从中选择以国家任务为基础的基本数据和图件,例如:

(1)比例尺适中、内容可靠、精度及现势性好的基本要素图(如地质、地貌、土壤、植被、土地利用、水文、气候等),它们属单要素分析图。

(2)经过综合分析编制的区划或分区的地图(如社会经济区划图、生态经济发展区划图、综合区划图、环境功能分区图、地壳稳定性分区图等)。它们是依据有关要素分析所编制的综合性图。

(3)复合要素图。它是将基本符合建库要求的单要素图,经复合有关资料而成的数据因子图。

以上原始数据分析过程见图5-2。

从图5-2可知,不论是信息单要素图,或是综合性图和复合因子图,作为系统的数据源,都需进行有目的加工整理和分析。有的是利用图件与统计数据组合的,例如网格单元居民点人口分布图,是1:50万居民密度图(网格型)和居民点人口数组合而成的。

1:50万网格居民点密度图系依据新测1:10万地形图居民点分布编绘,主要是用以反映京津唐地区居民点分布的密度,这是京津地区生态环境综合地图集的图件之一。诚然,它可以选作为系统的信息源基础图,但作为系统的人口数据项,须有数量指标,这就需作复合处理,即利用1:50万网格居民点密度图,将每一个居民点赋予人口数,以获取每一单元的居民点人口数值。这样就可获得符合系统的数字化信息源图,同时能节省格网数字化录入数据的工作量。

另外,有的是利用多种单要素图,按照数据项的内容加以组合编制的。诚然,这也存在缺乏资料,或是不具有系统拟定数据项所要求的信息,因而,就需考虑实际,结合需求进行编制。

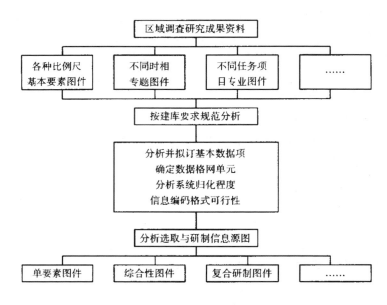

图 5-2 系统的原始数据分析过程框图

系统信息源区域原始资料分析的整个过程,关系到系统建库的合理性、科学性、经济实用性和规范标准的统一性,简单说,它直接影响到系统建库的质量和精度。可见,为保证系统设计的预期目标,对建库区域的原始资料进行系统性分析,关键在于检验订正,并研制统一数据的信息图件。

对此,主要是两方面的分析:一是原始信息的筛选、订正、归化;二是复合处理和重新获取信息源图。两者的最终目的是须得到统一的数字化录入原图。其分析与研制流程见图 5-3。

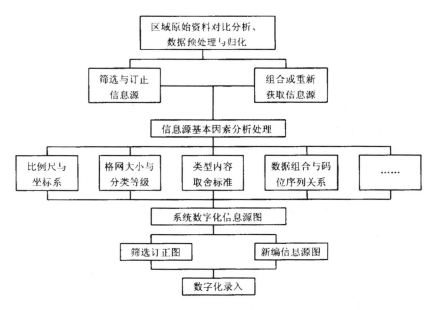

图 5-3 系统信息源分析与研制流程图

前者重点是将选取的数据项有关图件,依据建系统的基本底图比例尺、格网精度、分类程度、编码原则等进行必要的规格化处理。例如同比例尺图、不同投影基础坐标系问题,格网大小与分类等级关系以及类型内容取舍综合问题,数据内容组合等。这些问题的处理,都应在数字化前的信息源图上,在对原始图件增删修正过程中加以解决。它直接或间接地影响建库的质量和速度。倘若这一过程只是作为一种选择,而不对建库中的问题进行有机的分析处理,那么不但难以保证数据项的科学内容、精度,同时会大大地增加数字化的工作量。例如,京津地区生态环境图集编制的原始图件中,有多组比例尺(1:25万,1:50万,1:75万),有的图组专题内容是按单要素表示的(如水系图、水质图、地下水量分区图)。可是,作为系统建库的水资源这一数据来说,它应该是统一比例尺底图的组合图,即1:50万(按 1′×1′格网)的水资源图。这就要从建库编码、记录格式、数据规格化加以修正组编。其内容包括:

- 河流水系(按主支流分级表示);
- 地下水量分区;
- 咸淡水分区;
- 水质(按成份分级表示)。

这样,包括上述四方面内容的水资源图,不仅便于其内容彼此间的协调,而且有利于信息编码及数字化录入。

关于信息系统的数据,除了系统一般所要求的基本要素信息外,还应考虑系统的特定目的,获取新的数据信息源。

实践认为,新的数据源,也应尽量利用原有的条件和工作基础,即充分利用已有资料中的有效部分;或者千方百计地结合该区域正在开展或将要进行的有关课题和科研任务,以便经济快速地获取难以单独取得的特定信息源。

例如,京津唐区域信息系统,就其开发应用的目的来说,需采集区域地壳稳定性数据,但在原有的资料中又无现成的该数据信息源,因此我们结合本区域另一课题的应用研究设法获取。

该信息源的内容一般包含:

- 区域或工程区地壳稳定性分区;
- 地壳活动性断裂;
- 历史地震震中等级;
- 区域砂土液化程度分区。

以上主要内容是区域开发建设或工程项目实施中一般应具备的基础数据。这些信息,有的可由地质、地震图件上提取,有的获取于文字统计资料,更多的是从遥感信息综合分析取得(详见图5-4)。

由图5-4可见,系统信息源图的编制,类同于专题要素图。所应考虑的是其内容必须包含系统数据的项目,符合系统信息源处理的要求。

其分析研制的工艺步骤是:

(1)从区域研究和成果资料中,按拟定的数据项选择提取有关因子图件及信息。

(2)依据系统的信息分类体系、数据编码、记录格式的设计,进行信息源的分析、归化处理。

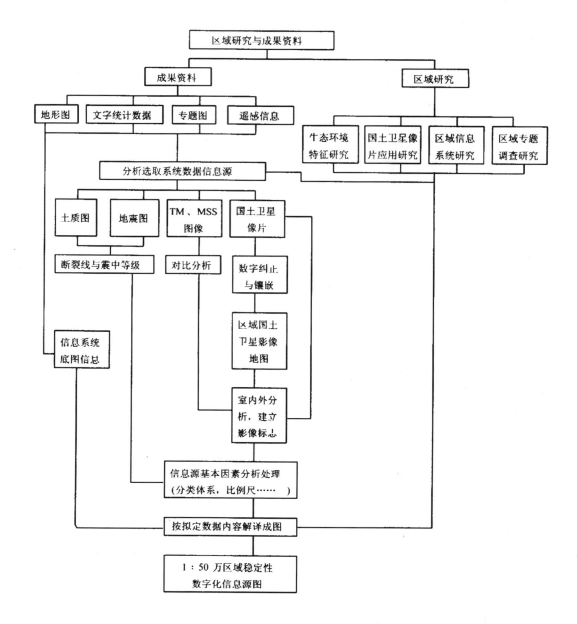

图 5-4 系统区域稳定性数字化信息源图研制工艺

（3）按照信息系统的统一单元底图,制作直接用于数字化的数据源图。

从上述信息源的研究认为,系统的数据项确定,重要的是应保证系统的主要目标。对其需有的放矢地设置数据项。

另外,对于不同类型的应用目的之信息系统,除了需建在特定区域的要求外,试验区可尽量设置于同一区域内,以利"一源多效益"。这种"同区多目标"的研究方法,可以充分利用多项任务的成果,作为系统的共同信息源,以减少重复性工作,且使数据相辅相成。

区域信息系统的建立,其总体设计和软件的研制是关键。但在实施过程中,对于系统

的信息源的研究,往往被人们所忽视。实际上,数据源的研究,直接关系到数据的结构、编码以及应用的效果和精度,其重要性:

(1)数据是系统建立的基础。对于系统的内容、数据项的确定是设计者考虑的主要问题,而实质性的是元数据的目标性、配赋的合理性,并非项数的众多,重要的是关键项的选取、项间配赋频率。例如,城乡信息系统中,城乡功能结构、土地效益之类的分析,需有土地利用类型图、交通可达性图,以及居民点、人口密度和地形数据等。它们中除彼此间可作配准分析外,还能与其他要素(如居民点、人口密度与植被净化功能)进行复合分析评价。因此,系统的数字化信息源图的研制是其建库中的一个重要环节。

(2)原始成果资料是分析筛选与编制数字化信息源图的基础。直接用作建库的信息源,务须按照系统设计要求,进行必要的处理和研制。它们主要包括:

数字化信息源图的比例尺、原点和统一地理坐标:

- 信息要素分类体系规范化;
- 信息编码的扩展性、实用灵活性;
- 数据单元、记录格式及精度问题等。

例如信息分类体系,凡国家已有统一分类系统的,均以其为标准,其他的分类应构成为系统,即低一级的能归并或综合于高一级乃至国家级信息分类体系。至于区域信息系统的分级程度,可视系统的目标而定。如京津唐区域开发信息系统,自然要素一般是一、二级分类(如生态经济区划等),社会经济统计数据采用二级分类编码(一级按部门类别,二级依数据属性)。所以,系统信息源的分析、筛选和研制是系统数据库及其应用效果及质量和精度的基本保证。

(3)系统信息源采集,应该考虑到数据的可靠性、现势性和更新的可能性。随着我国航天遥感技术的迅速发展,资源卫星系列资料的出现,以及遥感应用系统的研制,尽可能地利用遥感信息来获取系统的数据源。

从目前发展的趋势说,主要是应关注遥感-地理信息系统的融合应用。它是用以对资源与环境进行综合分析和动态监测的技术体系,这种遥感应用系统与地理信息系统有机结合的技术系统,可形成为数据源与系统处理及分析评价的一体化。此类信息系统将以我国资源卫星图像数据为主要信息源,且有多功能高效的数据处理系统的支持,就可使源源不绝的具有周期性、现势性的遥感信息得以有效地利用,实时、准确地为区域规划、管理、决策应用提供各种分析数据和图件。显然,这将成为区域信息系统直接利用遥感信息获取信息源的先进技术途径。

可以设想,运用遥感应用系统处理与模型分析的技术,势必从根本上革新当前系统信息源与系统分析的制图过程,更新地理信息系统数据的技术路线展示出广阔的应用前景。

二、系统的建立与分析

从该典型区地理背景的综合分析不难看出,在建立区域信息系统中,应该考虑到城市与区域间的空间结构关系,区域自然环境与区域开发前景的因果问题,比如阶梯形、分带式的自然格局与环带形的现代城市结构不协调和问题的调节,以及区域规划、决策、预测的关键问题等。这些问题的解决,区域环境信息系统的研制是一个重要的技术保证。

对区域环境这个多变量的生态地理系统,运用系统分析、系统模型,来研究区域生态环境的平衡、变换的规律、空间经济结构的合理性等,是"快、准、好"的先进方法。

诸如京津唐是科学调查研究程度很高的区域,长期以来,很多部门都曾对该区域开展过多学科多专业的专题性、综合性的考察、调查分析,取得了大量的研究成果。

信息系统建立的主要目标,是在于采集分析全区分散积累的大量有关的资料数据,经筛选预处理建库,成为共享的信息源。运用现代先进的信息管理技术和应用数学模型服务于区域的开发利用,为解决区域内存在的有关生产实际问题,进行区域性综合分析评价、生产布局配置、科学管理、规划整治、宏观决策和预测预报提供了新的技术手段。

系统研究的一个重要目标,是为资源与环境信息系统国家规范提供符合统一要求的分类系统、编码规格、记录格式、地理坐标等以及区域性开发信息系统的规范和标准。

鉴于上述目标与要求,系统研究应该立足于:

(1)重点分析系统中有关区域自然环境、社会经济和人类活动因素的信息归一化,进而实现数据的标准化与规范化。

(2)建立区域开发信息基础数据库,使信息成为区域共享资源,以获取最佳的社会、经济和生态效益。

(3)实现多元信息综合评价,开展区域功能结构评估模型、城乡辐射能力分析模式和开发前景预测研究。

系统研究的主要内容包括:

(1)区域内自然人文因素间内在联系特征的分析,多源信息的复合研究。

(2)区域空间信息及非空间信息的归化处理,实现系统数据的规范和标准,保持系统间信息的统一体系和结构。

(3)区域开发中基础要素的分类系统、编码格式、坐标系的研究,以及信息数据库的建立与其系统管理的设计。

(4)系统分析应用与制图系统软件的研制,它们包括各有关的分析评价模型,如城乡功能评价中空间经济结构的合理性评价、城市化发展前景模拟和成果输出的图形系统等。

上述研究,对于区域开发的环境基础的评价和资源利用优化的分析,具有重要应用前景和实践意义。

三、系统的模块与功能

区域开发环境信息系统是地理信息系统(GIS)的一种。它是在硬、软件支持下,具有信息采集录入、预处理存储、管理、加工、提取、更新与信息传输和制图等功能的技术系统。系统是以典型的区域实体为研究对象设计的,以微机为主体。

区域开发环境信息系统由若干功能程序模块组成。系统中的软件程序主要是采用Micro-Fortran77 高级语言和汇编语言设计编写的,同时采用 DBASE Ⅲ 作为数据库管理软件,它以文件形式将信息保存于磁盘中。其每一个文件有一个文件名和一个扩展名,以便更有效地处理文件。

根据系统研究的目的和用途,系统的功能模块主要包括:

(1)图形数字化、编辑模块;

（2）数据转换模块；

（3）数据管理检索模块；

（4）数据分析模块；

（5）数据绘图输出模块。

以上诸模块的构成既是一个完整的软件系统，又具有各自独立的功能。

系统的应用采用 DOS 操作系统，中文的检索可通过代码和 CCDOS 进行。同时，利用多级"菜单"的数字列表和人机对话相结合的操作命令，以实现系统的各种功能。系统软件模块的结构如图 5-5 所示。

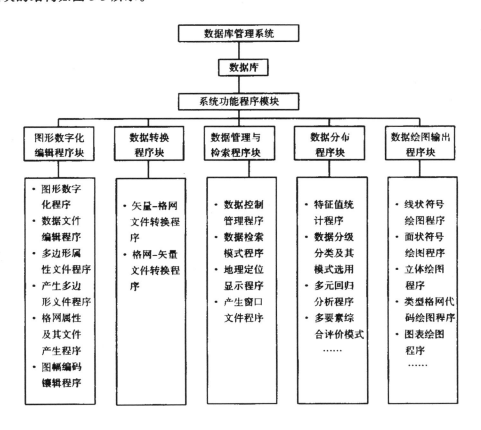

图 5-5　系统软件模块结构配置示意框图

由图 5-5 可见，不同程序模块有其不同的功能：

（1）图形数字化编辑程序模块：主要是将图形按不同格式数字化，以产生标准的数字地图文件，并实现增删、合并、修改等编辑处理，形成各自的制图数据文件。

（2）数据转换程序模块：目的在于实现数据格式的转换，以增强其应用的灵活性和通用性，它们包括将矢量文件转换成格网文件，同时又可将格网文件转换成矢量式数据。诚然，两者换算中需给出各自的参数，例如多边形的矢量转至格网文件，应输入格网的行列数、格网的大小、坐标原点和图形比例尺等参数。

（3）数据管理与检索程序模块：它是系统的重要部分。是控制和管理全部信息采集、处理、转换、存储和输出等过程,包括数据文件按地理坐标、格网代码属性特征码进行管理、检索和更新等。

(4)数据分析程序模块:它包括数据基本统计量的分析、数据分类及其模式的研究,以及数据的多元回归和判别分析等,同时可依据多要素地图进行综合建模评价分析。这样用户可以按照各自要求选择所需的因子加以分析。

(5)数据绘图输出程序模块:主要是将数据处理和分析的结果,通过该程序模块,以各种方式(如文字、图表、图形),利用宽行打印、屏幕显示摄影和绘图仪(如 CE-3244 型彩色静电绘图仪等)输出图形,包括各种线状地图(如晕线符号图、等值线图)、面状符号图、分级类型图、三维立体图和其他统计图表等。由前述不同功能程序模块所构成的区域环境信息系统,具有综合性多功能的特点。从系统总体设计的宏观角度说,其基本功能可归纳为:

(1)通过该信息系统的建立,将区域内的各种有关的数据资料进行有机地集合。主要如:将自然资源与环境科学考察资料,实地定位观测、遥测数据、社会经济统计数据和遥感信息数据等数据资料,按照统一的原则进行标准化处理,使各种数据以一定的规范综合成库,把自然要素信息与社会经济数据有机地结合起来,使系统的数据成为共享的资源,为区域的开发、环境的整治、生产的布局等提供宏观的控制和科学的决策依据。

(2)系统的多源信息综合分析与应用。利用具有标准化、规范化的共享数据源,运用系统的软件功能,实现数据的检索、复合处理、专题分析、动态监测和模式评价、研究区域环境质量特征,区域间物质流、能源流和信息流的结构关系,区域动态变化及开发的前景等。

四、数据的处理与分析制图

信息系统研制中,数据库的建立是其关键部分之一,具有重要意义。

京津唐区域开发环境信息系统,除了统一的区域行政单元及其地理基本要素,如行政区界、行政中心位置和河系、居民点、交通网、经纬网等外,主要有区域环境背景信息(如地形、地质、地貌、气候、植被、水文、土地等)及社会经济数据(如人口、面积、工农业生产数据等)。另外,考虑到数据的更新和动态分析,系统中包括有遥感信息数据。

该系统数据库的建立,考虑到设计的目标,应用需求及信息源的可信度等,专题数据主要包括如下项目:

- 地形高程带
- 地层、岩性
- 地貌类型
- 水文特征与水资源
- 土壤类型
- 植被净化大气功能分区
- 年总辐射分布
- 年均降水量

- 土地利用现状
- 人口分布
- 社会经济区划
- 生态经济发展区划
- 生态经济综合区划
- 环境功能分区
- 区域地壳稳定性评价
- …

以上信息数据,均系在前人研究的基础上,利用遥感技术,通过野外综合考察和室内分析获得的。为便于使用,对上述信息需作必要的处理,以实现数据的统一管理。

1. 数据的采集录入

系统中的图表等信息主要是采用格网方式进行采集。本区域的图形基本上以 1:10 万地形图和 1:50 万专题图,以 $1' \times 1'$ 经纬网格为数据的采集单元,将前述各类资料分要素逐格网、逐行数字化,然后键入计算机存于软盘。

首先是将各项信息进行分类,以满足数据的存储、编码和检索的要求。系统中所涉及到的数据项,凡在资源与环境信息系统"国家规范"里已有明确规定的,均以其为标准,国家规范中没有的则以主管部门的划分为依据。例如,土地利用现状图的分类,基本上是根据国家制定的《土地利用现状调查技术规程》的要求,同时考虑《中国土地利用图编制规范及图式》进行分类的。京津唐土地利用现况图,是利用国土卫星像片,依据其可识别度,分为 8 个一级类型,23 个二级类型。它符合土地利用分类中的两级分类体系。作为区域开发信息系统,针对其宏观决策的目标,考虑到信息载负量等因素,对土地利用该数据项的信息原图分类又进行逐级归纳。如一级类型耕地,原包含水田、水浇地、旱地、菜地等二级类型。我们在数字化信息源图上合并为耕地一类,这符合低一级向高一级归类的原则。另外,也可以提高一级的类型细分,如林地中的二级类型之用材林,依据应用的目的,分成针叶林、阔叶林、混交林。这样,信息的分类在具有统一分类体系的前提下,不仅有其共性,也反映一定的个性。

京津唐土地利用图,其分类基本上是按低级向高级归纳划分的。例如,耕地、园地、林地、草地和水域等,其分类的原则主要是依据类型的结构、利用特点、经营和利用方式进行划分的。

诚然,信息类型的归级或是细分,应视系统的设计目标要求而定。

表 5-1 的土地利用类型分类体系,是按系统数字化信息源图要求划分的。

总之,信息系统中数据的分类,凡有国家规范或统一规定的,一般按其要求进行,其他的应考虑专业的权威性、科学性、实用性、灵活性和效益性加以分析研究确定。如地质的分类,基本上考虑了其地层、岩性、成因和构造特性及其编码可行性等因素。

2. 数据编码

信息编码,是实现数据处理分析的重要环节,而编码的规范标准化是经济有效地建立信息系统的基本保证。

所以,编码要考虑简便实用,利于存取交换、共享,格式灵活可变,节省存储空间,同时要符合国家规范标准已有的规定,作到统一、系统,并便于增删,具有扩展性。

京津唐区域开发信息系统中的数据编码,按照设计要求,我们依据所采集数据要素的分级程度,采取一位乃至多位的编码方式。若单是一级分类的,即采用一位整数 $(1, 2, 3, 4, \cdots n)$ 表示其类型。如果多级分类,则用二位或多位的数字组合表示其类型的特征。例如,系统中的土地利用要素,分类中经过归纳,其编码采用一位整数表示。又如生态经济区划分为二级,采用二位数编码,第一位数表示一级分区,第二位数表示二级分区。

表 5-1　土地利用信息分类体系例表

项目 \ 等级	一级类型	二级类型	三级类型
土地利用现状类型	耕地	水田	……
		水浇地	
		旱地	……
		菜地	
	园地	果园	
		……	
	林地	用材林	针叶林 阔叶林 混交林
		……	
	草地	天然草地	
		……	
	城镇用地	城市	
		城镇(包括农村居民地)	
	工矿用地	工矿区	
		盐场	
	交通用地	……	
	水域	湖泊	
		水库	
		养殖场	
	其他用地	盐碱地	
		沙地	
		裸露地	裸土、裸岩

其他多级分类系统类推。例如,本区水资源数据采用四位整数表示其类型特征,见表 5-2,5-3,5-4,5-5。

1) 第一位数表示水系及其分级

表 5-2

码位数	1	2	3	4
水系级别	一级	二级	三级	四级

第一格网单元内,若有水系分布(取其中最高一级),设是一级水系,则以此级为第一位数的 1 表示;若无水系分布,此格网的第一位数为 0;倘若该格网内仅分布有湖泊,水库之类的水体,即第一位数以 5 充之。

2）第二位数表示地下水资源量

表 5-3

码位数	1	2	3	4	5
地下水资源分区	山区地下水资源不稳定区	山前平原地下水源最丰富区	冲淤积平原地下水源丰富区	冲积平原地下水源较丰富区	滨海平原地下水源不丰富区

3）第三位数表示地下水咸、淡类型

表 5-4

码位数	1	2
类型	地下咸水	地下淡水

4）第四位数表示水质类型

表 5-5

码位数	1	2	3	4
水质类型	重碳酸盐型	重碳酸盐-氯化物混合型	硫酸盐型	氯化物型

以上四项有关水资源的内容就可通过其四位数字组合编码。如 2412，即表示该格网单元内，分布有二级水系，地下水资源丰富，属咸水区的重碳酸盐-氯化物混合型水质。

格网内要素的类型数据系按 I6 格式存放。数据文件是按 1∶10 万地形图的图幅分别建立的。如图幅号为 K－50－113，即该图幅的数据文件名为 K50113·T×T。对于不同要素的数据，系采用不同数据文件名表示。

系统中信息库的建立，是在统一的平面坐标系统上进行的，其坐标原点采用东径 115°25′，北纬 41°03′，即图幅的左上角，便于与遥感信息的配准和更新数据。

前述有关数据的采集分类、编码、格式和统一坐标的研究，旨在实现数据的规范化、标准化，利于数据库的管理和推广应用。

3. 系统的数据分析应用

信息数据库建立之后，运用系统的有关软件，可以实现用户所需的分析应用，包括某些社会经济数据的统计分析；自然要素的模型研究和诸要素复合的综合评价等。

例如，城乡工农业经济特征、空间结构及其分布规模和格局的统计分析。它们通过不同类别数据有机组合计算，可获得某种比例关系、产量、产值、效益等结果，从而可以进一步分析出城乡关系、工农业空间结构和布局的合理性、各自区位优势的程度……。如农业利用类型中，通过菜地、耕地、人口等的组合分析，就可研究其工农业发展程度、生产结构的基本特征。

另外，可利用库中的有关数据文件，进行数据分类处理，并实现某些要素的对比分析。

例如,京津唐地区采用数字地形模型(DTM)数据文件和居民点分布数据,对不同的地域进行计算分析,就能获得它们之间如下一些分布规律:

(1) 海拔100m以上的山地丘陵区,居民地的分布小而稀;

(2) 海拔小于5m的滨海平原(如港湾开发区等)区,居民地往往是大而稀的分布。

上述两者之间广阔的洪积-冲积平原和冲积平原区,多是大而密集的城镇居民地。这种不同数据文件的复合分析,同样可应用于调水效益和洪水淹没损失预测方案的对比分析。在多因素的综合评价中,对土地效益的评价是一个极为重要的问题。这首先应选取影响土地效益的主要因素,然后通过一定的模型加以分析。

京津唐地区的土地效益,主要选用DTM数据、人口密度和土地利用,作为分析的基本参数,然后,运用模式 $y_i = a_1 x_{i1} + a_2 x_{i2} + a_3 x_{i3}$ 进行分析。

其结果较有规律地反映出京津唐地区土地效益分布的特点。所以,深入开发模型,进行系统分析制图是系统研制的主要功能。《京津唐区域开发环境电子地图集》就是该系统研究的成果。

第三节　信息化的地图集创新设计

信息时代,随着遥感与地理信息系统的深入发展,信息采集技术的现代化,综合分析应用系统的建立,人工智能科学的深化,不断推动着地图集编制理论与技术的进步。

地图集是一项复杂的制图系统工程,完成一本大型图集的编纂,采用传统技术往往需要数年乃至十多年的创造性劳动,其生产周期远不能适应信息时代生产发展的需求。因此要积极利用遥感技术、地理信息系统和数字制图方法开展环境制图和地图集编纂,从观念认识、技术集成、应用效益等方面步步深入对传统制图工艺技术进行革新。

一、地图集设计的观念认识

地图集具有统一性、逻辑性和系统性,这是不同于单一地图作品的重要特点,因此,地图集的设计,在内容完整性、编排顺序、结构比例方面,都要进行详尽的分析研究。

可是在设计过程中,往往因某些观念的束缚,不少图集出现"大而全"的现象:不顾研究宗旨、对象或制图范围,在图集结构、图序排列、图面配置上形成一定的框框,表现出一种类似的模式,显得千篇一律。

依据图集的性质、对象、应用目的,改变内容结构、简化图幅的组合、突出主题,编制物美价廉的地图集作品是时代的需求。

现代地图集的设计,在顾及内容系统化、结构逻辑性、自成体系的同时,还应考虑图像信息分析成图的同步性、制图工艺的倒置性以及图、像交互作用的技术等。灵活地处理不同种类图集的排序、比例尺系统、图幅结构比例和配置,是现代地图研制的一个特色。

陈述彭教授主编的《陆地卫星影像地学分析图集》就是一个范例。该图集自始至终贯穿"地理系统"这一主题开展选题分析,选择土地覆盖、水系、地表形态和地质构造四个专题,从最能全面反映地表的区域景观,抓住自然界最活跃的因素,力求加深对地表形态的分析,直至地球构造的研究。这种由表及里、由此及彼的内容编排,冲破了传统的设计观念,取得了由局部到整体,内容简明、形态活泼和经济实用的效果。又如由陆漱芬教授主编的 32 开本《高中地图图册》,开门见山地由宇宙及地球、资源与环境乃至人地关系,对地理教材的重点和难点,用形象、直观、生动的表现手法给予高度的概括,达到了简明通俗易懂的设计效果。

诸如此类的地图集设计,表明现代地图集的观念正在发生新的变化。地图学并非纯技术科学。它并非是设计编辑人员将专业研究成果的机械加工、顺序编排的简单汇集,而是遵循总体设计进行多种应用分析综合的产物,是在地学原理指导下,运用信息论、系统论、区位理论,实现系统分析的结果。

随着上述一些观念的深化,地球信息科学理论与技术的发展,地图集的内容科学性、结构系统性及艺术性都发生了新的变化,地图集的编制理论、工艺技术也有了新的突破。例如,地学信息图谱的发展。

在图像信息和专题图件的分析基础上,依据地图集设计的宗旨可以重新选题,通过遥感计算技术,同时运用信息系统与数据库,进行调用、分析、派生、组合和综合评价,实现有机的灵活编制。这都是地图集发展的一个新途径。

二、地图集研制的时代特点与趋势

目前,在更新地图集观念认识的同时,还面临着社会需求、技术革新,乃至体制改革等时代的挑战。

图集设计指导思想、实施计划方案、编制工艺技术,都更加体现出时代的发展特点。国内外一些地图集的设计反映出这种新的潮流。如《遥感地学分析图集》、《日本列岛地图帖》、《腾冲农业统计地图集》、《中国经济地图集》、《中国人口地图集》等等。此类作品在选题、内容组合、编排逻辑和制图工艺技术方面,都具有开拓的新意和时代的特点。

1. 选题与结构

图集有系统完整性,但需防止包罗万象。图集的选题应考虑主题,图集的结构应突出中心内容,满足社会的需求,充分表现信息的动态特征。

例如,《京津地区生态环境地图集》是在京津地区生态系统特征研究成果基础上编制的。图集的设计考虑了如下原则:

(1) 以人地关系为出发点,反映京津区域生态环境结构及其功能特征;

(2) 重点研究区域内城市与城市群、城市化发展、城乡内在关系;

(3) 注重生态环境要素的因果分析和综合评价,揭示其利用的合理性和开发前景;

(4) 从渤海经济圈开发的观点及京津唐与渤海海域构成的整个开放型生态环境系统的角度,有目的地反映渤海湾生态系统的特殊地带性规律。

因此,图集开门见山地展示出主题——以城市为中心的一组城市生态功能与结构图。同时,利用环境遥感信息为陪衬,直观反映城市的形势,充实城乡类型的信息,既丰富了内容,又活跃了图面。

图集内容的编排也是贯穿城乡生态环境因子及其系统特征这一主题的。比如,有目的地安排水、气、土和生物等因子的图件;单独设置一组渤海湾综合图件,以强调其生态环境系统。

2.图集研制工艺的发展

先进技术方法是缩短成图周期、提高效益、增强动态分析、革新编制工艺的重要保证。

目前,制图信息源之现势性、分析提取及制图概括技术、机助制图系统以及制印工艺等都有了新的进展,为地图集的编制革新创造了有利条件,极大地推动着现代地图学和地图集的应用发展。

例如,图集中各自然要素图件间地理基本类型(高原、盆地、沼泽洼地、戈壁沙漠等)的轮廓及特征线(山麓线等)的统一协调,系采用遥感图像编制的统一影像底图作为控制基础,这不仅便于图集中相关要素图幅的公共地理类型线的协调,而且利于相关图幅内容的对比分析。一方面减少图幅间重复性工作,并避免矛盾;另一方面又能使图幅编制同步或交叉进行,提高成图质量和速度。

《京津地区生态环境地图集》中的一些基本生态因子图件,采用统一影像底图作为地理类型的控制分析。云南丽江农业自然条件系列图册和京津唐地区国土卫星像片应用解译系列地图,都是采用资源卫星影像地图为基础,统一编制而成的,大大地缩短了室内外分析制图的周期。其制图工艺流程见图5-6:

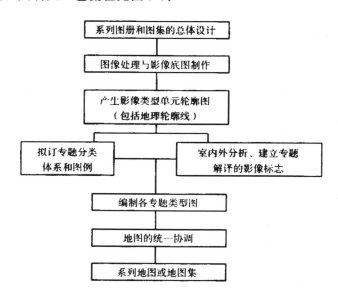

图 5-6　系列图册与图集制图工艺流程

采用遥感技术分析提取专题信息编制专题地图和地图集,是理想的简捷方法。统计地图和统计地图集的编制,更是计算机发挥专长的领域。统计图集中的选题内容,均可在信息数据库中通过系统应用软件实现必要图件的组合、派生和多因子评价分析取得。保证成图质量和精度的关键是分类系统和分级指标的拟定。《京津地区生态环境地图集》中的社会经济分析图,如耕地结构与亩产和土地背景-开发程度指数以及非农业用地等都是由计算机辅助编制而成的,方法简便、成图速度快、制印成本低,便于推广应用。

专题性图集可以依据用户的设计目标,按照用户的应用目的选题,在系统的支持下,经过各种模型的系统分析,可获得单要素专题图、多要素组合图、多因子评价图和各种统计图表等图谱。这是当前地理信息系统建立与应用的一个新领域,是专题分析图集编制工艺的重要革新,也是开展区域动态监测分析的有效措施,还将是地图制图专家系统研制的技术保证。

陈述彭教授提出专题分析地图集(如《黄河下游洪水分析图集》、《京津城乡环境分析与评价图册》等)机助编制的总体设计,以新观念、新工艺、新方向开拓了一种快速、经济、实用的专题图集研制途径。其核心是资源与环境信息系统的研究,相应的数据库包括:

- 专业数据库(包括 DTM 数据等);
- 地图基础数据库(如城镇体系等);
- 统计、观测实验数据库(如人口、工农业产值、综合观测试验值)等。

用户可据各自的系统内容选题,设计所需的专题分析图集。

机助编制地图集的特点:

(1)选题灵活。尤其是不同要素复合或多因子系统分析,如人口密度与地势分带复合的人地关系图,工业设施与地壳稳定性评价图,能发挥信息系统的特有作用。

(2)方法简便、成图快。选题后,可提取所需要素数据,通过地理信息系统,直接获取设计的专题图件。

(3)人工智能化程度高。信息加工分析、分类分级、图形规则化、彩色组合设计、图面配置和图形输出,均能由计算机人工智能分析工艺予以实现。

(4)计算机分析图形制印简明。可脱机或连机由彩色静电绘图仪输出彩色图形,或直接分版(片)用于制印。

(5)缩短数据更新周期。使地图集能更好地进行资源与环境动态分析,并有效地应用于国土资源规划、管理和宏观决策分析等。

这种图集既保持了传统地图集内容的统一性、系统性和艺术性,同时,也反映出信息时代地图集简炼明快的特点。

制印技术的革新。先后出现的减色印刷、网点应用、电子分色扫描以及计算机自动分版等制印新工艺,不仅简化了制印过程、节省人力、物力和时间,而且可改进成图质量和精度,对革新地图制印技术产生积极的作用。例如,遥感信息模式识别分类的影像图,经电子分色扫描获得的四色版与地理图套合可得美观的彩色影像地图;以多边形为单元的统计地图,采用计算机自动分版能快速制印成多色地图;打印机按点阵输出的图形,同样可按三原色设色,由统一规矩线分别打印出黑色网点图,直接照相制版;彩色静电绘图仪输出的图形更利于彩色套合制印,其将原四色转换成黑色疏密网点透明软片,就可直接进行制版印刷,省去照相、分涂、翻版等环节,提高了成图速度和质量。

三、信息时代地图集的研制

运用遥感分析系统、地理信息系统等先进技术开展多元系统分析,机助编制专题分析图集,是实现地理系统深化研究、环境动态监测的根本措施。遥感应用系统的设计,将是现代地图与地图集研制的技术保证。它们使遥感技术、地理信息系统、机助制图和彩色制印有机地形成为作业流水线,大大地促进现代地图和地图编制的高技术发展。

新颖地图集的研制在地球信息科学理论指导下,势必将向多层次、高技术方向发展,使我国地图集的研制提高到一个新的水平。

第四节　地球信息科学体系的模型制图与多维可视化显示

GIS 最突出的一个功能是可将各种地球信息源集合应用。全球数字化及其信息网络的实施管理与应用是数字地球的研究核心。网络技术及其 GIS 等的发展为信息共享创造了条件。面向对象及高维数据模型等的开发,为 3S(多 S)一体化集成,开拓了新的应用前景。这是迈入新纪元 GIS 的突破点,也是 3S(或 4S、5S)的集成,乃至数字地球实施的重要平台。

地球信息科学是 GIS 的理论基础。为了能使 GIS 从不同层次去适应地球系统,必须从地理空间认知、地理信息关联性、地理信息综合性及其信息场、信息流的空间分异及结构和地理信息元数据标准等深化研究地球信息的机理,进行时空多维数据可视化分析,以推动 GIS 理论与技术的升华。

在地理信息系统中,空间信息的时空分析是其功能的重要组成部分。而数据模型的理论方法和应用,密切关系到这一功能实施应用的成效。但传统的地理数据概念,因缺乏规范化时空数据定义,往往难以满足建模的需求,而且目前大多数 GIS 的数据模型往往是二维或 2.5 维,且多是非时态的,难以作动态分析等应用。

所以,在地理空间信息处理时,采用面向对象数据模型,构建时间维、空间维的四维一体化,矢量数据、栅格数据一体化的数据管理体制,是该领域研究的热点之一。此类基于面向对象数据模型构建的 GIS 一体化数据库,不仅有面向对象的特征,而且具有数据库的功能。在 GIS 应用中可对其作高效的优化访问等。面向对象数据模型利于实现 3S 数据的集成,诚然其标准化等有待深入的研究。对此李红旮博士提出将空间数据、时间数据与专题数据集成于一模型中,进行存取,可视化和动态分析,开展仿真、模拟和预测的研究,这种基于特征的时空三域模型不同于以往对专题仅作为特征实体空间域的对应附属数据的研究,而是将时间、空间和专题平行地作为地理特征的三个基本属性,完整地定义了时间、空间和专题概念。由此而建立的五维数据模型(空间 X、Y、Z 三维、时间 T 维和专题维),既能实现三维数据一体化的存储,又可进行操作、动态分析、仿真模拟和可视化表达,提供决策支持应用。目前,空间数据模型研究正朝综合性模型与定向性模型方向发展。同时从二维→三维→四维并向高维趋势发展,从概念和物理结构上实现时空一体化,为其实用化提供了理论与技术的保证。推动了 GIS 时空研究应用模型的深层次发展。

陈述彭教授提出,地球信息科学是属于地球科学、信息科学、系统科学和非线性科学之间的横向科学、交叉科学,是最近十多年来崛起的全新学科。它是以地球为对象,以人、地关系(调控)为主题,其研究内容包括地球信息形成机理,涉及地球科学的信息论、信息流、信息场、能量信息、图形信息等。地球信息科学在互联网中,尤其是在 GIS 的应用,更是广泛深化,它是研究地球系统信息的理论、方法、技术与应用的学科。主要是通过遥感(RS)、地理信息系统(GIS)、全球定位系统(GPS)和电脑辅助制图设计(CAD)与多媒体,虚拟及网络制图等高新技术集成综合应用体系,为信息社会、区域可持续发展提供决策依据和全方位的应用服务。

因此,随着地球信息融合体系的发展,加强高维数据模型的开发,深化多维可视化技术的研究,开拓地学多维图解应用,创建虚拟地理环境,开发多维可视化产品,是一个重要的研究方向。

参 考 文 献

[1] 陈述彭.地理系统与地理信息系统.地球的探索·地理信息系统,科学出版社,1992,4:8~10,44~46

[2] 陈述彭、承继成、何建邦.地理信息系统的基础研究——地球信息科学.地球信息,1999(3):16~18

[3] Wiken B., Paul C. Rump and Brian Rizzo. GIS Sup-ports Sustainable Development. GIS World, 1992,5(5)

[4] 傅肃性.地理信息系统及其遥感一体化的发展.'94 地理信息系统学术讨论会论文集,1994

[5] 崔伟宏主编.数字地球.中国环境科学出版社,1999,20~21,75~76

[6] 杜道生、陈军、李征航主编.RS,GIS 和 GPS 的集成与应用.测绘出版社,1995:1~2,206~210

[7] 李响、李满春.面向对象数据模型构建 GIS 一体化数据库的应用研究.地球信息科学,1999(1):26~27

[8] 傅俏梅.微机 GIS 的图形系统研制与应用.计算机世界特刊,1995,19~24

[9] 赵锐、傅肃性、万恩璞主编.区域开发信息系统研究.测绘出版社,1990,51~27,34~44

[10] 肖乐斌.电脑可视化与三维显示.地球信息科学,1999(2)

[11] 曹桂发、傅肃性、张崇厚著.京津唐区域开发环境电子地图集.测绘出版社,1991

[12] 傅肃性主编.京津地区生态环境地图集.科学出版社,1990

第六章 农业自然条件遥感分析与制图

20世纪70年代以来,世界上不少国家采用遥感与计算机技术,编制出版了许多农业要素图、专题系列地图和农业地图集。对此,我国也利用遥感资料编制了各种农业地图,例如土地利用与土地覆盖、土地类型和土地资源图等。其现实意义:

(1)土地管理、农业区划和规划的实施,都需要大量现势性好的农业系列地图作为农业现代化建设规划的蓝图。

(2)农业用地具有较强的生产季节性和耕作周期性等特点,因此,快速地编制农业地图,对于研究农业生产的动态变化有着重要的作用。

(3)科学种田是促进现代农业生产的一个关键。建立农业基本要素及其地图数据库,是加强农业科学管理、指挥农业生产的有效措施。例如:精细农业的发展与应用。

因此,我们认为采用新技术编制农业地图,是现代农业制图学研究的重要手段。就目前而言,主要是运用计算机制图系统和数字图像专用分析处理系统,研制各种农学信息图谱的。

20世纪80年代初,在中国科学院组织的横断山区综合科学考察中,我们在云南省丽江纳西族自治县进行了一次农业自然条件遥感综合系列制图试验。主要目的是探讨综合考察和农业自然条件调查中综合系列制图的科学方法,特别是卫星影像在综合考察和农业自然条件调查制图中应用的可能性,同时根据地区和县领导机关提出的要求,为丽江县编制一套农业自然条件系列地图。它们是在计算机处理的统一影像底图上,编制的政区图、地势图、坡度图、气候图、水系水利图、土壤图、森林图、植被图、土地利用图、土地类型图、土地资源图、农业自然类型图与分区图等。

第一节 土地利用现状与土地覆盖制图

为了准确地估算土地面积,分析土地利用结构,研究农业生产水平和潜力,土地利用调查与制图是一个重要的基础。

众所周知,土地利用是一个变化较快的自然因素,因此,利用周期性快、现势性强的遥感图像开展土地利用制图具有许多优点:①遥感资料的综合性因素有利于土地覆盖与类型的分析和划分;②土地覆盖要素在图像上都有明显的表征,选用最佳时相的图像可提取更多的地物类型。从而提高土地利用类型的制图精度;③利用遥感资料能缩短野外土地利用调查研究和室内分析成图的周期,并减少费用,尤其对难以考察地区的土地调查与制图具有更大的优越性。其制图方法:

(1)在土地利用成图过程中,不论是航空像片还是卫星图像都有一个资料的选取和分析问题,它们包括资料获取时间、比例尺和图像质量等。首先应根据其目的,结合不同的制图区域,选择最佳时相的遥感资料。

（2）确定成图资料后,在可能的情况下,应尽量进行图像处理,包括几何投影和图像增强的处理,这是关系到土地利用制图精度的重要措施。处理的方法可以依据具体条件采用光学的或者计算机的技术。

（3）土地利用与土地覆盖的遥感制图分类体系的研究,有助于地图的系统性和统一协调。其分类原则应考虑遥感资料的特点:①需划分类型在遥感图像上解译的可能程度,即影像标志特征明显易辨;②分类体系在考虑上述原则的同时,需研究全国性统一分类系统的相关性,各级比例尺综合的多级系统性;③结合制图区域特点与遥感时相及物候特征进行类型的划分;④应考虑土地资源利用的生产性,地理分布规律性及其层次结构关系等。

（4）建立制图解译标志是土地利用遥感成图的主要环节。地物类型在影像上的反映,一般体现在色、形、位几个直接标志上,但由于地物景观的影像是综合因素影响的结果,因此,也可能出现不同地物,因同一背景的原因导致出现相同特征的影像。同样,即便是相同地物,也可因其背景的差异,而致使产生不同影像的特征。因此,对土地利用的解译成图,还需进行生态学分析,建立间接的图像解译标志。例如,云南丽江地区的土地利用解译制图,无论是山区的或丽江盆地平坦区的利用类型,单凭图像上的色、形、位直接标志是难以解译出来的;高原面上的休耕旱地,其影像色调呈黄白色,而平坦区的旱地显示为褐黄色,在图形上,后者比前者具有更规则的明显轮廓线。又如丽江盆地内的土地利用分布与其盆地平坝的形成,冰碛洪积物质构成,地下水出露及人类生产活动的结果息息相关,所以,分析诸如此类的间接关系是提高影像分类精度不可忽视的因素。

一、土地利用制图的因素分析

由于遥感图像的分析与成图的关系非常密切,因此对地物构像的因素及其机理的研究关系到遥感制图的效果。为了提高遥感专题制图的质量,需对图像的地学因素进行综合分析。

1. 时相与成图的关系

不同的时期(如不同年、月和季节)所获摄的遥感图像,简称为多时相图像。它为各种专题制图的地理环境分析提供了可贵的基础资料。当人们确定某一地区的图像解译成图任务时,首先要考虑所采用图像的最佳时相。对此,不同的对象有着明显的区别:譬如对于地质地貌解译制图,就宜选择冬、秋季节的图像作分析处理。因为冬季所获摄的图像受地面植被覆盖影响小,这有助于反映地质现象和地面物质的构成。可是对于植被、森林和土地覆盖与土地利用的解译成图,就应视其生态环境特征和制图目的要求而选择各自适中的时相图像。否则就会影响提取所需的信息。

因此,利用卫星图像分析成图之前,需认真地研究成像时的作物农时历与其生态特征等关系,以便更有效地提取专题内容。

2. 地物生态环境特征与构像分析

遥感专题制图中,单纯从构像的标志作分析解译和检验,效果通常是不够理想的。因此在应用中,需研究地物构像过程中的生态地理环境特征,这对专题制图的质量事关重要。例如,对江南水体中血吸虫病的遥感分析,主要是依据其生境而进行的;又如,华北地区重盐渍化的分布,一般除了研究耐盐碱植物的分布外,还应分析成像过程中的气候、水文等因素及是否在摄影前受降雨淋溶、干湿程度、雨日间差及其他生态环境条件的影响。

另外,还应以景观生态学的原理,研究地表及其覆盖物的发生及演替规律,以便从理论上阐述地物分类的地理模式,为计算机进行定量分析提供控制样本的科学依据。

例如,云南丽江地区是高山、峡谷、盆地相间交叉分布的山区。在标准假彩色合成的卫星图像上,山地以不同深浅度之红色图斑为主,盆地多呈土黄或灰黄色。而山地中所呈现的红色图斑,反映着不同森林和其他地物类型,仅凭其构像特征划分类型难以达到目的。为此,需对山地形态结构等的生态环境作综合剖析。

3. 地物类型与生产活动的关系

卫星图像的构成除了受上述一些因素的影响外,它还与人类生产活动,如耕作方式、技术条件及耕作制度等,有着密切的关系。

例如,丽江地区土地覆盖与利用图的自动识别、制图,则应依据该区的"立体农业"分布规律,以及农业利用中的耕作方式和技术等的人为因素。掌握这些规律和特点,有助于较客观地建立控制样本,同时有目的地确定计算参数。

"立体农业"的分布具有一定的垂直带规律。此外,在耕作制度上,高原面由于水、肥等的原因,一般实行旱作轮休。如丽江太安附近的高原剥夷面,在图像中多数呈米黄色的块状图形,实地为休耕草地。其与山间盆地中浅黄色的旱作地类似。但在识别分类,选择控制样本时,不应把它们混为一体。这时就需结合不同类型的分布进行地带高度分类,不然会产生地区类型混淆现象。

又如,丽江盆地因冰水堆积、洪积等作用,盆地内不同部位的水、土、肥条件有明显的规律性差异。如西北向东南方向,在地物覆盖类型上大致是:灌丛、灌丛草地、休耕地、旱地、水浇地和水田。而由于人类生产的活动,耕作技术的改革,有些类型是经常变化的。例如该盆地南部的旱地、水浇地和水田交替变化。因此,在图像处理解译时,需考虑到分类项目和控制样本的准确位置,以便较真实地表示类型分布。

4. 分类与物候的因果关系

在遥感制图中,不论是常规的或是机助的方法都应能客观地反映地物现象的分布规律和区域分异特点。

故此,在图像处理分类过程中,应对制图区域内要识别的类型,如旱作、油料作物和水稻等的物候期,作针对性的分析,研究各个地物类型的农时历。

例如,丽江地区的土地利用与覆盖图的分类,倘若不就物候期分析,要客观地划分旱地、水稻之类型就颇为困难,因为作物的物候期不同,就很难准确地选取具有典型特征的训练样区。因此,计算机对此选样就会产生虚构现象。若利用该图像提取水稻,只能从水田的角度,根据其低洼多水,图像上呈现灰色或灰黑色及其所处地形部位来进行分析与选样。由此而分类的结果,其分布面积往往与实际面积不相符。为了能取得理想的分类结果,一般可采取分地物要素依据不同类型的物候期分别选取适宜图像进行分类,最后将分类结果融合成所需的专题地图,以达到两者因果基本统一的目的。

二、土地利用与其覆盖分类的技术与应用

图像制图的因素分析,旨在提高专题成图的质量。但根据不同的成图目的,研究各种分类技术及适用性也是关系成图效果的重要因素。

对于土地利用与覆盖等地物进行分类制图,一般宜采用最大似然率分类方法进行判别分析,实验认为其结果较为理想。

我们在丽江地区所作的土地利用与覆盖图就是采用判别分析法在通用计算机上进行的。

该法的基本原理是根据判别分类树实行逐对判别,以确定像元点的归属。譬如水体、雪被和耕地、植被两大类,通过判别结点 A(见图 6-1)的判别函数分析后,若待分像元归属于后一类,那么,由分类树与其对应的判别点的连接关系之数据场(IB$_y$)得知,它不是最终一类,需继续分类,即将其代入判别结点 C 的判别函数。若经判别获知其属于耕地类,从判别树得知应再代入判别结点 D 的判别函数中,如果判别确定是水田类,那么,由图 6-1 可知,它是最终一类,其他类别依此类推,直至分类树中设计的分类要求为止。

丽江土地利用图,我们确定划分为 9 个基本类型。其分类树如图 6-1 所示。

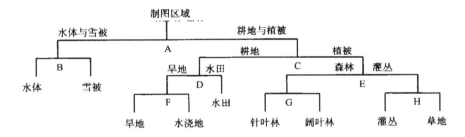

图 6-1　丽江土地利用类型分类树示意图

从图 6-1 可知,要全部区分出 9 个类型,必须建立起 8 个判别函数,即 A,B,C,D,E,F,G,H 为判别点的判别函数,依此来划分各个地物的类型。例如,由判别点 A 区分出水体与雪被和耕地与植被两大类,其余可据 B,C,…,H 判别点函数区分出各种不同类型。在程序的执行过程中,其判别分类的次序是严格地按照分类树的顺序进行的。

程序中将分类树存放在一个二维数组 IA 中,然后,据此计算出各判别点的判别函数。控制样本的亮度值是存放在一个三维数组 A_{yk} 中。其中 i 表示样本个数,$j = 1,2,3,4$ 波段,k 为每个样本的像元数。

根据上述基本原理可以按如下步骤进行判别分析:

(1)计算每个控制样本内像元的均值 $\bar{A}_y$

$$\bar{A}_y = \frac{1}{n} \sum_{k=1}^{n} A_{yk}$$

(2)求出样本均值差,设 p,g 样本均值差 D_{pg}

$$D_{pg} = \bar{A}_{pk} - \bar{A}_{g_i}$$

(3)计算各样本的乘积和,设 p , g 样本改正的乘积和为 SS_{pj} , SS_{gj}

$$SS_{pj} = \sum_{k=1}^{n_p} (A_{pjk} \times A_{pik}) - \frac{\sum\limits_{k=1}^{n_p} A_{pjk} \times \sum\limits_{k=1}^{n_p} A_{pik}}{n_p}$$

$$SS_{gj} = \sum_{k=1}^{n_g} (A_{gjk} \times A_{gik}) - \frac{\sum\limits_{k=1}^{n_g} A_{gjk} \times \sum\limits_{k=1}^{n_g} A_{gik}}{n_g}$$

(4)求算两样本的合成协方差 SS_{pg}^2

$$SS_{pg}^2 = \frac{SS_{pj} + SS_{gj}}{(n_p - 1) + (n_g - 1)}$$

(5)计算 SS^2 的逆矩阵 $[SS^2]^{-1}$

(6)求出系数矩阵 $[\lambda]$

$$[\lambda] = [SS^2]^{-1} \cdot [D]$$

(7)列出判别方程,求得判别分界值 R_{i1} 和两个判别样本中心 R_{i2} , R_{i3}

$$R = \lambda_1 x_1 + \lambda_2 x_2 + \lambda_3 x_3 + , \cdots, \lambda_j x_j$$

依据判别函数,将待分类像元矢量值代入,以求得两个中心 AB_1 , AB_2 ,然后将其与 R_{i2} , R_{i3} ,作比较进行判别分类。

按以上过程编制程序时,须注意对判别点计算建立的判别函数应与预先设计的分类树相符合。同时应将分类树以代码的方式输入计算机,以便提供监督控制的依据。对此,在程序设计中为了使得程序的通用性开辟了三个数据场(IA_y , IB_y , $II3_j$),用以存放分类树各种有关信息。

其中, IA_y 存放分类树每个判别点与样本的关系,即由 IA_y 来确定哪些样本参加建立诸判别点判别函数的计算。内容存放的具体格式如图 6-2 所示。

图 6-2 中 1,2, $\cdots$,8 是要计算建立判别函数的分类树判别点的代码(即判别结点的代码),②,③, $\cdots\cdots$,⑩为控制样本的代码。

从中得知,每个判别函数至少要有两个训练样本才能建立。因此, IA_y 中的 i 实际是所需建立判别函数个数的倍数, j 是参加建立判别函数控制样本的个数及代码。且 IA_{i1} 通常存放着参加建立 i 判别函数的样本个数,据此规定,IA 中的内容为:

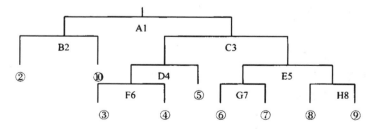

图 6-2 分类树存放内容格式示意图

$$A\begin{cases} IA_{11}:2; IA_{12}:②; IA_{13}:⑩ \\ IA_{21}:7; IA_{22}:③; IA_{23}:④; IA_{24}:⑤; IA_{25}:⑥; IA_{26}:⑦; IA_{27}:⑧; IA_{29}:⑨ \end{cases}$$

$$B\begin{cases} IA_{31}:1; IA_{32}:② \\ IA_{41}:1; IA_{42}:⑩ \end{cases}$$

$$\vdots \qquad \vdots$$

$$H\begin{cases} IA_{151}:1; IA_{152}:⑧ \\ IA_{161}:1; IA_{162}:⑨ \end{cases}$$

当求判别函数时,首先要从 IA 数组中找出有哪些样本参加计算,建立该判别函数,然后用所找出的值作下标,由 A_{ij} 数组求出控制样本的矢量值。

IB_{ij} 是用来存放诸分类判别点的连接关系,式中 i 为判别点的代码(下标),j 值为常数,其中 IB_{i1} 存放判别点代码,IB_{j2} 存放该判别点的连接关系,即由哪两个样本构成这个判别点。若是独立结点,IB_{i2} 就为 0,有此数组,分类时就不易错分。

II3$_j$ 是用来存放每个训练样本像元个数,调用时其下标值由 IA 求得。

整个判别分类程序由三个独立子程序构成:即判别分类子程序(PABI1),建立判别函数子程序(PABI2)和求逆矩阵子程序(MINVRT)。

判别分类子程序:其功能是将待分类像元值读入,并代入已建立的判别函数中进行计算分类,确定其归属,最后将分类结果记带或打印输出。

建立判别函数子程序:其功能是依据用户所提供的分类树、训练样本的数值建立完全符合分类树要求的判别函数,以便为 PABI1 子程序提供判别函数。

求逆矩阵子程序:这是为 PABI2 子程序中求判别函数的系数矩阵而设计,一般在计算机数据库中有此程序。

以上三个子程序的结构关系是 PABI1 调用 PABI2,而后者又调用 MINVRT。其框图见图 6-3 和图 6-4。

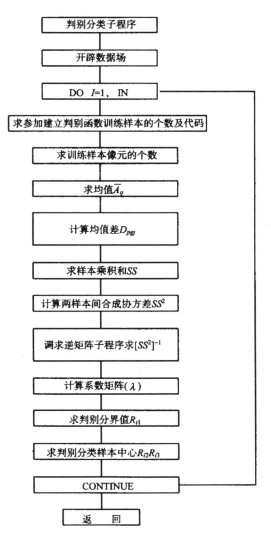

图 6-3　判别分类子程序逻辑粗框图

在通用计算机系统上进行遥感农业制图的过程,通常包括图像质量的改进、图像畸变的改正和投影变换、识别分类样本的统计分析、分类算法样图等研究。实践证明,其中以几何纠正和投影变换计算、识别分类内容的处理为重要部分。

该系统输出的图形,一般是行式打印图或彩色打印图,也可以是利用图形数据转换,按矢量式序号或线划面状符号在自动绘图仪上输出多边形图形或将分类结果记录在磁带上。

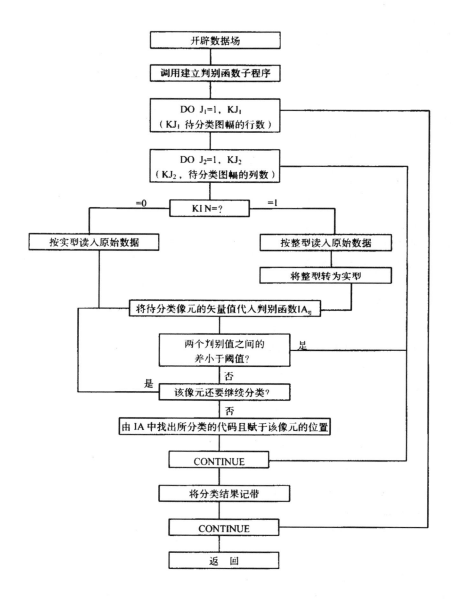

图 6-4　建立判别函数子程序逻辑粗框图

第二节　土地类型遥感相关分析制图

在常规的传统土地类型图编制中,一般是以地形图为基础,通过野外调查方法进行编制的。诚然,其大量的时间花在野外工作,成图速度较慢,周期冗长。

目前,利用遥感图像解译编制土地类型图是一种经济实用的方法,它将为分析自然条件,摸清土地资源的数量与质量,合理评价利用提供科学依据。

我们知道,土地类型的形成主要受自然要素中的地质、地貌、气候、土壤、植被和水文等因素的作用。它的地带性分布与气候因子有密切关系,地质、地貌是形成不同土地类型的基础,它是较高级类型划分中的重要因素。土壤、植被是反映自然综合体中很灵敏的一个因素,它往往是较低级类型划分中的基本要素。人类生产活动也是影响较低级类型变化的因素。所有以上诸自然要素的分析都是为了揭示不同土地类型的分布规律及其结构,从而科学合理地开发利用各种土地类型。

一、土地类型形成因素分析与单元派生制图

自然条件系列图的机助制图,一般是采用遥感图像编制"土地单元轮廓图"而进行的。它是编制自然条件要素图的基础。土地单元轮廓图是依据图像的色调、形状、结构等影像特征,分析自然综合体中最小基本地域而划分的。

诚然,也可利用其他有关图件进行编制。但遥感成图速度、周期、效果、精度等都较理想。

"土地单元轮廓图"是根据自然综合体的影像特征,分析区域地理规律和专业特点而勾绘出的各地理单元轮廓界线。这些单元内包含有自然条件的基本要素,如地貌、土壤、植被等。它们可以按照用户的要求将其进行编码,编码的位数应视诸要素的分类结果而定。例如,地貌划分为9类,它可以是一位编码;土壤是10类以上即可用两位编码。如果单元内是三要素类型,那么编码可能是五位或六位,或多或少取决于诸要素类型划分的多少,当然也应视单元内的要素多少,若是四要素,单元编码数就会多些。

假如我们编制自然条件中的地貌、土地利用、土壤三要素系列图,它们各类型的划分都是10类上,那么单元内单要素的组合编码至少是六位,如011309,其中,第一、二位是地貌类型的编码,01表示地貌类型的第1个类型。第三、四位为土地利用类型的编码号。13表示是土利用类型中的第13个类型。第五、六位是土壤类型的编码,09表示是土壤类型中的第9个类型。

土地单元轮廓图的三要素,其中之一,分为9个类型,即一位码,那么,单元编码是五位。例如图6-5,第一位表示地貌,第二、三位表示土地利用,第四、五位是土壤类型的编码。

要实现计算机成图,必须将土地单元轮廓编码图数字化,由此所获取的数据,可用于诸要素图的派生、组合和综合制图。这种利用遥感信息通过计算机实现自然条件要素制图是切实可行的。另外,这种方法对于那些人们难以到达的区域或缺乏资料的地区,具有更积极的作用。其成图过程如图6-6所示。

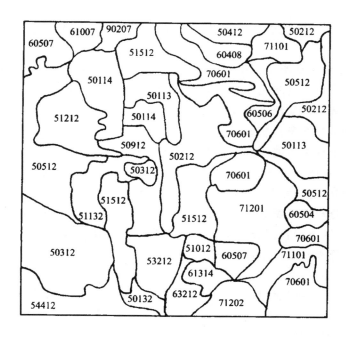

图 6-5　土地单元轮廓线及编码图

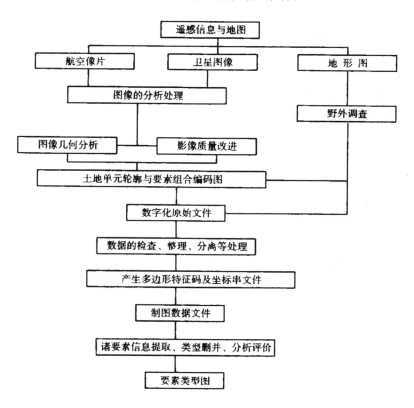

图 6-6　自然条件要素机助制图工艺逻辑框图

由上述逻辑框图可知,其制图软件系统包括遥感信息的分析处理、多边形信息的编辑加工、制图信息的提取、类型的删除归并、完整多边形文件的产生、要素的派生、组合、分析评价及多边形绘图等程序。据此就可以获取自然条件要素等地图(见图6-7)。

自然条件要素计算机制图的过程,一般可分为:

(1)图像信息的分析与处理。它主要包括地物影像几何的分析过程和影像质量的改正。

(2)单元数据文件的产生和编辑加工。这主要是产生自然条件各要素原始数据文件,为了制图的需要,对其进行一系列必要的编辑加工处理,以获得一个符合计算机制图要求的制图数据文件。

(3)计算机制图处理。对单元要素的制图文件实现信息提取、删除、归并和分析评价等计算。从自然条件要素的数据文件中分离出地貌、植被、土壤等单要素的数据文件,以便输出其要素类型图。

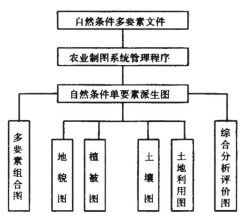

图6-7　自然条件单要素派生框图

(4)自然条件要素图的输出。根据分离出的要素数据文件,通过计算机图形输出设备,如数控绘图仪和行式打印机或激光扫描绘图仪等,输出所需的专题类型图或综合分析评价图、统计数据图表。

上述自然条件要素机助制图是以遥感图像为主要信息源。其特点是利于统一协调各要素图的内容;另外,它具有成图速度快、周期短,便于作农业自然条件动态变化分析。它是自然要素图产生的重要技术途径,也是土地类型图编制的前提;同时也是开展土地资源(包括土地利用等,见图6-8a)综合分析评价制图的重要基础。

二、土地类型图的分析编制

土地类型的划分,首先从综合观点出发,研究与其密切相关的自然要素,诸如,地貌、土壤、植被、土地利用等因素,同时分析影响土地类型的主导因素,用作其划分的主要依据。此外,应考虑各级比例尺土地类型的制图单元及图像资料。例如,编制大于1:10万的土地类型图,应选用大比例尺(如大于1:5万)的遥感图像作为基本资料,制图单元可为土地型;1:25万～1:100万土地类型图宜采用大于1:10万和1:25万的卫星图像,以土地类型(或土地亚类)为制图单元;1:100万的土地类型图,可选1:25万及1:50万卫星图像为主要资料,采用土地类(土地系统)为制图单元。从而使典型区、省区和全国土地类型制图比例尺系统形成一个较统一的系列结构。

实践表明,利用遥感图像编制土地类型图,根据成图比例尺选取及相应的制图资料,并确定适中的制图单元和分类系统是成图质量和精度的基本保证。另外,对典型区土地类型诸要素影像特征的分析是土地类型机助制图行之有效的技术(详见图6-8b)。

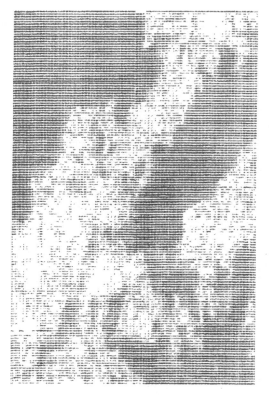

(a) 土地利用图

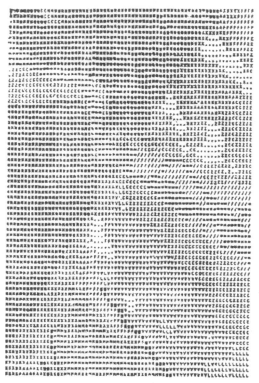

(b) 土地类型图

图 6-8　土地类型制图

第三节　　土地资源分析评价制图

土地资源调查制图是以土地质量评价为核心,所以,利用卫星图像,通过土地类型和土地利用现状分析,可以取得理想的应用效果。

土地资源既具有自然属性,也具有社会属性,是一种最基本的自然资源。

一、土地资源的遥感制图

现代遥感技术改变了传统的土地调查方法,为全国普查,评价土地资源开创了新的技术途径。

土地资源遥感制图,应以土地类型为基础,同时充分注意土地利用现状的特点,以此进行土地质量评价,确定其空间分布。对此可选择不同的试验区(平原、海滨、山区、高原等),考虑各级比例尺关系,对土地的气候、地形、土壤、植被、水文等诸要素以及土地利用等自然、经济条件,进行综合分析评价,从而建立起各种典型的土地资源类型的图像解译标志。

对此,可结合科研生产任务,对不同的区域选取若干具有代表性的样区,逐步建立地物分析图谱。例如,假彩色遥感图像上,森林、作物等绿色植物,一般呈现红色,但它们因长势、盖度、种类等差异,其影像色调的深浅是有差异的。同时,还可按不同时相,将土地资源利用类型的波谱特征、分析汇集成谱型,从而,使土地资源评价等级划分的指标逐步标准化,以不断提高其解译成图的质量。

土地资源遥感分析成图的过程一般是:

(1) 资料选取与处理。根据成图目的,选取最佳图像。首先是作必要的人机交互处理,然后按成图比例尺编制统一标准影像底图。

(2) 选择样区,分析标志。通过影像预研究,确定样区调查路线和观测点,拟订分类体系、分析解译标志。其中样区的选取是否合理,关系到成图的质量和精度。

(3) 综合分析制图。这是土地资源遥感制图过程中的重要环节。此阶段的关键在于多种信息的综合利用,即以遥感信息作为土地资源制图的基本资料,参考其他图件,依据获得的判读标志,按照主次、大小、粗细的原则逐级进行。

实验证明,遥感土地资源制图能更好地利用影像综合特征,从宏观上较好地反映土地资源的地域规律和特点。同时,可以减少大量室内外调查制图的工作量,提高成图速度,增强现势性;但它也存有一定局限性,如缺乏高程数据及难以获得同步地物光谱数据等等。另外,因影响图像的因素众多复杂,往往出现同物异谱、同谱异物之类的影像标志,这就增加了判读的难度。因此,在制图中,在利用色、形、位直接标志的同时,应运用地学相关分析原理,联系自然景观的多因子进行综合分析,才能获得较理想的效果。

综上所述土地利用、土地类型和土地资源的调查制图是一个相互联系、彼此制约的系列制图工作,是土地系统的制图工程。

众所周知,土地利用现状及土地类型都是土地资源制图的基础,也是土地资源评价的一个依据。所以,在土地类型制图中,土地利用现状图通常是分析的基础,而土地类型往往是土地质量评价的基本单元。因此,土地系统研究中,应采用多源信息综合分析的成图方法,实现土地系列制图(见图6-9)。

二、土地资源信息系统的分析评价应用

土地资源信息系统是以计算机为核心,将土地资源信息及有关的数据和参数输入、存储、管理、分析、提取,应用和输出的硬、软件结合的技术系统。它可以对土地的气候、地形、水文、土壤、植被诸要素及土地利用等自然条件与社会经济因素进行综合分析和评价,也是土地资源制图的技术保证。所以,土地资源信息系统的建立与应用,在国内外,尤其在农业制图领域引起了人们的广泛重视。

20世纪60年代,世界上已开始了土地资源信息系统的研制。至今,已得到了深入发展,它们因研究的区域范围和宗旨不同,可以有国家级的土地资源决策管理信息系统、省(市)级和区域性(包括流域的)的土地资源管理信息系统。

20世纪80年代以来,我国在该类系统的研制方面,特别是专业的系统,如农业资源信息系统、国土资源信息系统的建立,已逐步向综合性的信息系统发展,例如中国自然环

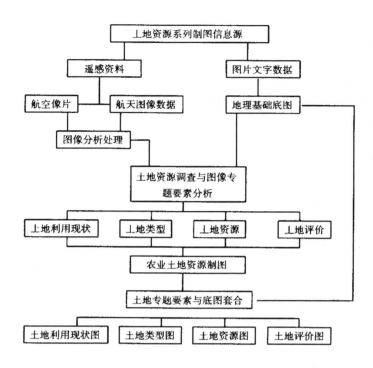

图 6-9　土地资源遥感调查及其系列制图工艺框图

境信息系统的研制等。

1. 土地资源信息系统的构成

对于信息系统,不论是国土的、农业的或其他资源的系统都是由计算机硬、软件结合构成的。它们的系统设计可视用户的具体要求,配置所需的机型,外围设备和应用软件,组成各自的专业性和综合性的系统。但它们一般不外乎是由图 6-10 所示的几部分构成。

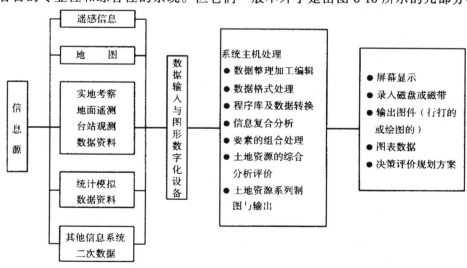

图 6-10　土地资源信息系统构成示意框图

上述计算机分析处理的结果,除了以图表形式打印输出外,一般可以图形的形式输出。它们有多边形图形或网格图形(包括行式字符打印的)。其输出方式应视系统配置的外围设备而定。多边形图形常通过数据绘图仪调用各种不同的绘图软件实现各自的专题图输出,如类型图、等值线符号图和统计图等。对于格网图形,除矢量方式的绘图外,还可由行式打印机输出行式符号图形。但对于这类图形应考虑字符的长宽比例,运用程序设计予以变换。该输出方式快速经济、宜用作动态等对比分析。

2. 系统在土地资源机助制图中的应用

土地资源的计算机制图,其方式一般有矢量式的多边形信息制图,栅格式的格网信息制图。其软件有多边形信息制图系统、格网信息制图系统以及其两者之间的转换软件。

1) **多边形信息制图系统**

它是通过多边形来反映制图单元实体的,即以 x, y 坐标序列表征地物特征与分布的制图方式,从而借以多边形数据和地物属性实现土地资源的机助制图。

多边形信息制图的程序一般包括多边形信息的编辑加工(包括数据查错、改正、数字化文件的分离、坐标串文件的生成等),多边形数据的制图处理程序(如单要素文件的提取、要素特征码文件的归并、产生完整多边形文件、多边形面积量算、多要素组合、综合评价等)和多边形的图形输出程序(包括线划和符号等绘图,如晕线绘图程序、面状符号与组合符号程序等)。其程序逻辑关系见图6-11。

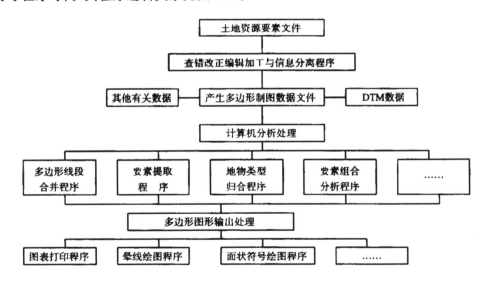

图 6-11　土地资源多边形信息制图系统软件逻辑关系示意图

土地资源多边形制图的过程:

① 制作土地单元轮廓图(包括多要素编码);② 图形数字化,获取土地资源多要素文件;③ 土地要素的信息提取,产生单要素数据文件并成图;④ 单要素分析、组合加权和综合评价、输出多边形地图,如土地类型图和土地评价图等。

2）格网信息制图系统

它是将制图研究区域按一定的大小划分成网格,对每一个网格的数据都给以其属性编码,是实现机助制图的另一方式。这种网格制图系统具有简便实用的特点,是一种较经济有效的成图系统。

格网信息制图系统也包括数据编辑加工、计算机制图处理和图形输出程序三部分。其制图流程:

（1）依据用户的需求,将制图区域划分为一定规格大小的网格。它们可以按地图经纬度划分,也能以地图的方里网划分,以构成制图的格网系统。

（2）以格网为制图基本单元,采集土地资源有关要素的数据。

（3）按照制图要求提取所需的信息,进行计算机分析处理(包括要素文件的合并和分块等)。

（4）据所需图形选择行式字符,组合类型或绘图仪输出格网地图。

上述两种制图系统,通过转换程序,可将格网数据格式转换成多边形数据格式。它们间相互转换增强了彼此格式变换的灵活性和制图的功能。图 6-12a 是官厅水库地区,利用 MSS 图像识别分类而成的格网图,图 6-12b 是由转换程序,变换为多边形的土地利用图。

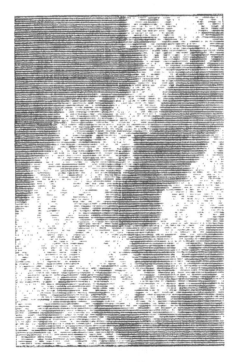 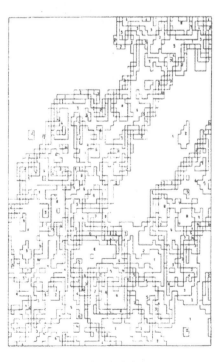

(a) 网格地图　　　　　　　　　　　　(b) 多边形地图

图 6-12　土地利用遥感数据格式转换制图

3. 系统在土地资源综合分析评价中的应用

土地资源评价是合理利用土地、发展农业、挖掘生产潜力的前提。它是因地制宜布局农、林、牧生产的重要依据。

对土地资源的评价,应较全面系统地认识区域内各自然因素之间的从属关系及其地域分异规律与特征,以利人们充分利用自然条件,改善其不利因素。对此,土地资源信息系统不仅能进行土地资源的定性分析,而且可以实现定量的综合评价。因此,这是当今开展土地资源研究的重要方向。

最近十几年来,在地理信息系统支持下,通过计算机对土地资源的质量评价已取得了初步的应用效果,例如土地质量的评价等。土地质量是自然综合体影响的结果,因而在分析评价时应考虑众多的因素,但对于土地评价因素的选取、数据项的确定,需以其对土地质量影响的程度为基础。系统在评价中的应用,一般是通过所选要素采用叠置的加权评价模型实现的。

为了正确评价土地的质量,须在系统研究土地资源与分类基础上进行。其主要考虑如下一些基本原则:

(1)土地资源的形成与发展,考虑其自然社会综合体的特性,在综合因素的同时,应着重分析主导因素。

(2)土地资源的适宜性、限制性及改良的可能性,尤其应注意适宜性与限制性之间的统一性和制约程度。

(3)土地最佳利用方式,应视当前的生产水平及发展潜力,同时应分析研究国家的土地政策。

但应该指出,评价因素不宜过多,要有的放矢,选取对土地形成及其属性起直接决定性作用的因素。因此,综合因素与主导因素应结合分析。

土地质量评价的程序一般是:

1)土地评价因素的确定

首先根据应用目的选择评价的因素。这可视各自的要求选取,如选取土壤、植被、坡度、高程;或者坡度、土壤和土地利用作为评价土地质量的基本因素。如果评价果林地质量,往往考虑热量、坡度、土壤质地和水源条件等因素。确定评价因素后,就可以从土地单元轮廓图中派生出来的单要素图选取作叠置加权分析。例如,选择地形、土壤和土地利用三要素作为土地质量评价的因子分析。

土壤基本上反映出土地的自然属性。其主要指标可采用土层厚度、土壤质地、土壤保水保肥能力。地形是构成土地资源综合体的重要因素,它往往通过地形高度、坡度、坡向等产生对农业土地利用的影响,成为其控制的因子;土地利用现状反映出土地利用的主要类型、特点、水分、土质条件和土地产量水平,它是土地评价的基础。

2)土地资源诸要素图分级赋值

为了对选取参加评价的要素进行分析,事先应确定评价的模式与方案,同时须对每一个参与评价的要素划分等级,并拟定各个级别的分值。关于分值,一般采用 10 分制赋值或 100 分制赋值。有关分值段的划分,除了考虑专业分类意义和价值外,还应分析地域的差异,所以诸因素的分值段不必强求一致。另外,对因素中的主导因素或其主要项,应赋权值分析。

如北京试验区,把坡度划分为 7 级,每级分值,专业人员在调查、综合分析研究后予以赋值。如坡度 < 1°,其地势平坦,适于农业利用,可赋于最高分值 10 分(或 100);1° ~ 3° 多分布于河谷阶地或台地,其分值可赋于 8 分(或 80);> 5° 的山丘地和不利农业利用或不利大型农业机械作业的,可视利用目的酌情赋值。

对土壤划分为壤质淋溶褐土、壤质典型褐土、淤泥湿潮土和砾石土等 17 个类型。试验区中的壤质典型褐土,其土层厚度、肥力和保水性方面均利于农业生产;故赋于 10 分;而砾石土,土层薄,肥力不足,保水性差,农业上难以利用,仅赋予 1 分。

土地利用现状,不同的利用类型反映了农业生产的条件和产量水平。试验区共分有 21 个类型,包括冬小麦、玉米水浇地、果粮间作水浇地、菜地、岩石裸露地等。其中菜地、冬小麦、玉米水浇地的农业生产条件好,产量高,经济效益大,赋于 10 分,至于岩石裸露地,农业上往往难以利用,可赋于 0 分。对于一些非农业用地(如城镇居民地、盐田、工矿用地等)可不参与评价。

3)土地资源多因素加权分析模式的确定

利用信息系统可应用各种评价模式进行对比分析。例如:

$$y = \sum_{i=1}^{n} X_{ij} W_i$$

式中,X_{ij} 为第 i 个因素的 j 个等级值;W_i 代表第 i 个评价因素的加权值;n 为参与评价的因素个数;y 表示各土地单元的总评分值。

又如:$y = \dfrac{x_1(x_2 + x_3 + \cdots x_n) \cdot k}{n - 1}$

或者

$$y = x_1 \cdot x_2 \cdots\cdots x_n \cdot k$$

式中:$x_1, x_2 \cdots\cdots x_n$ 表示评价因素;k 为分数;y 为每个土地单元的(或网格单元)总分值;n 为评价因素个数。

由上可见,利用上述的评价模式,首先须依据用户的应用目的,选择参加评价的因素,它们可以是 2 个、3 个或 4 个,或更多的基本因素。其加权因素应视具体情况而定。

系统以地貌、土壤和土地利用三要素对土地质量评价为例进行计算机分析,详

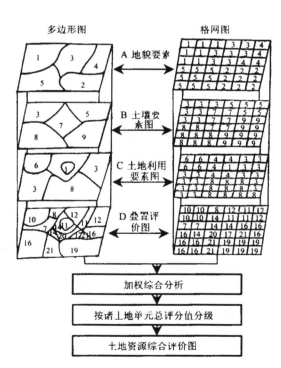

图 6-13　土地质量评价机助分析过程示意图

见图6-13。

4）机助叠置加权综合分析与评价图的输出

参与土地资源评价的诸要素，其主导作用是有差异的。因此，对于其权重的分配是不一的，应由计算机分析人员与专业人员进行综合研究，合理确定，如表6-1。

表 6-1

评价要素 \ 分级	要素等级值										分析权值
	1	2	3	4	5	6	7	8	9	10	
地　貌	100	90	75	60	50	30	10				1.5
土　壤	100	95	80	70	65	60	40	30	20	0	1.0
土地利用	100	80	70	60	55	50	40	45	30	10	1.0

通过以上加权的综合分析，就可自动划分出土地资源的若干等级（如一等地、二等地、三等地），即土地质量评价图。详见图6-14。

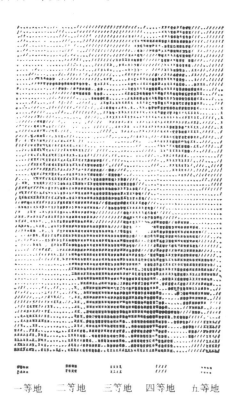

一等地　二等地　三等地　四等地　五等地

图 6-14　土地质量评价分析

第四节　土壤遥感制图与农作物估产分析

土壤是土地资源中的重要组成部分,是农业生产的物质基础,也是农作物估产分析的重要条件。所以,土壤制图对于农业生产的发展具有特别重要的意义。

一、土壤遥感制图

利用遥感判读编制土壤图,相对于土地利用图、植被森林图来说,要复杂得多,因为其图像的直接标志难以获得,主要是依据同其他景观要素相关的间接标志而分析成图。

例如,相同植被覆盖下的土壤,在图像色调上往往相似,然而其土壤类型可能不同,反之,同一类型的土壤,由于不同植被的覆盖,或者因人为砍伐破坏了原植被景观所产生不同的影像特征,反映出不同色调的影像。因而,色调这一直接标志在此就往往失去其判读的直接意义。在土壤判读制图过程中,直接标志的应用必须与间接标志密切结合,运用综合判读标志,有时还可借用地形图辅助分析。在云南横断山区垂直地带明显的区域,土壤类型单纯凭色、形标志是识别不出来的,除了土壤采样分析外,还须通过地形图等高线高程来确定土壤的垂直分布规律。例如,丽江农业自然条件系列图中的土壤类型图就是依据这一模式进行分析制图的。

又如,对华北平原遥感图像盐渍土进行识别分类制图,仅依据不同波段的灰度值进行类型划分很难达到理想的效果,在这种情况下,根据盐渍土形成条件与发生发展过程,充分利用其分布的地形部位特点,即微地貌因子作为控制分类参数,方能取得较好的分类结果。

另外,不同判读目标,可通过不同波谱特性与相应的滤光镜组合进行。据墨西哥有关工作的试验认为,对红色土壤的识别,若采用 MSS4(绿色滤光镜)、MSS5(红色滤光镜)和 MSS7(蓝色滤光镜)进行彩色合成,能获得好的判读效果。

另外通过光谱特征曲线的分析,组成新的分类通道,可为土壤自动识别分类提供重要的参数。例如在土壤图像数据分析制图中,提取土壤信息应消除作物的影响。

根据 S.J.克里斯托夫等试验认为,可见光与近红外波段的比值分析,能强调土壤有机物含量之变化。

$$土壤有机物含量 = f\left(\frac{MSS4 + MSS5}{MSS6 + MSS7}\right)$$

日本安田嘉纯等实验认为,土壤指数(SI)可改善分类精度。

$$SI = \frac{P_{PIR} - P_{B7}}{P_{B5} - P_{PR}}$$

式中:P_{B7}、P_{B5} 为 MSS 7 和 MSS 5 的反射率;

P_{PIR}、P_{PR} 是与作物覆盖率无关的作物反射率。

另外,罗尤斯等人以农用地反射特性在 MSS5 和 MSS7 波段表现最为显著的特点,提出植被指数(VI)的分析模式:

$$VI = \frac{MSS7 - MSS5}{MSS7 + MSS5}$$

他们的实验证明：利用卫星图像 MSS 的原有四个波段的光谱特性进行土壤分类制图，其识别率最低，平均值达 56.1%；若采用训练样本，通过 MSS5、MSS7 波段及其与实测反射率之差值，比值测定的土壤指数，和由其 5、7 波段之差值、比值分析获得的植被指数组成新的通道进行分类，其识别率最高，平均值达到 68%。

从而不难看出，要改善土壤遥感制图的精度，必须消除覆盖物反射的影响。所以，建立新的卫星图像分类通道是提高土壤识别制图精度的重要方法。

另外，土壤制图，首先应对土壤类型、成土母质和覆盖植物的波谱特性进行研究，其直接或间接地影响土壤识别分类制图。因为它是土壤分类制图的重要标志依据。所以，美国等不少国家，开展了这套基础性的研究，并将这些要素的光谱特征数据建立起地物光谱信息系统。从而为土壤遥感自动识别制图提供了必要的参数，也为新通道的组成奠定了基础。

二、农作物估产遥感分析

前面论述了遥感在农、林、水等资源调查与制图方面的作用。目前，我国正在利用遥感这门新技术进行农作物估算产量及农情动态监测研究。

这项新技术方法当今已为世界各国普遍重视，并应用于大面积的农作物估产中，使其不论在估产理论，或应用分析技术方面都有了新的发展。如美、俄、加拿大等国家都已在该领域中取得了生产实用效果，对于遥感农作物估产的精度也越来越高，遥感农业监测和作物估产得到了较理想的结果。

从单一农作物（如小麦）估产精度分析可以看出，它们的估产精度不断在提高：

自 1974 年达 63%，1975~1976 年达 78%~85%，1977~1978 年达到 93%~97%，直至现在一般为 97% 左右。

1. 遥感作物估产的原理与方法

遥感作物估产可以看作是一个复杂的系统工程。它利用作物各个生长阶段的监测，实验的多时相数据，经过对作物参数定量研究和数值变换、处理、分析、模拟计算，获得估产数据。

1）作物光谱特性的分析

农作物的光谱特性随不同地区、不同品种类型、生态环境和农时历等因素而变化，因此，对于其光谱特性的研究应采取多平台数据，多时相、多波段、多卫星图像和多地物光谱测试分析，从而获取作物估算的可靠依据。

2）作物估产的样区实验

根据试验确定样区，开展对样区的作物单位面积产量的观察研究，并以样区的图像资料为面积估算的基本信息。然后通过样区的作物农时历与光谱特征的对比研究，建立作物估算的模式。作物类型的识别主要是依据波谱特征进行的,即据图像的色调、亮度和饱和度,结合作物生态环境的综合分析而确定,这是作物面积估算的基础。

3) 遥感作物单产模型的研究

这种作物单位面积产量模型的研究,往往是在农作物生长发育的不同物候期模拟实验基础上,经过综合多因素分析而逐步改进完善的。

2. 农作物遥感长势监测与估产

利用遥感对农情监测和作物估产是促进农业生产的一个先进的技术系统工程。为了准确地评价估算作物产量,在地理信息系统(GIS)的支持下,须有一定的科学分析工作程序,它们包括:

(1) 作物面积及其单产预报的样区设计与选择;

(2) 估产范围卫星图像数据的变换与校正处理和估产地学分析;

(3) 农作物时相-光谱响应特征曲线的分析,建立起图像信息与农作物及其生态背景的识别标志;

(4) 作物单位面积产量模式的建立。通过作物生长发育中的返青、拔节、抽穗等物候期的时相处理,研究植被指数、叶面指数及产量相关模式;

(5) 通过作物长势监测、单产估算,最后估算总产及评价准确度(见图6-15)。

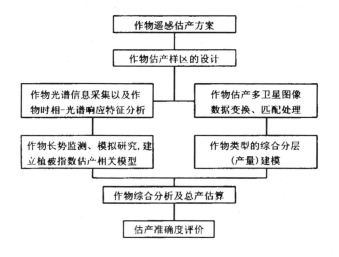

图 6-15　农作物遥感监测与估产示意框图

从上述分析看出,农作物的动态遥感监测及其估产是综合研究的结果。目前我国已利用多种卫星图像开展此项研究,如中国科学院、中国气象局等单位采用气象 NOAA 卫星的 AVHRR 和陆地卫星 TM 与 SPOT、SAR 以及 MODIS 卫星数据图像,结合地面观测站实验,对冬小麦进行估产的试验,取得了较好的效果。

总结上述农业制图,在 GIS 的支持下,利用遥感数据编制了一些土地覆盖与利用等农业地图。它主要是应用计算机一系列或若干系列的信息数据转换、存取、分析和图形变换输出等程序,实现农业专题图的编制。这是农业遥感制图的一个新方向。

现我国正开展全面系统的国土整治、农业土地规划等工作。因此,采用现代新技术进行农业自然条件和土地资源等遥感制图具有重要的生产价值。

对此,我们结合有关科研考察任务,探索遥感成图工艺技术,曾选择云南丽江、北京十三陵等地区,利用图像信息进行了土地利用与覆盖图的自动编制试验。

实践表明,计算机识别分类一般可达到常规土地利用分类系统中的第二级,有的乃至第三级,随着高分辨率图像的应用,将更趋详细。因此,农业遥感制图应对其分类体系作专门的分析研究。为了达到理想的成图效果,对农业制图信息源需作地学和制图技术分析,同时依据不同专业,建立各自的数学识别模式,并科学客观地选择地物类型的控制样本,以便合理地确定分类阈值。

通过有关农业制图的应用试验,我们应用计算机对图像信息的分析、输入、存储处理到图形输出,初步研制出一个具有独立处理体系的农业制图软件系统,并在某些地区农业制图应用中获得较好效果。

该系统的制图方法可以是将图像增强处理后的结果供作目视判读成图,也可将遥感制图信息源直接处理分类匹配成图。其工作流程粗框图见 6-16。

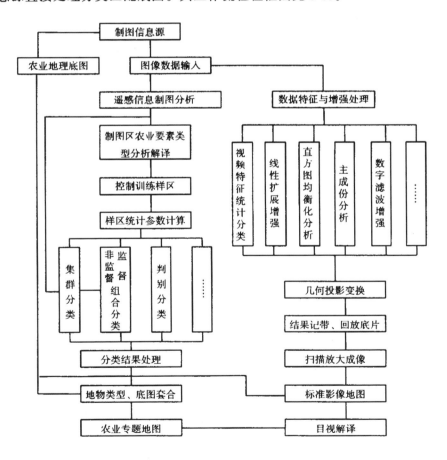

图 6-16　通用计算机系统上农业遥感制图流程框图

总之,利用遥感资料和计算机技术开展农业制图研究,是一个很有应用前景的技术领域。它对于土地利用与覆盖图、植被图、森林图、草地调查分布图等的编制,一般都能获得较理想的效果。关于土壤图等单纯按波谱特征的机助识别是不够理想的,必须考虑自然要素间错综复杂的因素。所以,除了充分利用图像波谱特征参数外,还应深入研究影响各自专题要素的主导因素及其重要的辅助参数,宜采用多变量综合分析的制图技术。

参 考 文 献

[1] 廖克、傅肃性主编.农业地图编制文集.科学出版社,1991,26~27,34~38
[2] 廖克等编著.农业制图.测绘出版社,1991,196~208
[3] 傅肃性、曹桂发.遥感信息机助制图的技术分析.第一届计算机地图制图学术讨论会文集.科学出版,1980
[4] 刘宝银.我国海洋渔业遥感应用与发展水平及其前景.环境遥感.1986(1)
[5] 郑威、陈述彭主编.资源遥感纲要.中国科技出版社,1995,358~363
[6] 孙九林主编.国土资源信息系统的建立与研究.能源出版社,1986
[7] 褚广荣、王乃斌主编.遥感系列成图方法研究.测绘出版社,1992
[8] 傅肃性等主编.国土普查资料应用研究(I)之1:25万资源与环境要素综合系列地图(8种).科学出版社,1989

第七章 遥感专题统计数据机助分析制图

在专题自动制图系统的研究中,人们最先利用计算机将统计原理与制图方法有机地结合应用,从而研制出各种计算机统计制图软件系统,例如计算机组合符号制图系统(SYMAP)等。这类系统设备简单,应用方便,是利用数字自动编图的一种新方法。其特点是计算准确、速度快、成图周期短、经济实用。因此,它适应于社会政治经济迅速发展及现代生产科学管理的需要,对指挥生产、规划经济都具有重要的科学实践意义。

统计地图属于专题地图中的社会经济图范畴。统计制图学具有悠久的历史。20世纪60年代以来,随着新技术的引进,它在科研生产中得到更广泛的应用,并获得令人可喜的进展。

传统的统计制图,无论是数据的采集、分析整理、指标的分级计算,还是图形的表示,主要是依靠手工作业。所以,它突出的缺点是速度慢、周期长、现势性受到很大的影响。在计算技术高度发展的今天,统计制图自动化已成为现实。目前,世界上不少国家研制出不同的统计制图软件系统,并发展到一个新的水平。

我们结合中国科学院组织的云南腾冲航空遥感综合试验中专题系列地图的编制,进行了计算机机助制图的科学实验:

(1)遥感资料在专题自动制图中的分析应用。遥感影像内容丰富多彩,但如何提取为统计地图自动编制服务,关系到专题制图的内容、成图的质量和精度。

(2)统计数据与遥感资料有机结合,研究各种数据指标的应用特点和分级的方法,这是统计制图过程中的重要一环。例如,对于同一类指标,若运用不当或分级不合理,它都将直接或间接地产生不同的效果。

(3)网格结构和随机多边形结构数据的自动分类与制图的研究。利用遥感资料和统计指标进行单要素和多因子分析计算的成图试验,对两种结构系统的信息作了转换研究,从而可视用户的设备条件输出所需的图形。

(4)专题系列地图或统计地图集的自动编制试验。编制系列地图有一个系统协调的问题。因此,它也是地图集编制的一个重要组成部分。为此,在资料选取、分级归类、图形设计、程序研制等方面都应考虑系统性、相关性和科学规律性;与此同时,考虑区域性专题地图数据库的建立,是试验的重要目的之一。统计地图数据库包括基本地理背景要素和专题要素,它们可采用网络与多边形的数据结构,用数码形式进行存取,通过管理、查询程序来实现。这是快速成图和更新地图的重要基础。

第一节　专题统计制图系统的设计与构成

一、制图系统研制的基本原则

1. 硬件和软件的通用性

从硬件来说,应考虑国情和各部门的设备条件。一般只要具备计算机和行式打印或绘图仪,便可开展统计地图的自动编制工作。关于软件,是采用 Fortran Ⅳ 语言,按照编图的工艺,编制积木式的不同功能的程序组,便于系统的联系。考虑到现有输出设备和系统扩充的可能性,我们在网格系统程序设计的同时,又研制了一组多边形系统程序,从而能在数控绘图仪上输出各种点、线、面状符号的图形。为实现这两组程序的通用性,设计有一组数据转换程序,从而初步形成一套计算机编制统计地图的系统软件。因此,该程序系统不仅能编绘常规的社会经济统计图,还可适用于自然资源范畴的统计地图以及反映动态变化和发展趋势的统计图表,以满足用户根据所掌握的不同数据型编制各自所需地图的要求。

2. 制图程序系统的独立性与完整性

对于一个软件系统,应注意到程序的完整性,但同时也应顾及其相对的独立性。该系统主要由数据预处理系列程序、统计分级计算系列程序和图形输出系列程序构成。它们之间是一个互相关连的统一系统。从系列地图或统计地图集的编制来看,其整体性是必要的;然而对于单要素图或是某一专题的特定功能的要求,就应考虑程序模块间的独立性。例如,遥感专题类型图的量测,可依据面积、长度量测程序单独进行;而由此获得的数据又可应用于类型统计图表的编制,供不同系列的数据结构分析制图。

3. 程序系统设计的经济实用性

利用计算机制图的最大特点是快速准确,但目前较突出的问题是费用昂贵,有时实用性和共享程度也不甚理想。这自然与硬件有关,但和软件设计的出发点与宗旨也有较密切的关系。它贯穿在整个系统的研制过程中,如底图和数据特征的分析、量测分组的原则运用、文件的产生与程序调用以及图形输出方式等,在设计时都应考虑其经济和实用问题。本系统中面状行打符号程序就是考虑了简化而多功能的原则设计的。为了优化程序,就需反复改进和完善算法,使其达到经济实用的目的。当然这还与程序设计的技巧要求有一定的关系。

腾冲统计地图自动编制程序系统具有一定程度的区域性和内容表示的完整性。从点、线、面现象的表示方法来看,该系统基本能满足图形表示的要求,并可通过点、线、面及其组合符号来反映各种自然或社会经济现象的规模、发展水平、依存关系结构等的统计地图。例如,分级统计地图中的人口密度图、人口内部结构图及其他区划图等。

二、统计制图系统结构

该软件系统是以数据分析、统计指标分析和图形输出及其转换等系列程序组成的。

数据分析程序,主要是对原始数据进行排队整理、查错改正、数据规则化和建立文件,并用于长度、面积量算和直方图计算,以便确定统计指标分级。

统计指标分级程序,目的在于分析各种统计数据分布状况,以选取统计数据的分级方法。若直方图呈近似抛物线分布状态,通常选用等比分级。如果为了反映统计指标中的极值分布的数据现象,那么,方差分级法能取得良好的图形结果。

图形输出及数据转换程序,其基本功能是在上述两个系列程序处理的前提下输出不同的图形,如计算机符号类型图、面状符号图、个体符号图等。它们分别归属于网格形和多边形地图。为了使这两种图形相互变换,系统设计了统一转换程序。农业统计制图软件系统的结构粗框图见图 7-1。

第二节　专题统计数据特征值的分析与预处理

编制地图的首要问题,就是要依据编图的宗旨和成图的比例尺选取基本资料。对于经济统计地图来说,首先应选取合适的统计指标,作为编图的主要数据资料。关于经济统计地图集的编制,使用的资料必须注意到区域数据的系列性、经济指标的代表性和反映内容的现势性。一般说,用于编图的资料是建立在地图或图集选题的基础之上的,但它又是补充和改进选题的必然过程。因此资料搜集的程度将关系到图集内容的科学性、成图质量和使用的价值。所以,选取编图资料时必须遵循选题内容。

从统计制图的角度来说,数据资料的来源不外乎如下几个方面:①各有关统计部门的统计数据。包括不同时期、不同阶段的大量资料,它是编制统计地图应用最广泛的资料形式。②不同测站(包括遥感自动采集站)获取的实测数据。它多数应用于各种专业统计制图范畴。③从遥感图像中分析提取的信息数据或遥感专题地图上量测所得的类型数据。这类属图像分析转换的计量数据是具有周期短、速度快特点的信息源。④各种地图(包括图表)资料。它经过专业分析而量测的数据,例如土地利用类型的面积、水系密度的量算数据等等。然而诸如此类的资料并非都可以直接用于编图,它们中有不少乃是原始数据,有的即使作过初步整理,但也须作必要的分析加工才能使用。

一、数据的分析与预处理

如上所述,任何数据资料都有个去伪存真的应用分析过程。它需要经过整理、分析,并加工成为编图的目标数据。因此资料的整理分析是地图编制过程中必要的准备工作:

(1)统计数据的条理规则化。这是数据分组的前提,也是数据分析的基础。整理与分组这两者之间是相辅相成的关系。于是,就要求对数据的总体和个体特性进行必要的计算分析,其目的在于揭示事物诸现象的内在联系和分布的规律性。

我们知道,一般的统计数据未分析前往往是一种较庞杂的无规律性的数量指标,难以

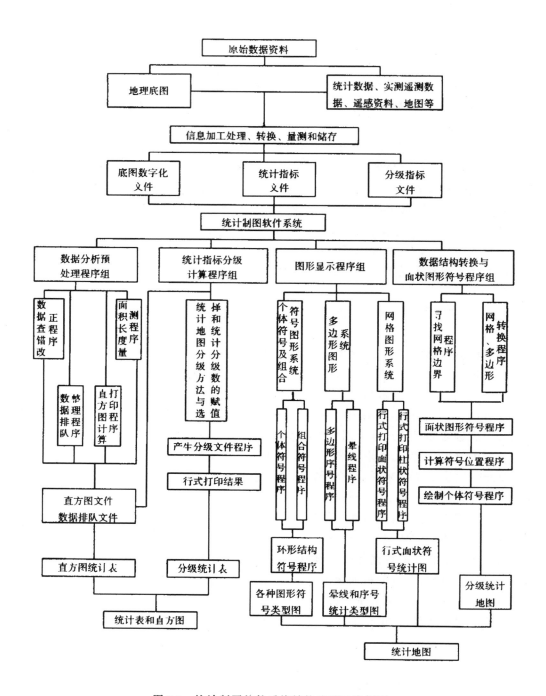

图 7-1 统计制图软件系统结构流程示意框图

直接进行准确的分组分级,因而,对于这类数据需要进行数理统计计算。对此,通常采用频率分布的直方计算来研究统计指标的变化规律。例如,腾冲图集制图区,计有 22 个乡 2200 多个村,因此总体的各单位数量指标自然差异很大,因而必须将这一系列杂乱无章的指标值进行排队整理,然后统计出各组所出现的次数,从而在二维平面上就可得到用以分析对象分布特性的图形曲线,从而研究确定分级的特征标志值,作为分级的门槛值(或阈值),定出分级数目。

(2)制图单元统计指标的选取与应用。不同的选题决定着制图单元应采用的指标特性。从统计学的角度来说,统计指标通常有总量指标(即绝对数指标)、相对指标(相对数)和平均指标等三类。但如何因地制宜地选用,关系到研究对象的指标能否客观地反映现象的分布特征及其隐含的规律。这是统计制图中一个重要问题,它往往被忽略而影响到成图的效果。

在地图编制中,人们一般所称的绝对数据多数是指表示社会现象规模水平的总量。它是用来表征相对指标或平均指标等统计指标的最重要指标,因而在分析数据中,总量指标的计算贯穿于整个统计制图工作中。例如,图集中反映制图区概况、农业生产水平等图组,首先必须掌握该区的总面积、耕地面积、总人口、劳动力和播种面积之类的统计数据。所以对于总量指标进行制图统计计算时务须保证其一定的精度,否则它会对与其相关的相对指标等一切统计量的计算产生连锁的系统误差。任何社会经济现象彼此间都是一个互相关联、相互制约的关系。因此要反映事物的这种相关性、对比性,单凭总量指标显然难以实现。而相对指标就可以使两个有联系的指标的内在关系一目了然,有的还可在两个不可比因素中找出其中某一可比的指标,并可加以计算对比。例如,科研单位和生产单位,其科研成果与生产品虽然没有直接的对比性,但两者各自完成的计划比例,可以对比出它们执行计划的程度和水平。这在统计学中称之为计划完成程度相对指标,即利用实际已完成的数与计划完成数之比。此外,统计制图中还常应用结构相对指标来表示部分(或单位的)总量与全体总量之比较关系。腾冲统计图集中民族的构成、耕地的结构之类的图形就是选用这种结构相对指标表示的。至于它们的百分比计算,可视原始统计指标的大小关系加权进行。对于统计指标里不同性质但又有一定关系的指标,一般选用强度相对指标来表达。例如,最常见的人口密度图,它反映了每单位面积里所载负的人口数。另外,在农业统计地图中,有些图幅是选用比较相对指标来表示制图要素的,即不同单元(如行政单元)里某一相同现象的数量对比关系。凡用来反映不同时期总量指标对比关系的,常以动态相对指标来表明事物发展的变化规律。如腾冲地区三年人口自然增长和粮食增长的情况,是根据需要分别采用分级统计图或直方统计图表示。归纳以上几种相对指标的不同作用,就不难看出,它们具有一个共同点,即事物的相关可比性。为此,在应用相对指标制图时,分析数据资料必须注意对比指标内容的一致性和单位与算法的统一性。对于某一现象的系列数据,若有缺项或与对比指标不相符,就必须加以调整或变换。可想而知,这类指标利于显示不同现象的对比水平和发展关系,但很难表明其具体的数量;甚至某些百分数,由于增长的基数不同,而产生相反的结果。因此,在运用相对指标时,除合理应用本身的几个相对指标外,还应与总量指标有机结合起来,有时也可以设计一种插图或图表,给予补充说明。此外,在计算相对指标时,对两个对比指标的数值差进行分析,也有助于表明它们的绝对量。这在图上可用数字注记表示之。总量指标和相对指标各有其特点和作用,但对于要反映事物诸现象的普遍水平或发展水平,那还得运用平均指标为宜。例如,腾冲统计图集内的粮食(如水稻、小麦等)亩产分布图就是以不同的数量标志,来比较不同地区的分布差异或同一地区不同时期的生产水平及其发展趋势的。

1. 统计制图中若干统计量的特性

在数据的统计分析中,首先须了解数据集中或离散的基本情况,这就要通过样本的某些统计量的计算。这些统计量,主要是算术平均数、几何平均数、众数、中位数和极差、平均差、标准差及方差等。

关于平均指标的含义和作用前面已提及,而算术平均数表征总体或样本的平均指标。其通式为:

$$\overline{x} = \sum_{i=1}^{n} x_i / n$$

式中,x_i 为统计对象的各项数值,$i = 1, 2, 3, \cdots, n$(总体单位个数)。但在实际计算中,平均数的值除了和各项统计数值有关外,还受各数值的次数影响,该次数$[f]$被称之为权数,这种权数必然影响到算术平均数,故也称为加权算术平均数,即:

$$\overline{x} = \sum f x_i / \sum f$$

这个式子在计算分级[①] 数列时,级平均数往往以该级的中值为代表,如 30 ~ 40 级的中值为 35,自然这中间存在有一定的误差,但计算简便。诸如此类的统计指标,在计算中应用甚广,如几何平均数、倒数平均数等。但在计算的实践中,对有些数据资料不必计算算术平均数,若仅作一般数量概念了解时,可采用众数,即频率曲线中出现次数最多的数值。这用直方图表示更是直观明显。在单项统计表中,次数(f)的标志值最大者就是众数。对于级距分级数列,在确定众数级后可按一定公式计算:

$$M_0 = L + \frac{f_n - f_{n-1}}{(f_n - f_{n-1}) + (f_n - f_{n+1})} \times d$$

式中,M_0 为级距分级数列众数;

　　　L 代表众数级之下限值;

　　　f_n 为众数级的次数;

　　　f_{n-1} 为众数级前相邻一级的次数;

　　　f_{n+1} 为众数级后相邻一级的次数;

　　　d 为众数级的级距。

由于众数计算不繁,便于代替算术平均数,故通常以众数来反映具有明显集中趋势的统计数据特征。

除此之外,也可采用中位数来说明社会现象的一般水平,以表征统计数据的集中趋势。中位数就是统计数据按大小顺序排列后位于该数列中间位置的数值。若数列是偶数的话,应取中间位置的两个数值之间的平均值作为中位数。倘使是分级的数列,且是级距数列,那么同样应先找出中位数级,然后可依公式计算中位数(M_e):

---

① 该术语在统计学中人们通称为分组,如分组数列等。但本文中考虑到地图制图学里传统所称的分级而用之。

$$M_e = L + \frac{\frac{\sum f}{2} - f_{m-1}}{f_m} \times d$$

式中，L 为中位数级的下限；

f_{m-1} 代表中位数级以前各级之和；

f_m 为中位数所在级的次数；

d 为中位数所在级的级距。

从中位数的含义可知，它不受统计数据的极端值影响，所以它在资料不全等情况下，反映社会现象普遍水平的内容较适宜。

归纳前面所述，众数和中位数都是近似值的计算，而算术平均数是按各个标志值计算所得的。因此，在分析数据和进行统计分级计算时，多数情况是采用算术平均数（即日常通称的平均数）。可见对以上这三种统计量的应用，是取决于用户的制图目的和要求，就其作用来看，它们主要是反映社会经济现象的普遍水平和分布情况，但同时可以从它们三者之间的关系来分析社会现象的变化规律。这些在资料整理、数据分级过程中，应视不同任务和数据特性而分析应用。

此外，在统计分级中往往采用极差、平均差和标准差等来反映统计数据值间的差异程度。

在一般的统计计算中，对于某一级数据的分布范围，最简便的方法是找到最小值和最大值，这两值的差数称之为极差，通过极差可了解其数据的变动程度，但由于它不能反映整个数列各数值的变化情况。所以，在测定数值变动度时可引用平均差这个统计量。平均差（$\overline{D}$）是统计数值与平均数离差的绝对值的平均。其公式为：

$$\overline{D} = \frac{\sum\limits_{i=1}^{n} |x - \bar{x}|}{n}$$

若是在分级次数（f）分配情况下，其公式是：

$$\overline{D} = \frac{\sum\limits_{i=1}^{n} |x - \bar{x}| f}{\sum f}$$

如果是级距数列，那么，必须先求出每级中值（m），再求平均差，其表达式为：

$$\overline{D} = \frac{\sum\limits_{i=1}^{n} |m - \bar{x}| f}{\sum f}$$

由上述公式中得知，平均差已考虑到各统计值的变化，但它只能取其离差的绝对值，因而它在应用时受到限制。而标准差就不存在这个问题。标准差是目前在统计分析制图中用来测定数据变动情况或离散程度最常用的一个统计量。标准差（σ）的公式如下：

$$\sigma = \sqrt{\frac{\sum_{i=1}^{n}(x_i - \bar{x})^2}{n}}$$

若在分级次数(f)分配情况下,其式子为:

$$\sigma = \sqrt{\frac{\sum_{i=1}^{n}(x_i - \bar{x})^2 f}{\sum f}}$$

若是级距数列,则公式为:

$$\sigma = \sqrt{\frac{\sum_{i=1}^{n}(m - \bar{x})^2 f}{\sum f}}$$

式中,m 为各级的中值。

从以上标准差的公式可知,其计算过程较复杂,故也可采用简算法。其公式为:

$$\sigma = \sqrt{\frac{\sum(x - A)^2}{n} - \left(\frac{\sum x}{n} - A\right)^2}$$

式中,A 为假定常数。

若在分级次数(f)分配情况下,则公式为:

$$\sigma = \sqrt{\frac{\sum f(x - A)^2}{\sum f} - \left(\frac{\sum fx}{\sum f} - A\right)^2}$$

若是级距数列,则公式为:

$$\sigma = d \cdot \sqrt{\frac{\sum f\left(\frac{m - A}{d}\right)^2}{\sum f} - \left[\frac{\sum f\left(\frac{m - A}{d}\right)}{\sum f}\right]^2}$$

式中 d 为级距。

在统计制图的数据计算过程中,人们常以标准差作为统计指标的分级依据。所以标准差也是分级计算的一个重要指标。但其他的统计量,同样是整个统计分析制图中不可缺少的应用参数。

2. 统计指标的分级与计算

统计数据的分级是统计制图中的一个重要环节。它关系到能否客观地反映社会现象,保证成图的质量。我们前面论及的各种不同特性的统计量,是统计数据制图中合理分析、准确分级的科学基础。但这里所说的指标分级是根据制图宗旨和事物的分布特征,遵循一定的分级标志将社会经济现象分成若干不同特性的级别。可见,统计分级包括两个基本含义,即数据的特性和分布的规律性。这是分级制图时应考虑的,它们先应确定区分的标志,然后研究划分的级别和级距,所以,它们需结合制图的具体要求,制定其分级原则:

(1)要反映社会经济现象的特征差异和类型的分布规律性。级数的划分既要注意事物的差异性,又要顾及现象的关联性,同时考虑制图单元大小,以便清晰易读。因此科学合理的分级是基于对制图现象严格研究基础之上的。

(2)要明显表征出某一要素内各级别之间的类型变异规律,而且还须考虑各种不同要素,或专题图组间的依存性和连贯性。比如,反映农业生产水平图组中的各种类型图(如粮食产量、施肥水平等),它们彼此间有不同特性,但相互间又有依存关系。故而在分级时要注意到承上启下、统一协调,做到级内最好的同质性,级间明显的差异性。

(3)分级中除了研究数量标志(或质量标志,也称品质标志)外,还应分析生物性和地理性。因为有些类型,单就数量标志来区分,往往难以客观地反映现象的本质,因此,就需要结合生物的地域规律性等因素来分析。另外,确定分级后,图例设计时应注意表明级别间强弱变化程度,以便表达出类别的变异和渐变性。那么,对于编制某种若干制图单元内缺少或没有统计指标的图幅,在选定类型界限值、设计图例符号时,应设法赋予示意性的标志值,用一种最弱级符号表示之。否则,在计算机符号图上就会出现空白现象。如腾冲统计图集中绿肥分布图就是按照这一原则处理的。

一般说,制图分级原则及其标志确定后,就可实现具体的类别划分。它们可以是最简单的和复杂的标志,或者单项式或级距式的。在常规的统计制图中,经常采用级距式分级,其关键在于选定标志数值变化明显的界限值(或阈值)或级距的数量界限。可见这中间有一个级距的选取(等距的或是非等距的),这主要视统计指标的性质而定,若某一数据系列呈现较匀称、较规则的变化,人们可选用等距分级;但在实际统计分析中的指标,其现象往往要复杂得多,所以,必须考虑多因素的分析划分,这样,区分结果往往是非等距的。对于这些分级,数组有连续性和非连续性的变化方式。我们在图集中的分级以不等距的非连续性形式为主。

大家知道,原始数据经过分级以后,就变成若干的数列,这比原来的数据要概括得多,这种分级数列,统计学上称作分布数列,在制图上可称之为分级指标。对计算机制图来说,分级指标是成图的一个重要变量。

必须指出,要得到合理的分级标志,获得准确的数量界限,对于复杂的统计数据,尤其是大量的成批资料,单凭目视经验分级显然是不够的,必须运用有关的数字统计原理和计算技术。这就要求选择适宜的分级方法,不论是常规统计制图或是计算机自动制图,目前最常用的分级方法不外乎是等差分级、等比分级、标准差分级、聚类分级、有序聚类分级和显著性检验分级等,它们各有不同的特点和要求。下面就几种常用的分级方法作概要介绍。

1) 等差分级

这是统计制图里最普遍、常用的一种分级方法。当统计数据变化较均匀,数值变动幅度不大,也即在直方图上标志值曲线呈线性分布,此时适宜采用该方法分级。它属于一种等距分级。在实际应用时,还可以根据具体的直方图分析,对标志界限值作适当调整,有时也可通过内插改进分级。如图集中的每人粮食占有量图,就是依此调整分级的。

2) 等比分级

其统计数字系列呈公比增长。研究对象的标志值在直方图上呈近似抛物线分布,同时统计指标极差较大时,采用等比分级。不过,选定基数时要考虑频率曲线分布的特点和分级的具体要求。这种几何级数法在统计制图中的应用有其一定的范围。

3) 标准差分级

根据标准差具有衡量统计指标及其均值偏差的特性和反映统计指标之离散的作用,在统计分级中,可用此方法按照算术平均值($\bar{x}$)和标准差(σ)的大小及统计指标的变动来确定分级指标,例如$\bar{x}$,$\bar{x} \pm \sigma$,$\bar{x} \pm 2\sigma$,$\bar{x} \pm 3\sigma$,…。但由此所获得的分级数值是实数。因此在应用这种方法分级时,通常需要做一些调整改进。

4) 聚类分级

这也是一种常用的分级方法。在经济现象统计分类中,首先将每一个统计标志值看成是一级,然后求出两个相邻数值之间的距离,逐个比较分级。其公式为:

$$D = \sqrt{\sum_{i=1}^{n} \frac{(x_i - x_k)^2}{n}}$$

据此式可求得距离系数矩阵,然后找出距离最近的级加以合并,这样反复改变分级的凝聚点,多次迭代,直到合并符合于预期分级目的为止。这种分级方法,程序编制设计较简单,计算速度快。其分类结果,级内各标本的同质性好,级间差异大。

5) 有序聚类法

根据样本统计指标,按照人们预选给定的级数,来划分级别。即样本统计指标具有一定的顺序,设为x_1,x_2,…,x_n,依此分成各级。凡同类别的级,其样本是相邻的。

设样本的统计指标为x_1,x_2,…,x_n(为m维向量),据此可求得其平均值$\bar{x}$,然后,可据距离(D)公式计算,考虑作为统计指标分级的样本是一维的,其表达式可写成:

$$D = \sum | x - \bar{x} |$$

式中$\bar{x}$可以是中位数。

6) 显著性检验分级法

该方法在计算时考虑到置信的因素,即置信的区间和水平,所以其分级结果具有一定的可信程度,并可反映现象分布差异的显著性。该分级法在统计制图中适于反映农业生产水平及其作物高产稳产农田分布的稳定程度。

以上各种分级方法的选择,均可通过统计指标直方图的计算、制作和分析来进行,即研究直方图的分布曲线特征,确定统计指标的分布类型,并结合地学理论的剖析加以选定。这种既依据数学规则计算,又通过地学分析来确定分级的界限值(或阈值),可以克服一定程序的机械性和主观性。但为使统计分级更富有科学性,必须根据各种不同数据特点,统计地图的性质及制图区域地理特征,深入分析研究,正确选用分级方法。

二、统计地图制图单元信息的分析和提取

在传统的专题地图编绘过程中,首先要解决地理底图的问题。对计算机地理制图来说,同样要有一个地理底图。地理底图是统计地图制图信息分析的基础,这对于分析并确定制图统计单元,进行底图数字化十分重要。

编图的首要任务,就是依据成图比例尺,选择适当的制图统计单元,对此若选的过小,就难以反映现象分布的规律性和地域的差异性;如果过大,那么单元内部的差异就会因过于概括,容易失去统计地图的实际意义。我们在腾冲统计地图集中选以公社(乡)为统计的基本单元。全国性统计地图通常以县为统计单元,省(区)级地图以县、乡作基本单元,县级统计地图一般以乡或自然村为单元较合适,但这应视具体条件而选取。

上述各种不同的制图单元,都务必实现模/数转换,然后存储于计算机内。但由于统计图型的不同,这种数字化所采用的方法也就不同。从统计地图的成图系统来看,其底图信息数字化应采用网格数据结构形式,使模/数转换后得到的数据纳入行、列格式。这种逐行实现数字化的方式,称之为扫描数字化法。传统的手工过程:①将需要数字化的底图要素(如行政区域单元),转绘到按一定比例大小的透明纸(或塑料片)上,并叠置在已准备好的行式字符纸上(一般采用制图区内印满相同字符的行列打印纸),作为统计行列的网格;②根据成图的需求,选择适当的记录格式,确定制图单元,获得图式图例的位置信息。

数字记录的方式有:

(1)逐点记录方式。即每个统计网格都逐一予以记录。显然,它适用于统计单元小的情况。这种方式数字化较方便简易,便于查对修正,但其记录的卡片量大。对于这种底图数字化界线也可留出间隔或空白线,其记录形式为:

$$P, L, \cdots$$

其中 P 为制图统计单元的代码,例如 P 代表某一公社(乡);L 代表某一单元的界线代码。

(2)按列的起迄点记录,其特点并非按行逐点记录,而是将 i 行的制图统计单元的起点或终点位置信息及单元代码记录下来。其数字化记录格式为:

$$P, B(或终点)$$

其中 B 为起始字符或终止字符的位置信息。由此可见,此种方式宜用于沿行方向延伸较大的制图单元的数字化。

(3)以单元界线、代码和起始字符位置信息的记录形式,即 L,P,B 形式。腾冲统计地图集中以行式打印的柱状符号反映的机耕能力图就是依照这一数字化形式记录的。(2)、(3)这两种记录格式的数字化量较小,因为它只需记录每行的起点,至于终点可由下一单元代码(代号)减 1 求得。

上述这三种数字化的方式,都是按式输出计算机符号统计地图而考虑的。所以凡需要数字化的地理信息均是以网格形式记录,故也可称之为网格数据系统。但在实际工

作中,往往选用数控绘图仪输出各种统计地图。为此,在应用上述数字化方式的同时,我们也试验了多边形数据系统。

对于多边形图形(如行政区域单元或自然轮廓单元)的数字化有多种方法。一般常用的方法就是将诸制图单元给出特征码,然后按照一定的单元编码顺序逐点数字化,将由此而得到的数字化结果按单元分线段进行排列整理计算处理,且使它们存放于同一单元的数组中。这样,输出时可将同一单元的诸线段提取,形成制图的多边形单元文件,也称多边形数据结构系统。这种数字化方法,通常采用半自动数字化仪或手扶跟踪数字化仪实现。如果没有上述这类数字化仪的条件,人们可采用简单的手工数字化办法。即将所需的地理内容复制于透明纸,并置于米格纸上,然后把预先标出的单元轮廓线特征点读出,并按一定格式记录(见图7-2)。其方法步骤:①确定多边形单元的起始点和相邻多边形的交叉点,如图7-2中 I 的1,3,4点。②按一定方向以 O 为原点,以绝对坐标读出 x,y 值(数字化的记录方式可视用户的要求而定),并使其起迄点闭合一致。其他多边形数字化时,凡与已数字化的图形有公共边,该边的特征点坐标值可转抄,免得产生相邻边的裂隙或差错。

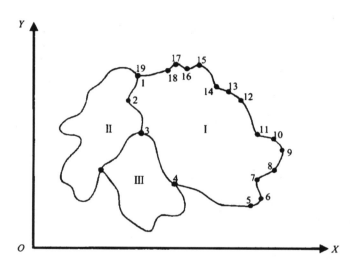

图7-2　多边形图形数字化编码示意图

这种以制图多边形为单元的手工数字化方法,设备、技术简单,易于推广。但由于手工进行,速度慢,且易出现误差;绘图机输出图形时,凡相邻多边形之公共边出现重复描绘。因此,这种数字化方法一般适用于制图区域较小,尚无设备条件下,且图形不甚复杂之类的统计制图。

对于一些大区域的制图,且考虑建立区域地图数据库的,应借助于数字化设备,选用合适的数字记录格式,实现统一编码(包括单元代码、界线特征码、中心或行政中心位置序号等),便于文件数据的检索和内容的更新与订正。

由此可见,统计制图的底图数字化是一项细致而又繁重,事关成图精度的重要基础工作。

综上所述,可以认为,以上两种数据结构系统是目前机助统计制图中常用的数字化记录形式,它们直接会影响到成图的效果。所以,在底图数字化前,必须保证制图单元的正确性,满足成图的精度和投影的要求。在数字化时需要对底图的制图单元等进行必要的取舍综合,标定多边形轮廓线上的特征点和各要素的代码;而且对制图区需设计好图面配置(包括图名、图例、注记和图框等),以便作为数字化时的参考图。其目的是将底图信息变换成数字码,构成矩阵式的数字底图,提供计算机计算、分类,以编制各种统计地图。

第三节　专题统计制图系统程序设计与应用

一、系统程序的设计编制

前面提到的地理底图信息分析,主要是为编制统计地图而服务的,是成图中地理要素匹配文件准备阶段。但统计地图制图自动化的根本点还在于制图软件的研制,它也可以说是机助制图整个工艺过程里最关键的一个环节。

在计算机自动编制统计地图的实践中,设计某一单要素图的程序是不难实现的。但作为一个系列图组、图集的研制,需从底图的分析提取、地图内容的分级指标、制图的对象和输出图形等方面进行系统的设计研究。前面所列举的机助统计制图程序系统(见图 7-1),是腾冲农业统计地图集基本编制工艺的总结。它是完成该图集编制的技术保证,是当时一个功能较多的软件系统。

该系统是由如下几个具有独立功能的程序组构成:

- 数据分析预处理程序组;
- 统计数据分级计算程序组;
- 图形显示程序组;
- 数据结构转换和面状图形符号程序组。

它们可分别实现原始统计数据的分析排队,计算并打印直方图,确定数据分级指标,给出类型界限值,同时采用一定的图式符号予以表示,输出各种不同类型的统计地图。下面我们就该系统中各组代表性程序的设计思想和功能分别给予简要的介绍,以使机助统计制图的程序系统不断改进、优化和完善。

1. 数据分析预处理程序组

这是为输人原始数据进行初步分析而设计的一组预处理程序。它包括统计数据的查错改正、面积、长度量算、数据排队整理和分析结果打印(如打印直方图)等程序。

在模/数转换过程中,由于人为或仪器的原因,往往会出现数字化信息的差错。例如,记录格式、数据转换或换行符号漏失等错误,这些差错依靠人工检查是十分困难的,但可以根据数字化的规则与记录格式、数据的位数及换行标志所处位置的相关性,通过程序的安排实现自动检查和改正。这对量算面积具有重要意义。因为据此而得到的单元面积还可与有关的统计数据组合,计算成相对指标,派生出新的图形。

另外,用户所采用的原始数据,通常是未经整理、不规则或没有规律的数量指标。该组程序的一个主要功能就是通过对原始数据排队整理成具有条理化,能反映出一定规律性的一组数据,将其存入磁盘,形成排队文件,同时打印出直方图,以供分级参考。

利用直方图的分布曲线,有助于分级标志的研究。比如腾冲县 22 乡,2000 多个村的粮食生产水平参差不齐,若要从其单产指标里反映全县的生产基本水平,就可通过直方图计算打印而得。

直方图上横坐标表示粮食单产,纵坐标代表具有某一单产水平的自然村个数。从该直方图的分布,就有助于确定分级的界限值。

2. 统计数据分级计算程序组

统计制图学研究的一个重要内容是统计分级问题。因为它关系到统计地图能否客观反映社会经济现象的基本特征及其分布规律,从而揭示事物的本质与其内在的联系。各种社会现象和自然要素一样,它们都隐含着一定的规律性,然而统计数据分级准确性是社会经济现象在地图上表现科学性的关键。

这无论是对传统的统计制图或现代的机助统计制图,在计算机日益普及与其技术高度发展的今天,统计指标自动分级的研究是一个重要的课题。

我们针对这种实际的发展,结合图集的编制,运用基本的数理统计原理,应用了上述几种较常用的统计分析方法,设计了这组分级程序。其逻辑关系与分级流程如图 7-3 所示。

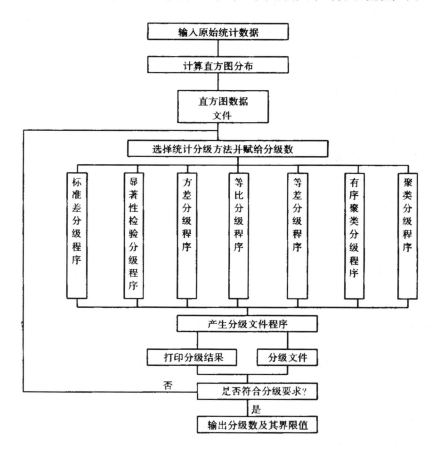

图 7-3　统计分级程度组逻辑关系与分级流程示意图

上述各种统计分级方法,均有其不同的特点。在图集编制中,我们对这些常用的方法作了实验分析对比。试验表明,不同的制图分级对象,应择其适当的方法来处理。但各方法间又并非截然无关的,它们有一个对比应用的问题,从中选定适宜的分级方法。比如作物单产的分级,经过等差、标准差分别计算结果表明,以标准差分级效果较好。有时也可选用几种方法结合使用。例如,显著性检验分级法对数量概念难以反映,为此可同时采用等比分级,运用不同的表示方式,这样既可对同一现象客观地反映出统计指标差异的显著程度,而且又能表明现象的数量差异,做到扬长避短。另外对于分级界线,还应考虑某些数理统计理论和技术难以实现的特定因素进行必要的调整,使之计算技术与逻辑思维分析判断密切结合,从而使统计分级取得更理想的结果。

自然,不同的分级方法都有其一定的算法,对其分级的统计指标也有一定的要求。比如有序聚类分级法,就要求有一定的排列次序(如数据大小、时间或位置排序),图7-4 即为其程序逻辑示意框图。

本程序实验表明,它宜用于统计指标的有序排列的分级。程序中只需给定统计指标个数和需划分级数,就可自动计算并输出所分之级数。可见,在这相同的指标数中,若给出若干种分级数,那可获取几个不同的分级结果,以便作对比分析,研究选取最符合实际的分级指标,使统计地图的内容得以客观真实地反映。

3. 图形显示程序组

统计指标经计算处理后,最终往往是以图形来显示。以前,在通用计算机上,一般是通过行式打印机或数控绘图仪等外围设备输出点状、线状、面状和组合结构符号之类的图形。

图集编制过程中,根据内容、结构、图形和输出设备条件,我们设计了几种不同功能的图形显示程序,如行式符号程序、线划面状符号程序、个体符号及其结构符号程序和行式图表程序等。它们宜用于绝对数量指标、相对数量指标、算术平均数等各种统计指标。

依照数据结构、制图单元形式和输出图形的特点,可将它们归纳为多边形系统、个体符号与结构的线划面状符号系统和网格系统等几种程序。

1) 多边形系统

它是指以制图单元的行政区域或地理单元呈现不规则多边形的图形结构为基础,研究专题类型图的处理和输出图形的有关程序体系。在其中应用较广泛的是数据分类的专题制图范畴。而它最常用的是线划面状符号。它们包括多边形文件的建立、信息的提取、类型的合并和线划符号等程序。

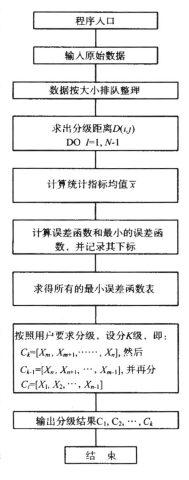

图 7-4 有序聚类分级法
分级程序框图

程序入口

输入原始数据

数据按大小排队整理

求出分级距离 $D(i, J)$
DO $I=1, N-1$

计算统计指标均值 $\bar{x}$

计算误差函数和最小的误差函数,并记录其下标

求得所有的最小误差函数表

按照用户要求分级,设分 K 级,即:
$C_k=[X_m, X_{m+1}, \cdots\cdots, X_n]$,然后
$C_{k-1}=[X_n, X_{m+1}, \cdots, X_{m-1}]$,并再分
$C_i=[X_1, X_2, \cdots, X_{m-1}]$

输出分级结果 $C_1, C_2, \cdots, C_k$

结 束

2）线划面状符号系统

这是一个功能较好、用途广的多边形结构图形输出程序。其设计的目的,是要在任何一种不规则的闭合多边形内自动填绘各种线划符号(如等距实线,双实线,虚线等),通过各种不同的统计指标来显示现象的数量和质量的分布差异。程序的基本思想,是将制图的行政区域或地理轮廓单元作为统计制图的最基本单元,然后将单元编码通过模/数转换,计算处理和线段整理排队从而产生完整的多边形线段文件,最后在闭合多边形内根据统计指标计算出线划间距,按照给定的线划类型及角度,描绘出预定的线划符号。

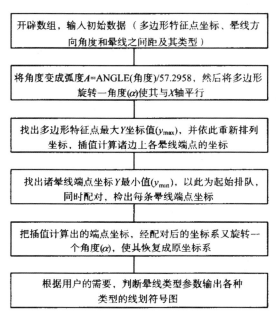

图 7-5　晕线程序逻辑过程框图

该程序的算法原理及逻辑过程如图 7-5 所示。

(1) 将制图区多边形特征点坐标实现角度旋转变换,使要绘出的晕线平行于 X 轴。其旋转公式:

$$x_t = X_t \cos\alpha - Y_t \sin\alpha$$

$$y_t = X_t \sin\alpha + Y_t \cos\alpha$$

(2) 寻找多边形最小和最大 Y 坐标值。以便使多边形值的起始点安排在该多边形边界坐标中最大 Y 坐标值所在点上 $(X, Y_{\max})$,并将坐标点据该起始点重新组织排列顺序,这样,把误差分配在多边形最上端,使其基本上感觉不出多边形缺线或多线现象。

(3) 根据多边形起始点计算各边界线上的晕线端点坐标值。

边界线与晕线交点的坐标值表示式为:

$$Y_J = n \cdot \Delta S$$

$$X_J = x_t + \Delta X (Y_J - y_t)/\Delta Y$$

式中, n 为多边形晕线条数;

ΔS 代表晕线的间距;

$$\Delta X = x_{t+1} - x_t$$

$$\Delta Y = y_{t+1} - y_t$$

(4) 晕线端点的排队、坐标配对和判别检索。经插值计算所得的端点,对于一条晕线来说至少有两个,故应将同一条晕线上的端点统统检出,然后以最小 Y 坐标值为起始,将诸端点坐标进行排队整理。于是,可依据每条晕线的 Y 坐标在晕线端点坐标中进行配对,同时检出该多边形为 Y 值相同的每条晕线端点坐标。

为了节省绘图时间,将同一条晕线端点都检出后,可按端点 X 坐标值的大小重新排队。它们可依绘图笔所走的方向,将 X 坐标值由小至大或由大至小的顺序排列,以利于绘图笔从左到右行进,然后再从右向左方向返回,在指定区域内填绘晕线。

这里需指出,在描绘晕线之前,首先需要将原来旋转一角度 α 的多边形特征点坐标系,予以复原,使描绘的晕线符合于原设计的晕线角度的要求。对于晕线的类型,用户可视图型的特点,在主程序中赋于所需参数来实现。

该程序可采用各种统计指标,尤其是适用于相对指标编制不同的专题统计地图,以反映社会经济现象的分布和特征差异。例如分级统计图中的人口密度图和区划图等。

上面介绍的线划面状符号程序,是解决多边形面状分布的图形显示问题。但实际应用中许多现象的绝对指标,一般宜用独立的个体符号和组合结构符号表示。它们也是以多边形为制图基本单元,故也可归属于多边形系统,然而它又是以多边形中心坐标或行政中心作为独立符号的制图位置来表达统计现象的内容。对此,我们研究了各种几何图形符号、象形几何形符号、环形结构符号和组合图形符号等。其主要功能,是以绝对统计指标反映社会经济现象的数量和质量特征。通常以符号的形状来反映现象的质量差别,用符号的大小表示对象的数量差异,采用结构符号(如环形结构)来表征事物内部的构成;另外,运用各种个体符号进行有机的组合来表明现象的变化或发展趋势。这些我们都相应地编制了各种有关的个体符号程序。

例如,圆柱状符号子程序,只要确定图形中心位置坐标(x,y)、圆柱形符号的长、宽(xA,yA)和圆柱形的高(H)几个参数,就可实现柱形符号的绘制目的。其中 H 参数是按统计数据的分级界限值而定的。这样柱状的高度就代表各不同制图单元内现象的数量指标差异。

该程序就是依据三角函数的基本关系进行设计(见图 7-6a)。其表示式可写成:

$$y_1 = \sin a * yA$$

$$x_1 = \cos a * yA$$

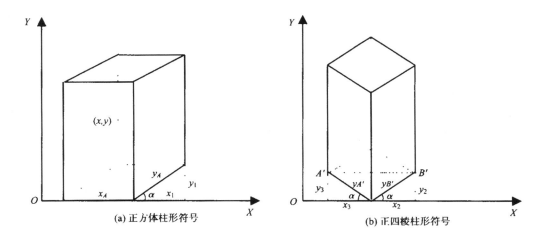

(a) 正方体柱形符号   (b) 正四棱柱形符号

图 7-6 柱形符号示意图

此外,依此原理同样可绘出另一形态的柱形符号(见图7-6b),其表示可写成:

$$y_2 = \sin\alpha * yB'$$

$$x_2 = \cos\alpha * yB'$$

$$y_3 = \sin\alpha * yA'$$

$$x_3 = -\cos\alpha * yA'$$

上述这种个体柱形符号,同样可将其组合,用以表示现象的变化或发展趋势。其方法只需给定若干个中心位置坐标,按照一定的距离和顺序及统计指标就可执行。柱形的长(xA)、宽(yA)由用户具体选定。对此,应指出一点,每个多边形内的若干个指标对比变化较大时,采用此法为宜。另外,为了节省绘图时间,每个多边形里需表示若干指标的中心位置坐标也应同时给出,以便几个柱形组合符号一次输出。

此外,有的个体符号可以通过重叠组合成一种新型的符号。比如,描绘单个三角形符号程序中,稍加处理就能达到新符号绘制的要求。

设第一次调用三角形符号子程序绘出一个三角形,即:

$$XD = XA(J)$$

$$YD = YA(J)$$

$$HX = C * SQRT(PA(L))$$

$$HY = C * SQRT(PA(L))$$

$$CALL \quad ANGNA(XD, YD, O, HX, HY, 1, 0.)$$

若在此符号上要绘制一倒置三角形,就只须改变中心点的 YD 坐标就行。即:

$$YB = YD - (C * CQRT(PA(L)))/3$$

$$CALL \quad ANGNA(XD, YB, O, HX, HY, 1, 0.)$$

由此而组合绘制成的六角星形符号就可用来表示用电量的统计指标。自然,这比单独设计一火电形符号要经济方便得多。

在组合结构符号设计中,还可采用几种不同的个体符号组合成多指标结构的综合符号。例如,用柱形符号和菱形符号组合,同时反映某一制图统计单元的多种指标。在此程序设计中,必须注意研究对象的可比性及现象的比例关系。为此对这种综合性符号的多指标务必综合考虑计算,有时应加权处理。否则,某个单项指标会影响综合符号的结构和比例协调性。因此,关于诸项要素指标的中心位置坐标,在程序设计中应作适当的安排,使其适中美观。这类符号宜采用绝对指标反映制图单元内的基本情况,如土地总面积、人口总数、粮食总产量和耕地面积等。这种表示法,不仅同时显示出几种主要指标的数量特征和彼此差异,而且可比较出相互间的内在关系和发展水平。

对于比较结构指标的表示,我们设计了一种环形结构符号,其基本原理是以圆的面积代表所要表示的现象总量,然后根据现象的组成部分数,将圆面积按照各组成部分的百分比计算,划分为若干扇形,其一般步骤:

第一步：依据总量指标，取其适合的数值（考虑制图区内总量指标最小和最大值的比例关系），以半径（r）画圆，$r = k\sqrt{M}$，k 为比例常数，M 为总量指标数值；

第二步：计算总量的各构成部分在整个圆面积中所占的百分比（%），将其乘以 360，即为每一组成部分的角度数（可化成弧度）；

第三步：确定起始角，按统计指标的每一构成部分的角度数，以一定方向顺序计算出各部分应占有的度数点值，最后由绘图机连结诸构成部分的扇形线，而每一扇形之内部还可调用晕线符号程序填绘各种不同的符号，以增强各部分指标的差异性。

在腾冲农业统计图集中，耕地构成图、民族和少数民族组成图等均是采用环形结构符号绘制的。此外，如工业、农业部门构成图等同样宜用上述方法表示。不过对此方法必须注意一点，即每个制图单元环形符号的统计指标构成的项数并非都相同。例如，腾冲县各乡少数民族构成图表示符号（每个乡最多由 7 个少数民族构成，但有的乡只有 3 或 4 个少数民族，于是每一制图单元内环形符号里的扇形构成数也不同，这样由同一起始角度按同一顺序描绘各指标的扇形，其内容并非——适应排列的。

故在环形结构符号图中的扇形内容不能依序号填绘代号，而应经统计指标构成图表数值，来确定实际分布的扇形内容。

另外，在统计制图表示符号中，还有一种文字符号，它们可利用字符（如英文字母等）与阿拉伯数码，用来表示工业和矿业资源的种类、分布及其数量大小。这种符号可读性强，方法也很简单。对此，在程序设计中可将有关字符信息预先存放于数据场里，以便输出时任意选用。它们多适用于矿产分布之类的统计制图。

个体符号及其结构符号子程序，均可在统一的数字化底图上，调用同一主程序，实现各种个体与组合符号的绘制。主程序的逻辑框图见图 7-7。

3）网格系统

在计算机专题制图中，目前最常用的一种方法是将制图区按照一定的精度要求划分成规则的网格，作为制图内容的最小基本单元，用以数据的存取、分析处理和制图。采用网格数据结构，研制输入、加工处理和输出的系列程序过程称为网格系统。

这类网格制图方法、技术、设备比较简便，成图速度快，费用成本低，程序设计简易；利用推广普及。其输出图形适于地理调查分析和评价等研究。

下面我们就网格系统制图的程序研究作一简述。

系统的图形输出设备一般为行式打印机，其输出的图形就是根据统计指标（绝对的或相

图 7-7　绘制个体与结构符号的
主程序逻辑过程示意图

对的),按照数理统计分析的原则与方法,通过数学计算分级,然后设计一组字符多次覆盖打印而成。

程序设计的逻辑原理,是在数字化底图上将统计分级标志值等专题内容转化成数字,同时通过行列扫描判别代号,最后分别归位,选用预先设计好的字符,经多次重复组合,输出所需的统计类型图。

现以行式字符面状符号程序为例,说明其特点和设计的基本思想。本程序的主要功能是为了实现各种社会经济现象的数量统计,依据不同的指标值,进行自动制图。程序编制要求有通用性、调用灵活性。鉴此原则,我们所研制的程序具有这样几个特点:①同一基础底图可供编制各种行式打印统计地图,使制图要素数字化后一次输入存盘或记带,形成网格底图数字文件,从而提高其应用的效果。②统计指标(如绝对指标、相对指标、平均指标等)变换的灵活性,成图内容可视用户的要求而予以变更,它只需增加几张统计指标数据卡片,就可获得相应的几幅专题统计地图。③增强统计指标分级标志的选择性。对于统计地图的分级,由于采用的方法和算法不同,其分级标志值往往需多次试验,从中对比分析而定。例如有序聚类分级法,根据设计者的几种分级要求,可获得若干种分级标志值,然而究竟哪一种分级标志值最接近反映客观实际,还得根据输出图形的分析选取。该程序中分级指标的可变性能使若干种分级指标同时输入,经处理输出相应的统计图形,便于对比选取。④图形表示方法的可变性。一般说,行式符号地图是以单个或多个字符组合而表示的,而图形分级的层次清晰度和级间渐变性与字符组合的设计有着密切的关系。这尤其是对于不同性质内容的图型,需要采用不同的组合字符来表示,于是改变图例就可以输出不同符号的图形。

执行程序的过程,首先把按统计数值和内容而设计的若干组字符赋于初始值,然后输入专题统计数据和分级数值,同时将各制图单元的统计数据转换成等级数字。这样可经判别决定其归属,从而找出相应的符号,在底图的各自位置上由行式打印机输出各种统计地图。

该程序首先开辟底图数组 IMAGE(I,J) 并读入,

例如　　　　　　 READ(105,1)　　 ((IMAGE(I,J),I = 1, L), J = 1, M)

这一语句使制图的数字化底图存入计算机,用作编制各种统计地图的基础,以实现底图不变的功能。至于统计内容和图形分级标志的改变,是通过转向语句来执行的。例如

10 READ(105,2, END = 50) (LB(I), I = 1, K), N_1, N_2, N_3, N_4, N_5, …

　　⋮

　GO　TO　10

　50　STOP

其中 LB(I) 代表统计指标内容,N_1…N_5,为分级数值,K 代表制图单元个数。

图形符号的改变是借助于计数变量(I8)来完成的。设赋初始值:

　　　　DATA　IA1/1H, 1H, 1H/, 1H = , IHM, IHX, 1HO, 1HS,……/

　　　　DATA　IA2/1H, 1H, 1H, 1H, 1H = , 1HH, 1H, 1H,……/

　　　　DATA　IA3/1H, 1H, 1H, 1H, 1H, 1H, 1HX, 1H,……/

（若程序里安置五种图形符号,即每一初始值应为 $8 \times 5 = 40$。）

$$\vdots$$

$$I8 = I8 + 8$$

$$IF(I8 \cdot LT \cdot 40) \quad GO \quad TO \quad 10$$

$$I8 = 0$$

$$GO \quad TO \quad 10$$

其结果一次输出就可得到五种不同符号表示的图形。可见,用户如要输出更多的符号图形,只要设计更多种组合符号置于 DATA 中。

本程序是经过多次反复试验优化而成。其特点是,一次输入若干种统计指标,就可同时输出相应种地图。它主要适用于表达相对指标面状分布的统计地图。

关于绝对指标的表示,我们在该程序的基础上又设计出另一种柱状符号程序,即以柱状符号代表绝对指标所反映现象的数量特征。

关于这种行式打印柱状分布图,在程序安排时,对整个制图区各统计单元内的统计指标作一统筹估算,从而确定代表各种内容的符号权值。其要求:①柱状符号位置尽量居中于制图单元;②代表专题内容的符号数排列成的柱状图形,以不超过制图单元的轮廓界线为宜;③图形符号的选择,应注意轮廓线和制图符号的清晰度及易读性。

该程序宜采用统计总量指标,例如腾冲统计地图集中的机耕能力图就是采用这一表示方法编成的。该图中用每个符号代表拖拉机台数和马力数,于是符号的总个数就表明拖拉机的总台数。

综合上述,我们通过传统统计制图方法的分析和计算机制图特点的研究,设计了上述三种图形系统。它基本上满足了专题机助统计制图的要求。图形显示的类型可由用户选取。

4. 数据结构转换和面状图形符号程序组

上述的网格系统和多边形系统是地理分析和编制专题地图的基本方法。它们两者之间的数据结构不一,输出设备也不相同,但它们之间的数据文件可通过程序的处理加以变换,如网格数据信息转换成多边形数据文件。

显然,这不仅增强了两个系统间功能的通用性,而且扩大了彼此的应用范围。

该组程序研制的宗旨,在于增强统计制图现象的表现力和地图编绘的实用性。因为面状图形符号是自然地图和社会经济地图编绘中应用较广泛的一种表示方法。所以,数据变换绘制图形符号程序具有实际意义。

数据变换绘制图形符号程序的原理,就是将网格单元与其周围四个相邻方向的网格单元值作比较,若它们间其中有一个网格值不同,即该网格单元值为边界网格信息;如果它们的网格值都相同,那么,这个被比较的网格单元值为中心网格单元值,并赋以负值,将其冲去,从而保留边界网格信息。这样使网格数值转换成多边形数值,这就有可能通过网格-多边形数据变换程序来实现。网格图形在绘图机上输出多边形线划图。

其计算步骤:①确定网格单元位置的坐标值;②逐一追踪排队出边界多边形的平面坐

标。应注意的一点,在计算处理过程中须将内边界坐标值和公共边界坐标值消去。最后可获得多边形线段坐标文件;从而输出专题多边形类型图。

这样,输出的图形乃是类型轮廓线图(或是注记有类型序号的多边形类型图)。根据专题制图的特点和需要,为了使多边形地图更富有统计地图的特色,我们在晕线程序的基础上发展了一组面状图形符号程序,这对于统计制图具有实际的应用价值。其功能是在多边形轮廓线内填绘各种所需的点、线和几何或象形符号,以显示社会经济现象的数量及其差异。

该组程序由三个子程序块设计成套合式的结构,组成串连式调用。因此,在主程序中给实际参数时,用户只要给出符号间的距离、符号的角度及其类型代码(号)等参数就可实行符号的自动绘制。其步骤:①读入闭合多边形界坐标数据,调用直线插补程序绘出多边形轮廓线或图框;②输入符号的代码(号)、符号的角度和统计指标数值;③重读闭合多边坐标数据;④给出符号纵向、横向间距和符号类型等实际参数。其过程见图7-8。

该组程序设计的主要目的是为了自动绘制统计图形符号专题图。它们尤其适用于反映地理区域分异规律、社会经济现象质量差异的分级、分区统计地图。例如人口密度图、综合农业区划图等类型和区划图。对于自然条件要素图,不同的图型可依据用户的要求设计任何一种个体符号,它们在程序中以初始值赋予,用来满足各类图形符号的表示。

二、专题统计地图集的系统制图应用

该软件的研制是在图集总体设计思想的指导下进行的,因此程序系统具有一定的制图逻辑思路。那么,这一套程序能否符合设计的要求,达到自动编图的预期目的,我们结合腾冲农业统计地图集的编制,对该软件作了多方面的试验,并应用于实践。

农业是实现"四化"的国民经济基础,要实现农业现代化,必须千方百计地促进农业生产技术发展,加强科学生产管理。所以应用计算机开展农业统计地图的编制,是为适应农业发展形势的需要,进行农业区划、土地规划、国土整治,指导工农业生产与现代农业科学生产管理不可缺少的重要措施。

《腾冲农业统计地图集》的编制是探索快速成图,缩短编图周期,增强地图现实性,提高地图科学内容的首次尝试。图集选题包括序图、土地和劳力条件、农业现代化水平和农业生产状况四个部分,图集结构系统见图7-9。

该图集中60幅统计地图或图表,均系根据该县三年统计指标及遥感图像解译所获取的数据,利用通用计算机及其外围设备行式打印机和数控绘图仪(脱机),通过上述统计制图软件系统实现的,系我国首次出版(1985)的机助编制图集。

利用计算机实现统计图集的编制工艺过程大致有如下几个基本阶段:①统计数据整理分析和底图数字化;②统计指标的分级,制图文件的生成;③根据不同图形系统,输出统计地图。这三个过程有其一定的阶段性,同时又有必然的关联性。

在图型设计中,用户可对制图软件系统中的网格系统、多边形系统、个体符号及其组合符号系统任意选取。这就要求在资料分析阶段,须按设计的图型将统计指标整理分类,如:绝对指标、相对指标、平均指标与其极值等,从而确定相应的指标数值,同时选择所需的图形系统。例如粮食总产量图,就是采用总量指标,选择网格图形系统成图的。对于此

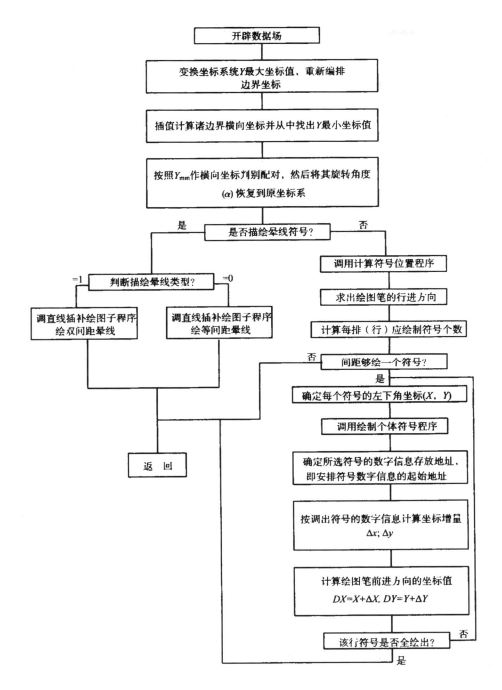

图 7-8　面状图形符号程序设计逻辑结构框图

类图形：①数据分级不宜过多，一般不超过 10 级。若在 10 级以上，由于字符组合表示有限等原因，就难以使级别间较好地区分，尤其是最后几级。据试验认为，通常以 6 级或 8 级为宜；②字符的选择及组合符号的设计必须以各个等级能否区别、协调为标准。符号组合的原则应考虑其灰阶和形状，相邻级的灰阶应易区分，又不跳级，符号开头也应有层次

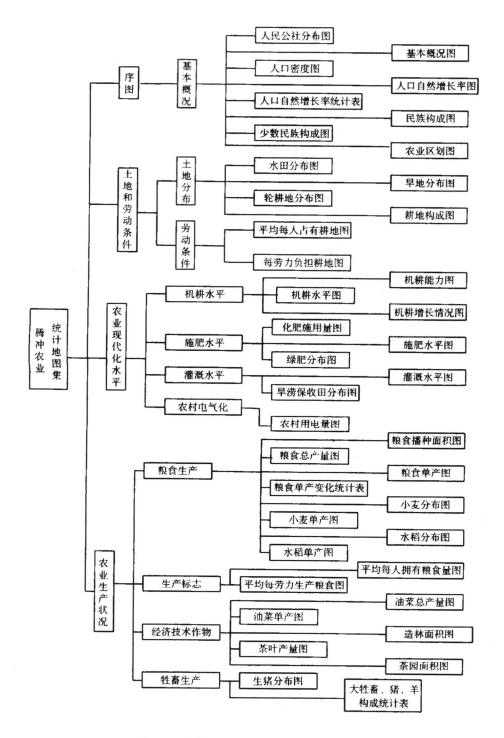

图 7-9　腾冲农业统计地图集结构系统框图

的差异,尽量避免混淆;否则,图形缩小后无法区分相邻级别;③图面配置要合理适宜。图例、图框等安排应在底图数字化前就考虑妥当,诸如此类都是保证成图质量的因素。

对多边形图形来说,一般采用相对指标来反映现象分布的质量差异,如人口密度等分级统计图。这种图型采用绘图机输出,故而在程序中:①图例应预先考虑好配置问题,并将其按多边形进行模/数转换;描绘晕线时,图例指标值必须与统计数据分级数值相对应;②线划的角度应该周密地设计,角度方向不应杂乱,通常选择三、四个顺向的不同角度较合适。若是面状图形符号,一般选用水平角(0°)。对相同等级指标,赋角度参数时,角度值必须相等;③线划类型密度往往由统计指标的相对标志值(M)而定,但它又常因各制图单元的指标值过于悬殊(即最大值、最小值)而影响晕线密度的对比性,故晕线的间距(Δs)可用此式表示:

$\Delta s = c/\sqrt{M}$(式中 c 就是为改进晕线密度而考虑的常数)如果要使晕线交叉重叠描绘,那么在主程序里应给出另一个角度数组。凡不需交叉描绘的制图单元,角度参数赋零值。至于晕线的类型也应在主程序中给予确定。倘使多边形内需填绘面状图形符号,即须将个体符号的代号在类型参数中一一给出,这样就可获得用户所需的理想图形。

若以个体符号及其组合图形系统成图,须考虑反映现象的符号极值,以便依据统计指标(M)选取一常数(c)来确定符号的长度(hx),宽度(或高 hy),其表达式为:

$hx = c_1 \sqrt{M}$,$hy = c_2 \sqrt{M}$。符号的长、宽值将直接影响图面符号的大小,从而关系到符号在地图上分布的协调性。

以上几种图形系统,可以相互补充。

这样,使该制图程序系统的功能较全、图型较多、调用灵活,便于推广应用。它适用于专题制图,尤其是统计地图制图。这对于全国性的国土整治、人口普查工作等具有科学意义,同时为改变冗长的成图周期,及时地反映现象的动态变化规律,实现周期性的专题统计制图,提供现势性好的地图,直接为生产管理和科学研究工作服务。

此外,由于机助统计制图系统拥有分析、派生、组合的功能和随机输出的灵活性,因此它为建立区域性的专题地图数据库奠定了重要的科学基础,并提供了技术保证。这有助于深化研究数据库的程序结构、数据存取方法、文件检索技术和数据库之间的接口等等有关问题。

目前遥感资料源源不断的积累,由此而形成的图件也日益丰富,所有这些都为专题制图提供了直接或间接的数据。这些都需要有一个合理而简明的管理和检索系统。它们均要求有高速度、大容量的计算机系统,进行数据分析处理、存储和检索,实现自动制图。因此,今后应深入研究,以逐步实现适应于我国生产水平和科研需要的一套多功能、用途广、经济实用的计算机专题制图系统。其计算技术方法及成图工艺流程应该:①简化、改进数字化方法,并应从自然、社会经济等综合要素分析着手,全盘考虑底图的数字化,以便建立较完整的地图数据库;②系统地研究地图类型分级的数学方法,建立起标准化的数学模式,分析各种分级方法的应用范围及精度要求;③对比分析各种程序算法,加强多因子分析方法的研究,使数据处理程序更臻于完善;④改进和设计图形的表示,改变单调的图形表现技巧,使图形表示丰富多彩,以使适应各类专题地图的自动编制和满足于国民经济的需要,同时更有力地促进现代专题地图学的迅速发展。

参 考 文 献

[1] 陈述彭著.地学的探索·遥感应用.科学出版社,1990

［2］　陈述彭主编.区域地理信息分析方法与应用.科学出版社,1990,54～78

［3］　傅肃性、何建邦、赵锐等.计算机机助编制统计地图方法的研究.测绘学报,1981(4)

［4］　廖克等编著.农业地图.测绘出版社,1991,213～220

［5］　傅肃性、曹桂发.现代专题制图系统中面状符号的软件研究.地理研究,1983(3)

［6］　中国科学院地理研究所等译.地图制图自动化译文专辑(第一集).测绘出版社,1981

第八章　生物资源遥感分析与制图

生物资源也是一种可更新的再生资源,它包括陆地和海洋中的生物资源,即动物资源、植物资源和微生物资源。

对于这些资源的调查,通常是以野外调查为主要方法,随着遥感技术的发展,人们较广泛地利用遥感资料,结合野外典型考察,通过室内分析判读成图。

遥感在生物资源领域中的应用,包括森林资源、植被制图,自然保护区的调查制图,水生植物调查和动物区系的研究以及鱼群调查分析和渔业生产等。

第一节　植被与森林资源图像识别制图

一、图像特性的植被应用分析

在世界各国,遥感图像已成为植被调查和判读制图的主要工作手段。但其在研制过程中,应视制图目的、比例尺大小和区域特征等因素进行分析。因为,不同的植被群落在光谱特性上均有不同的反映。它们在不同的季节物候期,其反射率也有变化,另外,分布于不同区域的植物群落,其影像特征也有差异。还有其他的生态特征差异也都会不同程度地影响图像表征。就拿北京地区的山区图像来说,冬季和夏季的森林影像色调就有明显的不同;又如丽江地区的植物群落,垂直地带光谱特征和水平地带光谱特征就有较大差异。这些都是植被判读标志建立过程中需分析的因素。例如,多光谱的陆地卫星图像MSS5、MSS7对农业用地的反射特性其为显著,因此,它往往用作来强调植被指数的主要波段数据。因为MSS5能较好地区别出被植被覆盖的土地及裸露地,而MSS7对水体及土壤水分的反映较好,因此,在利用遥感资料进行植被调查及其判读制图过程中,通常采用MSS5、MSS7的组合,用以分辨不同的植被类型。

对于TM图像来说,7个波段各有其特性,对植被的作用也有其各自的特点,因此,在选用时必须作具体分析。例如,对植被的针、阔叶林区分,采用TM 1波段的图像,具有较好的效果。如果要探测森林灾害(如虫灾等)分布情况,利用对叶绿素有较敏感性的TM2、TM3图像,就能较好地区别出健康的和有病虫害的森林等植物分布。若用以测定生物量,则利用对植被密度有良好反映的TM4图像,便能获得较理想的分析效果。

从上可看出,陆地卫星TM制图仪遥感器所获的波段,主要适用于植被和土壤等的分类,它为植被的调查和制图提供了有实用价值的图像资料。

从法国SPOT图像$0.50 \sim 0.90\mu m$的全色光谱来分析,它们对叶绿素及其浓度的敏感性、绿色植物的反射吸收性能,以及生物量的测定等均具有良好的特性。可见,SPOT图像波谱段的筛选,对于植被要素分析应用有较好的考虑。

从上述分析可知,不同卫星的各波段图像,对植被要素的波谱特性的反映是不一样的,因此,有目的地选取所需波段图像,是进行植被分析制图的重要环节,见表 8-1。

表 8-1 不同卫星图像对植物要素的显示特性及其应用

卫星图像　　　波段(μm)　图像分析	MSS					TM							SPOT		
	0.5~0.6	0.6~0.7	0.7~0.8	0.8~1.1	10.4~12.5	0.45~0.52	0.52~0.6	0.63~0.69	0.76~0.90	1.55~1.75	10.4~12.5	2.08~2.35	0.50~0.59	0.61~0.68	0.79~0.89
植物的显示		√	√	√		√	√	√					√	√	√
农作物与森林覆盖区分				√						√					
栽培植物显示	√	√	√												
植被密集度显示			√			√	√	√	√					√	√
生物量的测定			√					√	√						
针、阔叶林区分			√			√									√
植被热强度显示				√							√				
绿色植物与病虫害植物的区分	√		√				√	√					√		
植物叶含水量反映										√		√			
草本与木本植物的区分				√							√				

由表 8-1 可以看出,卫星图像波段的选取,对于植被、土壤等专题要素的分析制图是一个重要依据。例如 TM、SPOT 图像,对生物地理相关性之类的信息有较好反映,进行诸如土地资源的调查与制图具有明显的效果。TM、SPOT 图像比 MSS 图像的植被类型的识别率有显著提高。SPOT 图像对于森林中树种、树龄等特征都有较好的显示。TM 图像在生态群落的分析研究中,可以提取森林系统内的生物群之间演替的有效信息。

所以,利用遥感图像进行植物及其群落的地理调查是一种经济有效的方法,而植物群落及其环境的研究又将为动物分布的调查提供重要的信息。我们知道植物群落的分布控制着动物的分布类型及生长数量。因为动物的生存与其生态环境紧密相关,因此,人们利用对植物有清晰显示的图像,通过植物群落等分析来研究动物的分布、发展数量等是一个新的技术途径。例如,通过卫星图像分析出的植物群落分布,再进行动物生境等综合分析,可研究动物群的生态类型及其分布活动范围,从而依据地面调查资料,可以解译编制出有关动物分布图。

另外,利用卫星图像如 TM 4 等以对植物的分布、密集度及植物类型进行生物量等研究,这些主要是通过植物叶绿素反射率等分析植物健康条件来确定病虫害、水灾及伪装植被等,同时也可利用 TM 其他波段对植物叶绿素丰度,植物叶含水量等进行分析。

可见植被的识别,波段及其时相的选择是一个重要因素。应用最佳时相的植被图像,进行分析制图可提高成图质量。因为最佳相间是在各种不同生境下的植物间反射率差异最明显季节摄得的图像。诚然,不同区域植物的最佳时相是有变化的,如北京地区,植物识别的最佳时相一般在 5、6 月和 10 月。

有人试验认为,一般植物种间光谱差异在春季和初夏最明显,因而,采用这两个季节所获摄的图像用以解译植物类型是较为理想的。

另外，处在不同物候期中的植物，其影像色调是有差异的。因此，在遥感制图的技术分析中，图像与物候的因果关系的研究是一个重要的内容。为了能在同一张图像上，识别区分出最多的植物类型，从物候的变化来选择最佳时相是提高其成图精度的一个重要条件。除此之外，还应考虑人类活动的影响，如作物耕作制度及耕作方式等等，所有这些都是影响遥感植被制图精度的因素。

二、森林资源图像识别分类

遥感技术的不断发展，SPOT、IKONOS 等高分辨率图像对于森林类型面积、蓄积量的测算以及森林动态监测(如森林火灾、虫害)和绿色植物的有机物数量分析应用等，都是重要的信息源。

目前，世界上不少国家利用遥感资料开展森林资源的清查，如美、俄、加拿大、澳大利亚等国早在 20 世纪 70 年代已从事这一领域的调查研究。对此，目前不论是在应用广度或是调查技术上，美国都是处于先进的水平。它们已进行了多种森林资源的遥感调查，包括其生物量、宜林荒地、野生动物的栖生地等。原苏联早已开展野生食用植物、药材及其他工业原料等方面的森林调查应用。我国在植物资源调查及植被制图方面也作了大量的研究，例如京津地区植物资源的遥感制图。这种在地面调查基础上，开展遥感分析相结合的森林经理调查，是森林资源制图的新技术。

遥感在森林火灾调查、护林防火或草地虫灾(如蝗虫)等分析中，是一种很有效的技术手段。特别是对交通不便的偏僻山区森林分布区，对于其护林防火的工作具有积极的意义。1977 年法国林业部门要了解一山区发生火灾的面积范围，估算森林损失，它们就利用 Landsat 摄得的火情图像，在法国地理研究院的 $S^2 101$ 图像处理系统上，经过快速的分析处理，在几个小时内就将森林火灾信息提取出来，同时，计算出林火分布的面积及损失灾情。1987 年我国东北大小兴安岭的大面积森林火灾，在卫星云图上，首先得以反映，为了解这次森林火灾灾情，地矿部派飞机进行了航空遥感，为我国有关部门进一步研究这次火灾的准确分布范围、火情、发展趋势，快速地提供了重要资料，为领导指挥部门分析灾情、研究对策、尽快控制并扑灭这场森林火灾发挥了积极作用。同时，它也为有关部门利用航空像片分析处理与提取受灾的信息，为及时地组织救灾生产等提供了基本数据。

遥感技术在预防森林火灾方面，引起了有关部门的重视。例如，利用红外装置之类的遥感，可及时发现火点、虫灾等，以采取积极防护措施。

由此可见，利用遥感研究森林火灾可发挥以下作用：①可用来监测森林火灾的发生、发展并为扑灭火灾的措施分析提供基本情况；②通过遥感云图能分析出云的特性、类别及云量，从而为人工降雨提供依据，同时也可从云图中分析出其风向等气候情势，从而预测森林火情的趋势；③从卫星图像上能准确的区示出森林火灾分布面积范围，并勾绘出界线，并可由计算机量测出森林受灾的数量等等。

由上可见，森林的图像分析制图是一有效技术途径。对此，我们曾利用 TM 及 SPOT 等图像对台湾地区的森林分类作了试验研究。实验认为：SPOT 图像对于一般的森林分类，因其地面分辨率高，能较好地发挥其长处。SPOT 1(0.50 ~ 0.59μm)，其处于植被叶绿素光谱反射曲线最大值的波长附近，利于植被的识别分类；SPOT 2(0.61 ~ 0.68μm)，其波长处于植被叶绿素的吸收带,对识别作物、裸露地等有利;SPOT 3(0.79~0.89μm),其对植被表现得甚为明亮。因此,用 SPOT 合成图像进行植被分类是可行的,利于森林的判读。如欲分的森林类型不多,仅是诸如针叶林、阔叶森和混合林……,几个大类,其识别效果似更理想。倘使,欲分得更细,乃至三级,那其多波段组合的分类就不甚理想了。

例如,在台湾的植被类型中,有学者将针叶林、针阔叶混合林、阔叶林、竹林等分至三级(见表 8-2),其不同平台图像的识别度是有差异的。

表 8-2　台湾森林植被的分类

一级	二级	三级
1 林地	11 针叶林	111 亚高山矮林 112 亚高山寒温性针叶林 113 中山暖温性针叶林
	12 针叶阔叶混合林	121 台湾云杉、台湾铁杉、昆栏树、杏叶石栎 122 红桧、云山青冈、台湾狭叶青冈、玉山槭 123 台湾扁柏、台湾青冈、昆栏树、尖尾槭
	13 阔叶林	131 落叶阔叶林 132 常绿落叶阔叶混合林 133 常绿阔叶林 134 季雨常绿阔叶林 135 山地雨林 136 雨绿林 137 热带雨林
	14 海岸林	141 黄连木、台湾大戟木 142 榄仁树、海芒果、银叶树 143 梭果榕、亮莲叶桐 144 海岸柿、重阳木
	15 红树林	151 秋茄 152 红茄冬、木榄 153 海榄雌
	16 竹林	161 毛竹 162 桂竹 163 刺竹 164 麻竹 165 长枝竹 166 绿竹 167 披散簕筹竹 168 玉山竹

从表 8-2 台湾森林植被分类系统看,若利用 SPOT 3,2,1 组合识别分类,单纯提取一级林地类型等是甚为理想的。若要提取二级,即针叶林、针阔叶混合林、阔叶林、竹林、海岸林等,据我们试验结果情况,除了有些针叶林,如油松林,其与其他树种的光谱特性(据光谱测定曲线)有较大的差异外,往往会出现混淆现象。比如,落叶松林,因其生态条件近似于某些阔叶林,如杨桦等,因此,在图像上,该落叶松的色调趋近于阔叶树,易误判为阔叶林。当然,利用 SPOT 3,2,1 图像,基于地理信息系统的背景数据库辅助分类,也是会取得一定效果的。如果再通过对被识别目标进行地学综合分析和人机交互的处理,依然会获得较好的结果。

实验表明,SPOT 图像具有较高地面分辨率,但是其图像的光谱分辨率较低,所以,一般不适应处理窄光谱地物类型。

陆地卫星 TM 图像:从空间分辨率来看,比 SPOT 图像低。这对于一些大类中的碎小地物提取会遇到一定困难。不过,由于 TM 图像具有较多的波段,利于窄谱段地物类型的识别提取。对于森林植被的分类,在 TM 图像中:

TM3(0.63 ~ 0.69μm),是叶绿素的主要吸收波段,对区分植物种类与植物覆盖度有利;

TM4(0.76 ~ 0.90μm),它是植物识别中通用的波段,其因受植物细胞结构控制,对绿色植物类别差异反映最为敏感。因此,该波段通常应用于生物量和农作物长势的调查研究。

TM5(1.55 ~ 1.75μm),其适于植物含水量的调查,用于作物区分和长势的分析。

TM2(0.52 ~ 0.60μm),对健康茂盛植物反映敏感,利于探测健康植物绿色反射比,所以,有时,也利用该波段增强区分林型、树种的能力。

通过上述波段对植物和森林识别作用的分析,我们就可依靠不同目的要求和提取目标的各自条件,进行选择和确定最佳波段组合。自然,在波段选取和组合过程中,还应分析诸波段间的相关性。在 TM 图像各波段中,TM1、TM2 与 TM3 之间相关性大;而 TM4、TM5 与 TM7 的独立性较强,且 TM5、TN7 又有较高的相关性。

据此,我们针对森林植被的识别可考虑以 TM3、TM4 及 TM5 的波段组合进行分类。当然,这并非一成不变,可视实际情况加以适度调整。在上述研究的基础上,我们认为对于森林类型的二级,乃至三级的识别,采用陆地卫星 TM 图像仍是可行的。

1. 森林类型识别训练样本的选取

图像识别分类通常有非监督分类和监督分类两种。后者需以已知类别归属的样本为依据,才能按分类器设计进行分类。

众所周知,分类器的设计必须具有足够的训练样本。当然,过多的样本将会增大运算的机时。但理论分析表明,分类器分类的结果如何,要作出合理的评价,必须具有比设计分类器更多的训练样本。要达此要求,通常采用样本精简迭代的纯化算法,即保留那些具有代表性的训练样本用作训练分类器。这里不难看出,对森林识别分类,训练样本的选择及数量与质量很大程度上关系到整个分类结果的精度和成图的质量。

由此可知,具有足够数量的训练样本是获得较高精度、高质量结果的先决条件,也是改善分类的基础。

在图像模式识别中的判别函数,一般是从一组训练样本模式里推求而来的。这就要求在进行图像处理分类时,应事先对欲分地物的分布区域特征、地物生态条件有所研究,并搜集相关的地物图件,以便在研究区测得和图像上所选择的典型训练样本相应的特征参数。

目前,一般作法是在经过图像增强处理后,参照欲分类型的颜色、形状和纹理结构,选择各类地物的训练样本。至于每种类型各选多少样本为宜,这要视欲分类图像的波段数而定。如果波段数 $n = 3$,则至少应选取 $n + 1$ 个以上。从理论上说,样本数多,其特征参数的估计更具代表性。从台北地区的林地分类看,该区主要森林类型为常绿阔叶林,其假彩色图像上色调多呈红色。因此,选择训练样本时,除了考虑色调指标外,还应顾及常绿阔叶林分布在不同区位的地形、地貌特征,分析同一类地物在不同环境下,波谱亮度值的差异。如基隆西北的浅切割熔岩低山丘陵和基隆以南的湿润流水作用的低山丘陵。同时还要分析阴、阳坡等地形及反射等对光谱数据影响造成色调"失真"的现象。这样,对每类至少选取 $n+1$ 个乃至数十个样本。最后,将不同色调的林地训练样本,各种地形及其不同坡向选取的林地样本,都归为某一林地类型。

如上所述,分类中有代表性的训练样本数概率密度函数的估计是至关重要的。它决定着类别空间的划分,直接影响分类精度。所以,分类中从训练样本数量满足其要求外,训练样本选择是否符合客观实际,是决定分类结果的重要因素。

在实际操作中,选择样本往往是难以准确地判定各类边界,而且有的类型选不出能反映实况的训练场地,例如,零散分布于台北市阳明山地区的竹林。诸如此类,就会造成分类处理时的误分。于是,在实际处理过程中,就可采用样本纯化、精简之类方法预以处理。

2. 基于地理信息系统(GIS)智能化的图像森林分类

在以往的图像处理识别分类中,主要是以图像地物光谱响应、空间响应及时间响应等特性为理论基础,遵循图像的地面分辨率、波谱分辨率和时间分辨率的基本属性开展研究的。然而,地物构像是自然综合体复杂又集中的缩影。其内涵有自然界的空间分布特征,时间变化因素乃至地物特征等。因此,从地物光谱特性与成像机理有机结合进行空间信息识别与制图,是一种以地物光谱特性为基础,不断投入地学与生物学知识的先进有效技术途径。

1)森林图像识别的背景因数分析

自然界的地物在空间分布上,往往反映出其区域分布的特征。例如,森林植被在地带性因素影响下,有其一定的地理分布规律。就台湾地区而论,因其受季风气候强烈影响,夏半年盛行西南季风,雨水丰沛;冬半年因东北风在东北部登陆,受山体阻挡上升,使该区冬雨也极充沛。

由于其地处季风热带亚热带气候环境,故形成了热带亚热带植物群系成分所组成的常绿性森林。台湾北部属亚热带季雨林,南部属于热带季雨林和热带雨林。而台北地区主要是分布常绿阔叶林。

对于这些不同分布区的森林识别与制图尺度,就应视分类制图对象,选择适中平台的图像。分析认为,若要编制 1:25 万的森林分布图,选择陆地卫星 TM 图像是较适中的。它不仅能满足制图精度要求,而且也较为省时和经济实用。

2)森林图像识别分类的物候研究

图像判读实践表明,地物的识别,除了对其波谱特性的地学研究外,还须注意图像的物候期的分析,即以时间分辨率作为基本保证。我们知道地物构像特征是与其物候期息息相关。因为各种植物都有一定的物候期。比如木本植物都有其萌芽期、展叶盛期、开花盛期、树叶变色期、果实成熟期和落叶末期等。因此,可依据用户的具体应用目的和要求,选择所需的物候期,对地物进行识别分类。

以台湾的针叶树林来说,红松是其形成的优势,而桧柏的生境和物候期各地区是不同的(见表8-3)。

由表8-3可见,不同地物类型各地区的物候期是有差异的。所以,我们选择地物图像识别时应相应分析其物候期的特征。这样就可有的放矢地选择能满足最佳分类的图像。

表8-3　各地区桧柏的物候期(展叶盛期)分布差异

物候期　地区 类别	台北	福州	南京	呼和浩特	备注
桧柏	3月11日以前	3月11日以后	4月1日前后	5月11日以后	针叶林
栓皮栎	4月1日以前	4月1日以后	4月中旬左右	5月中旬左右	阔叶林

3) 森林图像识别的目标背景库的建立

目标背景库系指与被分类目标有密切关系的信息及数据库。它是基于地理信息系统进行图像识别分类处理的重要基础。也是提高资源环境机助分类制图质量与精度不容忽视的环节。

空间图像的构成受诸如区域分异、分辨率局限性、时空效应及地物间相互干扰等影响。比如阴坡的阴影、地物间的混淆、时相的差异等,都不同程度地影响地物成像。这要求我们在进行地物分类时,应研究用以辅助分类的目标背景参数,就森林识别分类而言,除了必要的图像和文字、统计数据外,还需搜集以下图件:

- 森林类型分布图;
- 植被类型图;
- 土地利用与覆盖图;
- 单一树种分布图,如台湾槟榔分布图等;
- 植被分区图;
- 珍稀濒危植物分布图;
- 栽培植被类型图,如果园分布图、竹林分布图等;
- 植物资源利用图,如药用植物图等;
- 公园绿地分布图,如国家森林公园分布图;
- 森林等自然保护区分布图;
- 研究区行政区划图;
- ……

上述信息数据,可以建立起辅助森林分布的目标背景库。于是在 GIS 支持下,可视森林类型识别的需求,提取背景库中的某一或若干与目标相关的背景数据。如要提取林地类型中的果园、竹林,若单凭图像的色调是困难的,因它被混淆或"隐含"于影像的地物中。因此,如有背景信息库,就可将库中的果园分布范围和竹林分布面积提取出来,然后利用图像分类处理软件功能,对相应于同位置的图像作对比显示,以选取训练样本,实施辅助分类。

综上所述,利用遥感信息对森林等资源环境进行地学、生物学分析,从成像机理和背景参数研究,改善分类精度,提高成图质量是遥感森林综合应用的有效方法。

4) 森林图像智能化识别分类

在图像森林分类中,国内外都曾引入了人工智能的专家系统技术。它们在系统设计

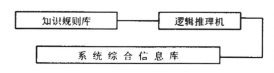

图 8-1 图像人工智能化识别系统

上,是一个多层次的模式识别专家系统,其大体由包括几何纠正的统计模式识别的预分类系统和产生式的知识化的森林分类系统组成,两者相辅相成,前者是后者的工作基础。该系统中,知识规则库是一重要组成部分。这些知识主要来自森林专家,包括森林生境、林木空间地理分布特性、树种、林种间相关性以及数字地形模型(DTM)数据等,与此同时设计有系统的推理机,并与系统的综合数据库组成一产生式的智能化识别系统,见图8-1。

当今,地理信息系统(GIS)、遥感(RS)、全球定位系统(GPS)的集成技术日益为人们所关注,必将发展成为资源环境监测与质量综合评价的一体化技术。

5) 森林图像识别分类制图的技术流程

利用遥感信息和其他图件资料等进行森林图像识别分类与制图,是一个完整的系统工艺流程,这也是遥感专题分析成图的基本过程(见图8-2),其过程是:

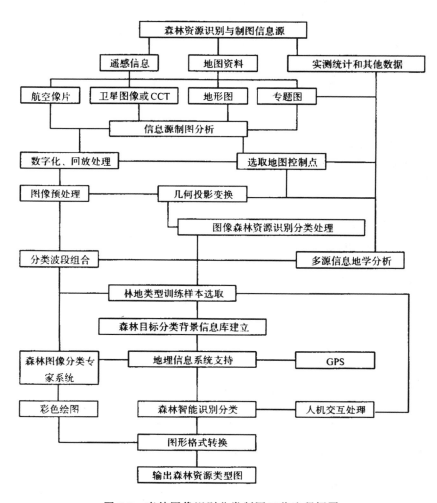

图 8-2 森林图像识别分类制图工艺流程框图

（1）制图信息源的地学分析。它是森林遥感制图的基础，关系到最终成图的质量和精度。

（2）制图区域地理背景研究和图像识别训练样本的研究。它是正确合理进行图像自动提取欲分类型的前提，决定着林地分类的结果。所以科学地选择训练样本应建立在对制图区域充分调查和分析的基础之上，然后通过样本纯化与精简来解决样本的质量问题，以达到理想的效果。

（3）智能化识别分析。基于地理信息系统，在背景信息库的支持下，开展遥感图像智能化识别是森林资源等分类制图的重要环节。也是今后 RS、GIS、GPS 系统集成，解决资源环境综合分析评价之关键技术。

图 8-2 表示实施森林资源图像识别的基本技术途径。该实验路线是以遥感目视判读结合计算机辅助分类，基于地理信息系统，进行多源信息地学综合分析的基础上形成的。但由于遥感信息具有复杂的成像机理，因此，需从多学科角度去深入研究。另外，由于森林资源等都有一定的区域生态特征和地理的分布规律。所以，应用该工艺流程时，需依据不同的区域，不同平台、不同目的和要求而具体设计。

应当指出，随着遥感技术的不断发展，高分辨率图像、雷达图像、多维信息及多光谱成像技术的进步，以及地理信息系统等技术的应用，对于资源环境及其环境质量的综合评价，势必会产生新的飞跃。

通过实践表明，利用遥感技术开展森林资源调查与监测是切实可行的，而且对开展森林和宜林生境与立地条件的遥感应用研究，具有重要的战略意义。

第二节　草地资源制图与估算的遥感地学分析

草地在我国分布广泛，其因受不同的自然条件，诸如地形、水份、温度和土壤等因素的影响，形成不同的草地类型，反映出不同区域的草地分布特点。

运用地理信息系统开展草地资源遥感分析，研究分类辅助参数，对于草地资源的清查、核算，提高其数据可信度、实时决策科学化是一条值得探索的先进技术途径。

一、草地类型遥感地学分析与制图

随着遥感应用技术的不断进步以及地理信息系统（GIS）的深入推广，它们在草地调查制图和资源核算领域得到了有效的应用。

实践表明，基于 GIS 的草地遥感分类制图与资源核算，其可信度和精度，在各种比例尺图中得到不同程度的改善，同时提高工作效率。

遥感信息是草地分析制图的重要信息源。草地的分布由于生态环境、草群的密度、高度和覆盖度的差异，具有明显的地域特点。因此，它与其他地物一样，可依据图像的色调、形状、纹理结构以及分布区位特点等直接标志和间接标志，运用地学、生物学原理，对草地的生态条件，草地类型的地域分异特征和人类生产活动的因素等进行综合分析。

草地类型遥感图像分类的可信度，取决于信息源的选择处理、草地分类与图例系统拟订、解译标志建立，乃至识别参数的研究等环节。其工艺流程见图 8-3。

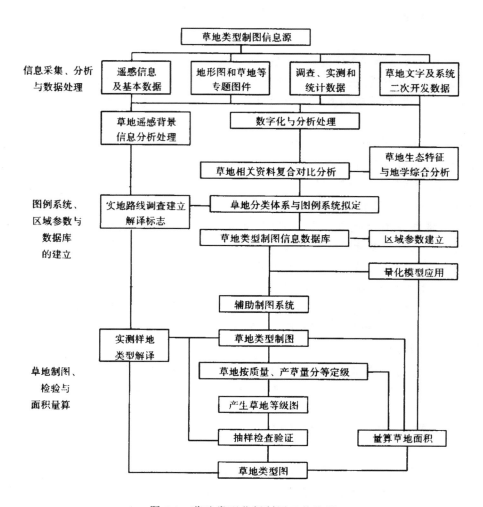

图 8-3 草地类型分析制图工艺流程

由图 8-3 可知,编制一符合要求的草地类型图,需实施一系列多元因素综合分析与流程处理,它们主要包括:

1. 草地图像信息源的背景分析

利用遥感图像进行草地类型调查制图,首先应从制图区域草地分布的生态条件和地域特征分析入手。例如,我国东北区的草地分布于大陆性与海洋性气候交错地带,往往连片集中,大多属优良草地之一,因此,它在图像上呈匀称色调表征。以 TM 图像为例,在其7 个波段中,根据波段的相关系数和波段类别间的标准化距离分析认为,适于草地分类的波段是 TM2、TM3、TM4、TM5,而 TM2、TM3 两波段的相关系数大,两者取一即可,这样,我们只需利用 TM2、TM4、TM5 三个波段进行识别分类就能合乎需求。所以选取 TM5、TM4、TM2组合,用以草地类型的分类是合理的。

与此同时,我们还需考虑草地图像解译制图的时相,选取适于草地类型识别和产草量等估算的最佳时相的图像。一般说,对不同地物类型,其差异最明显的阶段,往往是地物光谱特征差异最大的时期,这应从草地的生态条件分析,如植被在半湿润季风区,4 月中、下旬萌芽,5月上、中旬展叶,7、8月为生长期,就草地来说,牧草的生长期为5~8月,仲春夏初正是其发绿期,9月下旬草地开始枯黄,所以,7、8月份草地类型在图像上可提供较大的信息量,通常选作为草地图像识别的理想时相。自然,这只是一方面因素,另一方面,草地的特征又与其类型和疏密覆盖度等因素紧密相关,故而,其图形纹理结构特征是不同的,例如,东北北部的草地类型,在图像上多呈现片状匀称分布;在南方不少草地类型呈斑点状结构。诸如此类都是进行草地识别不可忽视的因素。

2. 草地分类及其图例系统的拟定

任何专题图的编制,分类体系和图例系统的草拟都是其重要的组成部分。它关系到成图的科学性和制图质量。为此,在拟定草地类型分类及其图例系统时应考虑:

(1)依据草地类型遥感制图的目的要求,分析其生境与分布特点,按草群质量及其利用方向与生产特性确定分类单位及其体系,反映其区域特性和利用现状等,同时尽可能与统一现行的草地分类系统相协调。

(2)按照成图比例尺和图像分辨率的相关性拟定制图单元与最小图斑及其可判读性,以保证图面内容的协调性、系统性和实用性。

(3)应顾及与草地相关类型的协调关系,并注意草地类型的实用价值,以及草地资源的等级划分编制和要求。

(4)图例系统是体现专题内容分类的重要标志,是反映草地分类、分级系统的主要手段。图例设计应注重不同比例尺图所表示的最小制图单元,以及与分类系统的整体关系。

依据上述原则考虑到其核算的工作量(未细分组、型),将全国草地类型归分为18个类。

3. 草地图像识别制图辅助参数研究

草地监督分类中,训练样区统计参数和山区垂直地带谱植被属性批量修正参数等,它们是影响图像识别分类精度不可忽视的因素。

就草地来说,它因受不同自然条件的影响,其草种、群落结构和草地类型是随区域分异而不同的。它们在自然界中诸因子间既有相关的共性,又有彼此制约的个性,所以,进行地学的综合分析,研究其各种区域参数辅以分类,提高成图精度,是一种有效的根本方法。

在植被分布中,草地具有水平地带性和垂直地带性。例如,新疆玛纳斯河流域的沙生针茅群系(Form.Stipaglareosa)多分布于低山带及低山山间盆地和山前倾斜平原的上部;羊茅群系(Form.Festucaovina)仅在草被垂直带条件较好的凹形谷地分布;长羽针茅群系(Form.Stipakirghisorum)主要分布于天山北坡海拔1600~1800m的高度;而针茅群系(Form·Stipacapillata)多见于海拔1600~2000m范围;至于高山草甸,主要位于天山北坡2700m以上,冰雪带下部地区。由此可见,新疆山区的草地类型主要受水份、温度、土壤等分布的地形差异影响具有较明显的垂直分布特征,见表8-4。

从表8-4可以看出,山区草地的类型与海拔高度有密切关系,它们在一定高度范围分布着一定的草地类型。与此同时,它们在地貌分布上,由高到低,从山地、山前平原至沙漠地带的草被发育、产草量和覆盖度都有较大的差异。这些地貌类型区的草被分布,表明草地类型的生境与其地貌单元有较好的相关性,故此可用作为区分其类型的区域参数,即数字地貌模型(DGM)。

从以上草被的地理分布不难看出,它们在进行数字图像草地识别分类制图中,将草地高程分布图和地貌类型单元图数字化,建立起草地背景数据库,在 GIS 的支持下,可以通过草地的区域参数研究,运用数字高程模型(DEM)和数字地貌模型(DGM),进行量化分析,赋以修正系数,改进草地图像分类中难以识别的制图方法,提高其成图精度。

表 8-4　新疆山区草地类型的垂直带分布规律与特征

项目 草被垂直带	地区	海拔高度(m)	植被覆度度(%)	备注
高山草原带	南疆	3900～4400	85～90	夏季草场
	北疆	2700～3200		
亚高山草原带		2400～2700	75 以上	夏季草场
森林草原带		1800～2700	85 以上	北疆多为冬季草场
干旱草原带	乌鲁木齐	1200～1900	35～64	冬季草场
	伊犁	1000～1300		
半荒漠草原带	北疆	500～1200	20	春秋草场

此外,还可应用生物学模型参数等辅以识别制图。我们知道,草地的分布与土壤要素有较密切的关系,不同的土壤类型往往发育着不同的草地群落。例如,松嫩平原的羊草群落主要是发育在黑土、黑钙土、暗栗钙土和草甸土等土壤上;而温性低地草甸的草种群落多发育于潜育化草甸土、沼泽化草甸土及盐碱化草甸土上。又如阿尔泰山区,南坡的高山草甸草原,其土壤多是高山草甸土;亚高山草甸草原,其土壤为亚高山草甸土或山地黑土;山地草甸草原的土壤为山地草甸土或森林灰化土。可见,草地的分布不论是平原区或山区,都具有与土壤类型相应分布的地理规律,为此,在利用遥感图像进行草地分类难以识别时,采用数字土壤模型(DSM)是一有效的辅助分类方法,即将其相关的土壤类型图,输入计算机产生数字土壤模型数据,在 GIS 支持下,辅以识别分类。

由上分析可知,利用遥感信息进行草地分类与制图,运用地学生物学原理,研究其识别的区域参数,并作量化模型处理,是基于 GIS 分析的一种切实可行的技术途径。同时也为草地资源的核算应用提供了重要的基础。

二、基于 GIS 的草地资源量估算分析应用

如前所述,草地类型图的编制为建立具有一定可信度和实时性的数据库,进行草地资源核算,提供了必要的条件。然而,要实施草地资源核算还涉及到其许多相关因素,诸如草地质量、草地产草量、草地面积乃至实物量核算指标与价值量计算方法等。因此,这是一个将草地的自然特性、生产特性与经济特性结合进行系统分析的应用过程。主要是根据全国 1:50 万、1:100 万草地资源调查图逐级缩编成的 1:400 万草地类型图,在此基础上,通过遥感地学分析订正制图和草地质量、数量与分等定级分析,以及数据采集建库,在GIS 的支持下,进行草地资源核算的方法研究。其技术流程见图 8-4。

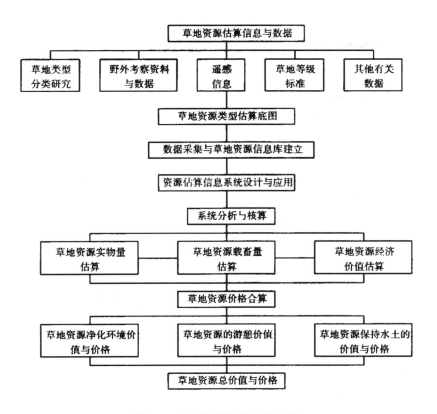

图 8-4 草地资源估算技术流程

为了较准确地统计草地的载畜量及其产草量,首先依据草地群落品质(包括草群的适口性、利用率和营养价值等)的优劣状况,将草地分为三等;优良牧草占 60% 以上者为一等;中等牧草占 60% 以上者为二等;低劣牧草占 40% 以上者为三等。同时按草地产草量分为三级:每公顷产草量在 2000kg 以上者为一级;每公顷为 1000 ~ 2000kg 者为二级;每公顷产草量在 1000kg 以下者为三级。并建立指标信息库。然后,依据草地资源核算的底图,进行逐项采集,建成草地资源数据库。

该系统是在 Sun Sparc 10 工作站上,进行草地数据输入与处理,同时在 486 微机平台上建立和维护数据库。其实施过程:

1. 数据输入

首先以草地类型图为信息源,按不同地区草地类型,对草地进行编码,而后由数字化输入计算机。关于草地类型的编码,我们采用了 5 位编码法,其含义是:

①——地区序号

② }
③ }——草地类型

④——草地分等

⑤——草地分级

数字化处理工作是在 ARC/INFO 6.11GIS 软件支持下进行的,最后将整个草地类型图以数字方式存储在系统中。

2. 数据处理与传输

草地资源的核算处理,面积提取、计算汇集等是在 SUN 工作站平台上进行的,并通过 NFS 网络传输到 PC 机中的 Microsoft Access 数据库中。同时对草地资源数据分析处理,添加注记与图例和分色方案设计等。这种以数字方式存储的图形可以根据实际情况的变化,灵活地实施修改和补充,以便及时地显示草地类型及数据更新。

3. 数据计算与制图

在 PC 机的 Access 数据库系统中,以编码顺序为索引,使用 SQL(结构化查询语言),据其算法获取不同地区、不同类型的草地分类面积,同时可绘制出草地类型图,为下一步草地载畜量、生产力价值和草地价值研究及整个草地资源的估算奠定基础。

初步实验结果表明,运用地学生境原理,研究区域参数,辅以草地的数字图像识别分类与制图,是保证其成图现势性,提高制图质量和精度,不可忽视的一条技术途径。

空间信息高技术分析是草地资源清查,实现自然资源估算研究的方向。它们在估算中涉及到的诸如资源类型及资源数量、质量等多是时空变化的函数,是动态因子。因此,基于 GIS 的资源地学遥感分析制图与估算的方法,具有广阔的应用前景。

第三节　水生生物资源图像分析应用

水生植被有淡水类和咸水类之分。它们在水体中一般为浮水、沉水和挺水三种,它们诸如藻类、荷藕、菱及水浮莲和芦苇等,其各具有不同的群落结构、生态特性和波谱特征,故据此所表征的标志,通常用作解译水生植被。

不同的水生植物有其不同的生态环境。例如,湖泊中的水生植物从边缘向中心一般呈由挺水植物向浮水植物到沉水植物分布,而挺水植物、浮水植物的叶绿素浓度是成像的基本特性;沉水植物影像反映了以水体和沉水植物叶绿素的综合特性。它也是水体富营养化分析的主要标志,比如,藻类高度富集于湖泊水面,图像呈束丝状的红色图形,其叶绿素含量越高的水体,假彩色图像上,色调更蓝。所以,它对赤潮等发生研究有重要意义。另外,沼泽化先锋植物菰及芦苇群落是湖泊消退的重要标志,是研究湿地资源的方法之一。

如波长 $0.7\sim0.8\mu m$ 图像对水体和湿地反映甚为清晰,影像呈黑色调;而植被在此波段有较高的反射率,影像呈浅色调,故此波段对含水藻的水体有较好的可分性。波长 $0.8\sim1.1\mu m$ 图像的水体影像色调更深(黑色)。可见上述两波段,植物图像的光谱响应比水体要强。因此,挺水植物(如莲等)、浮水植物(如菱等),在 $0.7\sim0.8\mu m$ 波段图像的光谱响应强,而沉水植物(如轮叶黑藻),其光谱响应就弱。挺水、浮水植物的像元灰度值比沉水植物的要大。所以两者通过波段比值分析等可予以识别区分。

水生植物群落,如沼泽芦苇群落,多分布于湖沼、水库边缘湿地区,在彩红外像片上多呈深红色;沉水狐尾藻群落则多生长于水深 40cm 的水库边缘浅水处或混浊的水体中,在彩红外像片上,呈深蓝灰色间暗红色影像特征。为此,对水生植物依据其特有的色调、纹理结构以及其与水底地貌、土质间相关性的间接标志,能较好地加以识别。从而为调查其类型分布,估算面积及其资源量提供了有效的方法。

前面提及土壤制图时,通常运用 MSS 波段中的反映农用地较敏感的 7、5 波段进行组合变换处理,这在水生植物分析中也可采用生物量变换通道进行,以区别出水和土中的植物分布。同时可用以估算水生生物量,从而研究其渔业等发展趋势。

目前遥感技术在海洋渔业研究中也得到了一定的作用。不少国家用其来研究发展渔业生产。我们知道,通过遥感图像分析,可以研究鱼群的生态条件,据其习性分析鱼群的栖息环境,从中确定不同鱼群的分布海域。不论何种鱼类,它往往是与其海域深浅、水温高低、海水成分及鱼食源等因素息息相关。一般说在大河入海处,且是冷流涌升的海域,通常是鱼群集聚的水区。

对鱼食源的分析,首先是要确定具有富营养的分布海域,而富营养成分与海洋中的藻类的含量紧密相关,所以藻类含量丰富的程度是预测鱼群分布的重要依据之一,是利用卫星图像估测渔业生产潜力的有效手段。

显然,海域富营养的状态研究,对于我国在世界上占有重要地位的水产业,开展海洋渔业遥感应用,具有很好的生产价值和开发前景。实际应用表明,海洋中的绿藻在MSS 4,MSS 5 波段中有较好的反映,它们通过图像与实地藻类波谱特征值的分析可以预测出鱼类分布的规律,从而研究鱼群的趋势。显然,这种分析并非单要素的,而是考虑到藻类的生态因素(如水温)和鱼类生活习性等,这些因素为渔情分析预报提供了依据。为了准确地控制渔情,其关键在于对鱼群活动和渔场的探索。目前世界上,利用海洋观测卫星所获得的图像来为渔业生产服务,不少国家如日本、美国、法国、加拿大等利用卫星图像识别鱼群的分布,并勾绘出渔场图、渔场温度锋和水色分布图等,从而提供渔业生产指挥部门等应用。这方面工作我国开展应用较晚,现逐渐已为人们所重视。

这些年来,一些海洋、水产的研究、生产部门及有关高等学校进行了不少的渔业遥感应用研究。它们大致有如下几方面:

(1)卫星遥感信息的渔场时空分布相关分析;

(2)海域鱼类和渔场生态环境遥感信息综合调查研究;

(3)海洋水文特征与鱼群分布相关性研究;

(4)卫星图像对海滩涂经济贝类的分析应用;

(5)近海区水污染动态遥感监测及渔业生产的观测试验;

(6)遥感海洋-地学生物学参数分析、鱼类监测、渔情信息系统、预测模式等研究。

目前,我国正在开展渔业遥感-信息系统的研制,从渔业的收集、存储、处理、分析预测到应用,进而逐步建立起渔业遥感、全球定位系统(GPS)与信息系统的融合体系,从而使我国的海洋在渔业捕捞作业、渔业资源的开发利用和海洋环境保护等领域,得到更广泛的应用。

参 考 文 献

[1] 孙家柄等.南方草场资源的计算机分类、评价和规化.遥感信息,1989(4):7~13

[2] 袁国映等.新疆玛纳斯河流域的植被类型及分布.新疆环境保护 1993(1):1~15

[3]　中国林学会森林经理文集编辑委员会主编.森林经理文集.中国林业出版社,1983

[4]　傅肃性、张崇厚等.图像信息分类制图的区域参数应用研究.中国图像图形学报 1996(2):145～151

[5]　李金昌主编.资源核算论.海洋出版社,1991

[6]　傅肃性.遥感图像在生物资源调查与制图中的应用.农业制图,测绘出版社,1991

[7]　濮静娟主编.遥感图像目视解译原理方法.中国科学技术出版社,1992,217～223

[8]　张崇厚、傅肃性.基于 GIS 草地资源影像制图与核算的地学分析.中国图像图形学报,1997(11):821～825

第九章 水资源与湖泊、海洋环境的遥感分析制图

水是国土资源中最宝贵的资源之一。它们包括河川水、湖沼水、冰川雪水、地下水和海洋水等，它们与人类生活和工农业生产紧密相关。其中除了海洋水以外的淡水量，通称作水资源。它是一种动态性的水储量，它们在自然界中是不断更新循环的。因此，人类要充分合理地利用它，则必须掌握这种物质流的规律，而空间遥感技术所具有的快速、动态、宏观和综合的特性用以研究水资源的分布与利用，则是遥感进行区域水资源的调查和合理地开发利用的优势所在。再者，关于水的危害性，诸如洪涝、干旱灾害现象，运用遥感技术调查亦可发挥极为显著的作用。

我国区域辽阔，地域差异明显，河流由于地带性与非地带性因素的影响，大部分是属于季节性河流。枯水是其中的重要特征之一，其分布的主要特征是东部多于西部，南方多于北方，山地多于平原。枯水的这种分布特点，对于研究枯水径流及其利用是很有意义的。所以，采用综合性强的遥感图像分析水资源(含枯水)的分布是一种有效的方法。

第一节 水资源及其环境的遥感应用分析

水是储存于自然界中的重要经济资源，它包括地表水与地下水。地表水诸如河流、湖泊、冰川、沼泽等水体，利用空间技术对这些水体进行调查是很有应用前景的。

一、水系结构信息图谱的影像分析

对于水系及其环境的研究，目前多采用 Landsat 图像、SPOT 图像和国土资源卫片，开展地学分析应用。不同的卫星图像由于传感器的差异，其地面分辨率、波谱分辨率等也不同。故此，在应用中需视研究的目标对象而选取。例如，多光谱 MSS 图像中，MSS7 波段适于水体的分析，因为其对红外波段有强烈的吸收能力。因此，水体在图像上呈现深色调，沼泽湿地也是较深色调，这对于水体的分布和浅层地下水的分析均有较好的效果。又如，TM 图像中的 TM4，能显示出水体的细微变化，有利于水系结构的分析，同时能较好地区别于其他地物。另外，TM1 波段对分析冰雪表面特征有较显著效果。可以认为，TM 图像对区域的水文、地貌的研究提供了有利的条件，这也为气候影响流域发展的理论提供定量的研究。

我们知道，流域是由一完整河系组成的，它反映了地表水流的方向和地形结构特点，这与区域的降水量、岩性、地质构造等因素有密切关系。利用遥感图像编制水系图，可以较客观地表征出区域的地理特征，见图 9-1a。例如，平行状水系，其河流彼此间平行，它往往分布于倾斜的山坡，或是朝某一倾斜面方向流动；树枝状水系，它多布于由同一种岩石

组成的倾斜地段,它们的规则程度与地形特征有关系。在规则型树枝状水系中,因主支交叉角度的差异可有树干状和羽毛状之区别;辐射状水系是河流由一种向四周围呈辐射分布或四周围向一处集聚,前者多出现在火山口地区,后者常见于山间封闭型盆地或低洼地;格子状水系,通常呈网格状结构,发育于褶皱地形的山区;迷宫状水系,由许多河流及其支流构成稠密的河网,这种水系多分布于湖沼低平区或冲积平原地区;还有扇形水系,它的河系分布呈扇形,多发育在冲积锥地区。以上各种不同结构的水系,均反映出其分布的地形、岩性构造等地理背景。而这些背景要素的特征,在遥感图像上均表现有不同程度的影像结构。

　　例如,京津唐地区国土普查卫星图像综合应用研究中,我们曾利用国土卫星像片进行了水系图的解译编制。如潘家口水库地区的水系分布图,就是利用 1978 年和 1985 年 10 月获取的 1∶200 000 比例尺国土卫片(全景式像片和彩红外像片),运用地学分析方法解译而成。实践认为,利用国土卫片可将该区域的水系解译表示出 4～5 级,乃至小沟谷。对此,经与陆地卫星图像 MSS 比较,其水系一般只能表示出 2～3 级,TM 图像可解译到 4 级;SPOT 图像上水系可表示到 4～5 级,但水系结构细节的清晰度不如国土卫星像片。

　　区域的水系发育,与其地质基础、构造、地貌、地表物质和植被覆盖等水文地理环境因素密切相关。

　　在卫星图像上,往往有许多急转弯的河流或是笔直分布的河流,这通常与区域的地质构造(如断裂构造)方向基本一致。它主要受构造控制,但亦与岩性有关。有些河流在图像上形迹模糊不清,这种河系多半是发育在松散地表物质上,或是风化物质上。因此,河流在图像中的细节不清,难以识别表示。

　　对三角洲地区的河流,遥感分析同样有着积极的作用。遥感图像上无论是三角洲堆积地貌、河口地貌或是水网分布等均有明显的标志。河口冲积扇往往是呈半圆形突出分布,海陆交界线呈白色线状特征,冲积扇上的色调通常显示出不同物质结构的特征,同时也可从冲积扇形状分析出三角洲的发展方向。如滦河三角洲冲积扇前缘地带北侧较窄,而南端宽敞,它表示该扇形渐向南方向扩展。

二、水体环境的遥感动态分析

　　自然环境变迁中,河湖水系的变迁最为明显,它们在卫星影像特征中有较好的表征,这为河道的分布及其变迁研究提供了重要的依据。因为水体在遥感图像上表征出的形迹,除了其河湖本身特征外,还反映在其他相关要素的间接标志上。另外,从水体分布的地理规律及其发生发展的特点,可通过地学分析加以揭示。例如,对古河道与三角洲变迁的研究,除由其色、形、位等直接标志分析外;还可从植物(包括农作物)生长情况、地貌结构特征、土地利用方式等相关因素进行综合分析。

　　在我国漫长的大陆海岸线上分布有许多大小不一的河口三角洲,其中,由北向南规模巨大的诸如滦河三角洲、黄河三角洲、长江三角洲和珠江三角洲等。

　　对于河口三角洲的调查研究,以往通常是野外地面调查,随着遥感技术的进步,人们广泛地应用卫星图像进行典型调查分析。

1. 滦河冲积扇三角洲演变

滦河一出山口就形成了以滦县为顶点的冲积扇平原,同时分布着许多复合或叠置的冲积扇和三角洲,其表明了滦河的历史变迁。在三角洲前缘分布有不少东北—西南向弧形的滨岸沙堤和潟湖,它反映了沿岸海流的方向和发展趋势。

全新世中、晚期,滦河主要在滦县、滦南一线以东,现代滦河之西南范围活动。在其冲积平原上,滦河故道叉枝密布,足见,滦河过去东西不断的摆动,反映了历史上 1000 多年里,滦河下游河道的游荡性。从其迁移的总趋势来说,在整个扇面上是由西向东摆动。

至于滦河口三角洲的演变,从卫星图像上也有显示,如滦河口呈半园形突出的冲积扇分布,影像上海陆交界线呈白色弧线状特征(见图 9-1b)。在冲积扇前缘地带北侧较窄,而南端宽敞,可见,该三角洲呈渐向南方向扩展的趋势。

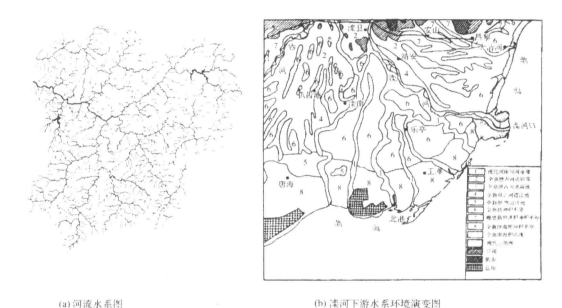

(a)河流水系图   (b)滦河下游水系环境演变图

图 9-1　河流水系及其环境演变遥感分析图

2. 黄河口三角洲的变迁

黄河三角洲是因出海口处纵比降小、水流速降,同时又受到海水顶托,促使河流挟带的泥沙速沉而形成。这种三角洲类型因其河流流量、泥沙含量和海洋能量大小不一而有差异。所以,从影像上的河流三角洲形态的不同,可以分析河流因素的特征。

黄河三角洲分流河口处呈扇形分布,这表明它是由黄河尾闾多次改道演变而成的结果。而这些古河道形迹,在影像上均有不同程度的反映,它们在图像上的河型特征也能得以分析。例如,分流河道是尾闾演变后期形成的河型,它在影像上往往保留较明晰的分流特征。倘若对照地形图,则可清楚地明辨出黄河三角洲中神仙沟、甜水沟和宋春荣沟分流河道的分布特点,但其左右分布着大小不一的游荡性河,有的多股水流归并一股,有的交叉。它们这种多股合流的、相互交织的或是密集排列的游荡性河流,在图像上的线状影纹特征均有显示,这为利用遥感分析游荡性河道提供了依据。这对于直线性型和弯曲型河道的解译也是可行的。

通过三角洲河道演变所遗留的地貌特征(如入海河道两岸的条状沙岗等)分析,即可研究三角洲形成的历史及其沉积体系。

我们知道,三角洲区条状沙岗可在卫星影像图上勾绘出来,然后从沙岗图形分布和物质组成等分析即可得知,它们所集中的顶点分别是宁海和渔洼。它就是黄河三角洲新老两时期形成的中心,即近代和现代三角洲。根据上述黄河三角洲演变的影像解译分析可以清楚看到,其主要是向东北方向演化,这也为黄河三角洲地区的改造和整治提供了依据。

3.长江三角洲的变迁

不同的河流形成的三角洲有着不同的特点。就长江三角洲来说,不同于黄河,它是多汊河口,即南槽、北槽、北港和北支四汊道,这在卫星影像图上有明显的反映。

长江口的北港和北支之间的崇明岛变化很快,这在卫星像片上有清晰的展示。从中可知,长江三角洲发育的阶段性,即以崇明岛为主体的亚三角洲,北支逐渐衰退,很快将被淤死,而长兴岛则成为新亚三角洲的主体。这一现象,在卫星影像上崇明岛的西北岸有扩充的呈红色的作物分布,在新老滩地的分布上有一较明晰的界线,这可能与水文条件、物质结构和地表特征有关,从中也能估算出三角洲推进的前景。

从上分析认为,利用遥感图像进行水系变迁、古河道的调查,对合理开发地下水的资源具有科学现实意义。

目前,不少生产研究部门,利用遥感手段开展古河道、地下水和淡水的探测调查,取得了理想的效果。

例如,关于古河道的调查,在实地考察中除了其河道发育过程中所遗留的牛轭湖等特征外,而河道本身则往往难以辨明。特别是在漫无边际的农田平原上,无法直接确认。因为经历了漫长历史阶段的人类生产过程,一些外形特征几乎不复存在,但古河道中蕴藏的地下水资源则在卫星影像上依然有明确的反映。

在1:250 000京津唐地区的卫星影像地图上,有许多古河道是通过农作物分布的影像特征予以分析而得知的。它主要是通过遥感图像的色调、图形结构及其背景地物的差异等影像特征上反映出来的。例如,京津唐地区5月份的假彩色图像上,冬小麦呈现红色,但是古河道上分布的冬小麦,其影像特征与古河道以外的平原上分布的冬小麦影像的色调等特征有着明显的差异。古河道上的冬小麦长势茂盛,色调呈深红色,其周围的冬小麦因生长不如古河道上的好,在色调差异上呈淡红色。这是因为河道上土质肥沃、水分条件较好所致。因此,古河道上分布的冬小麦,在影像上其图形呈条状曲形特征展示。即冬小麦呈深红色的影像以宽带状曲线分布,其影像形迹类似于原河道流向形态特征,这可从耕地田块结构及排列方向得以分析。可见利用植物(包括人工栽培作物)等分布特征来研究古河道及地下水等内容也是一种有效方法。

这里不难看出,在水资源及其环境的遥感分析研究中,利用卫星遥感技术是一条经济实用的途径。它不仅可用于地表水要素的定性分析,而且可进行地表水数量特征的定量研究。此外,可根据研究的对象、目标,选择不同时期的图像进行水资源的动态监测分析,同时开展河流、湖泊等水体变迁的研究。所有这些对水资源的地理环境背景、水资源的估算、农田水利规划等均有很好的应用价值。

三、水文物理量的分析

在水文要素中水面积、水深、水色、水质、水温等是其重要的水文物理特性,遥感技术可以实时快速而有效地予以分析测定。

例如,冰雪的消融及其水体面积的估算。它们的分布面积,可依据不同的季节时相的图像解译而得。

众所周知,冰雪在遥感图像上具有较明显的反差,图像亮度值大,与其周围的相邻地物有显著的色调差异,呈白色。但它不同于云层的覆盖,因为云层在图像中的图形结构不同,通常还与其阴影相伴。因此,人们在遥感图像上就可标绘出冰川分布或冰川空间区域,此外,还能依据积雪覆盖的地表特征、冰雪特性等标志来编制冰川、积雪分布图。

根据图像中冰川、冰雪的表征,有经验的专业人员可从其色调的深浅、图斑结构、形状特点等分析解译出发展型或是消融性的冰川。这种冰雪的不同亮度值,又往往被人们利用来作为区分冰川粒雪线以及雪线位置变化的重要依据之一,从而绘制出雪线高度图。所以,国内外不少部门,利用遥感资料编制冰川、冰雪分布图。同时,用来作为冰川的水流结构及其动态研究和积雪的储量与水面积计算。

同时按照所需求得某时期的水面积,并作对比监测,从而获得不同季节的水位面积。通常水体图像色调呈黑色或深蓝色,故依此可勾绘出水体范围,并用格网法等求得其面积。其计算公式:

$$F = C_1 C_2 N$$

式中:F 为水体面积,C_1 为像片伸缩校正系数,C_2 为面积换算系数,N 为影像水体面积。对于水深,以往多用波折射测深法、激光雷达和侧视声纳等测定。随着遥感技术的发展,人们利用可见光谱段中水体的后向散射辐射与水底反射辐射的水深信息,测得水体深度的数据。因为水体的后向散射与水深有很好的相关性。

对于多光谱的资源卫星图像经增强处理,可通过波段组合与密度分割法依据不同辐射能量所反映的深浅色调,提取水深信息。然后,参照地形等深线图作复合对比测定其水深。与此同时,也可采用图像如热红外的色调显示,根据水热条件反映的差异,在采样值的对比下,测量出水体的温度。

第二节　水文下垫面单元遥感信息复合制图

水文下垫面图的编制,其主要是为水资源量的计算服务。

水文下垫面是在一定气候条件下,影响地表径流形成、运移及储存的主要环境因素,即地貌类型、地质岩性、植被盖度等。所以,水文下垫面可谓是气候、地质、地貌、植被和土壤等的综合体。为此,水文下垫面是某一区域影响水资源形成、运移、储存的水文地理的基本单元。其不同的环境类型,具有不同的地表水形成过程和径流过程。

由此可见,水文下垫面图主要是指由影响水文下垫面的因子图件,其包括地貌类型图、岩性类型图和植被覆盖度图等综合分析编制而成的。

对于水文下垫面图,传统的方法是由地图资料编制地图的,但它往往缺乏针对性和现势性,这对交通不便、难以进入调查的区域进行水文下垫面图的编制有着较大的难度。

随着遥感技术的发展,利用遥感图像进行下垫面的因子图件和下垫面图的编制,是开展水资源评价估算的探索研究。

如前所说,编制水文下垫面图,首先须利用遥感图像分别编制其因子图件。然后,在诸因子地图的基础上,分析归类编制成不同水文环境类型的下垫面图。这种水文下垫面图,将地表水文和地下水文作为统一体,以利水资源的评价计算。

1. 水文下垫面地貌因子图

它是编制水文下垫面图的重要基础图件之一。不同的地貌类型对气候的降水、蒸发、气温等均有不同程度的影响。如不同高程的地貌类型对气温、蒸发量则有影响。一般来说,山地气温低、蒸发量小,则径流量大;反之,其径流量则相对较小。

地貌类型中的山地、平原等在参考地形图,依据绝对高程划分类型的同时,可根据影像的整体特征及其差异等的划分。例如,平原与丘陵的界线,影像图上其形态、色调特征有明显的展示;平原区的地貌类型,由于所处的地理位置、物质组成、地下水埋深等差异,可区分冲积、洪积、坡积、湖积、海积等及其组合的平原类型。例如,坡积-洪积平原,多呈带状分布于山前地区,物质多半是砂砾石组成,其地下水位低,影像色调较浅。又如,海积平原分布于滨海地带,其类型有低地、洼地、海滩沙丘等。如滦河下游的七里海、海河下游的北大港、南大港,南戴河滨海的沙丘带等,它们在影像上的色调和图形特征均有不同程度的显示。

2. 水文下垫面岩性类型图

地下水是水资源的重要组成部分,而地下水的埋深与地质岩性有密切关系。因此,地质岩性的划分应根据岩石的透水性进行。对此,岩性类型可分有弱透水岩类、半透水岩类、渗水岩类和强渗水岩几种类型。它们因岩石的不同,其透水性程度也不一样。

弱透水岩类,其岩性结构紧密,不易透水,诸如岩浆岩、变质岩等,其山体不显著,水系多呈放射性或树枝状分布。

半透水岩类,主要如砂页岩和碎屑岩等,其组成的山体山脊线较长,水系一般为树枝状结构。植被覆盖的山体,其影像呈红色或深红色。

透水性岩类,岩石结构较粗,易透水,如白云岩、泥灰岩等,山体是连续带状分布。强透水岩类,该类岩性透水性好,诸如灰岩、白云质灰岩,其山体多呈条带状分布。以上不同岩性类可在区域地质图基础上,利用卫星图像的山体形态特征、植被分布等直接或间接的标志予以分析制图。

至于平原区的岩性可在地貌成因类型划分的基础上,依据第四纪沉积物岩相分布特点和规律,结合调查的实际资料进行划分。

关于岩性划分类型的多少与水资源估算的精度有关,即与成图比例尺的大小相关,自然还与岩性细分的准确度有较大关系。

3. 水文下垫面植被覆盖度图

植被是水文下垫面的主要因素,它对地表水径流和地下水渗透均有较大影响。植被覆盖度的大小,关系到地下水的补给量。一般说,植被盖度主要是指一定的地域内森林分布面积与其土地总面积的比值。所以覆盖度大,其截留大气降水多,水土流失少,地下水补给量则多;反之,地下水补给量则少。植被覆盖度的划分可视具体要求而定。

至于降雨量等值线图,可利用多年实测统计的同步系列数值,求得多年平均降水量等值线图,用作水资源计算的必要图件。

在以上几种水文下垫面因子图件的基础上,即可进行水文下垫面图的综合编制。

其分析编制过程大致是:①制图区域遥感图像的筛选分析与处理;②编制水文下垫面要素图件(如地貌图、地质岩性图、植被覆盖度图等);③拟订水文下垫面图分类系统和图例;④下垫面要素复合分析及统一协调;⑤综合分析编制区域水文下垫面图。

流域水文下垫面遥感制图的流程示于图9-2。

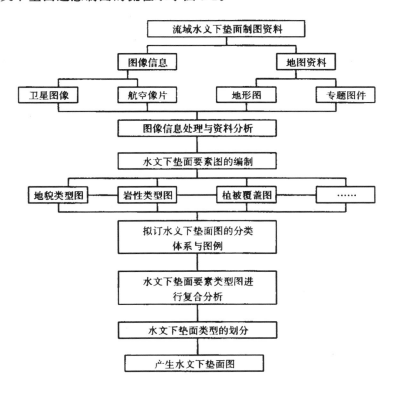

图9-2 水文下垫面图遥感分析制图流程

从图9-2流程图可看出,地貌类型与岩性类型的组合分析是编制水文下垫面图的重要基础,它可确定下垫面最基本的单元。可见,利用遥感调查编制下垫面的地貌类型和岩性类型图是水文下垫面图的基本保证。为了更详尽准确地反映水文下垫面的类型特征,可在前述两要素图组合的基础上,再与植被覆盖度图及其他要素图进行复合分析,产生单元类型图(见图9-3)。

由图 9-3 可见,下垫面单元,首先按地貌类型,依据岩性、构造特征等划分出亚类,然后再复合植被覆盖度将其分出下垫面的基本单元类型,最后可将有关的水文要素予以叠示。

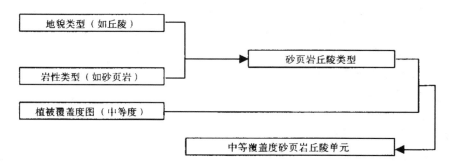

图 9-3　水文下垫面单元类型图产生流程示例

前面论述的水文下垫面图,是为水资源计算服务的。我们知道,水文下垫面是指一个流域(或地区)影响水资源形成、运移和储存等的基本单元。于是在水资源量的计算中,在相同单元里可利用同一水资源计算参数进行计算。可见,利用遥感图像分析提取水文模型参数是重要的环节之一。因为不同区域、不同水文下垫面的基本单元,其水文模型的区域参数也是不同的。这种参数也反映出各流域的下垫面特征。因此,在利用遥感图像分析不同流域的模型参数时,应依据流域的特征予以综合分析。

在传统的常规计算水资源量时,一般是利用各流域水文站实测的水文资料获得模型参数而进行分析计算的。由于遥感技术的进步,人们探索着利用遥感分析确定或结合统计分析确定水文模型中的有关参数,以进行水资源量的研究。1987 年我们曾在京津唐地区利用国土普查卫星资料进行过该区域的水资源评价和水资源量的计算,取得了较理想的结果。这对于我国那些缺乏水文资料地区的水资源量估算有着重要的参考价值。

水文模型的区域参数可通过水文下垫面单元来确定,其实就是将遥感图像的光谱特征等转变成水文信息,而这种转换还反映出遥感图像的综合表征特性。这显然要比常规计算中利用单一要素图件所提取的参数更有综合性和客观性。不过,对此也应视具体情况来确定水文模型的参数。例如,在计算不同地貌、地质单元的最大可能损失量(E 值)时,是依据水文下垫面图进行的。其中不同单元类型的单元面积,是从该图上直接得到的,而单元的降水量(P 值)是通过降水量等值线图与下垫面图叠置计算而得的。那么,要获得计算地表径流的关键参数,还得利用流域地表径流多年观测值反算。这里不难看出,水文模型参数的确定是复杂的,它不是单一而就的。它们有的参数可以从遥感图像分析直接获得,有些是遥感信息与观测统计数据结合确定的,有的目前仍是由统计资料(例如大气降水量等)而定的。

关于利用遥感图像提取水文模型参数的研究,国内外均在积极探索中。美国水土保持局研制的小流域暴雨径流估算模型(SCS 模型)就是一个典型的例子,它也是基于水文下垫面图之基础上的。

SCS 模型表达式为:

$$Q = \frac{(P - 0.25)^2}{P + 0.85} \qquad (P \geq 0.25)$$

$$S = 25\,400/CN - 254$$

式中,Q 为径流值;P 为降雨量;S 为最大蓄水容量;CN 为径流系数。它表达了截流、入渗、地表贮存等过程。可见,这涉及到水文下垫面的许多参数,特别是土地利用及地表覆盖、水文土壤类型等。

对此 CN 值,可依据不同流域特征及其各种类型加以研究确定。这样,可按不同流域或地区供用户进行遥感分析估算应用。实验表明,这种利用遥感信息确定水文模型参数的方法,不仅更新了水资源估算的技术,提高了工作效率,而且经济有效。目前世界各国均在该领域进行水文区域参数的应用研究,是一个很有推广应用研究前景的方法。

第三节 水文模型参数与水资源量的分析估算

前已述及,利用遥感信息进行水资源量的计算,主要是通过水文下垫面因子的地理分析、水文下垫面图的研制以及水文模型参数的确定,最后实现水资源量的估算。

水文模型区域参数的给定是一个重要的环节。目前,在遥感图像上尚不能更多地提取水资源计算的参数信息。因此,一般是利用遥感信息与实测数据综合分析而进行的。

区域水资源量的估算,包括降水量的计算、地表水径流量的估算和地下水降水入渗补给量的计算。

1. 降水量的计算

在水资源量遥感分析计算中,有的参数计算现尚不能直接从遥感图像中获得,降水量就是其中之一。它主要是依据地面实测而绘制的降水量等值线图配合下垫面图等分析而得的。其过程是:①将降水量等值线图与同比例尺的水文下垫面图复合,它可通过转绘复合于下垫面单元图上,或者是由透明片图套合,并计算出单元面积;②依据上述复合图,计算出水文下垫面图每一单元的降水量(P)。这样,即可为地表水径流量的估算提供降水量的计算参数。

2. 地表水径流量的估算

该项参数的计算也是以水文下垫面图为基础而进行的。

(1) 以上水文下垫面基本单元求得的降水量(P)、单元面积等参数外,还应取得最大可能损失量(E),这是求地表水径流量的关键参数;

(2) 该 E 参数,尚需依据不同单元区地表径流多年观测值,运用 Э.М.奥利吉科柏公式反算得之。

奥氏公式:$R = P - E \cdot \mathrm{th}(E/P)$

式中,R 为多年平均径流深(mm);P 为多年平均降水量(mm);E 为多年平均最大可能损失量(mm);th 为双曲正切函数。

这样即可利用流域地表径流多年观测值计算的 E 值,结合研究区域的水文下垫面单元调整提出不同单元的 E 值。这里应指出,在利用流域水文站的观测值计算 E 值时,应考虑站的分布、代表性及均匀性,以利单元 E 值的准确性。

(3) 在获得降水量(P)和最大可能损失量(E)参数后,可按奥氏公式求出地表径流深(R),然后再换算出地表径流量(Q)。

表达式为:$Q = R \cdot S$

3. 地下水的降雨入渗补给量的计算

这是计算区域水资源量的重要参数之一。首先,应计算出不同单元的地下水降水入渗系数。对此,在研究区也许没有水文下垫面单元的入渗系数,而只有不同岩性的入渗系数。所以,它应视不同单元区多年观测的各种岩性入渗系数而定。

(1) 分析流域的不同类型水文观测站多年观测资料的分布规律和特点;

(2) 确定不同类型区的单元入渗系数,同时归纳对应不同地质地貌单元或某一岩性的入渗系数表;

(3) 依据降水补给量(G)公式予以计算。

其公式为:$G = 1000 \cdot P \cdot S \cdot a$

式中,S 为单元面积(km^2);a 为降水入渗系数。

有了降水入渗补给量,就可计算出研究区多年平均水资源量(W)。

其一般式为:$W = Q + G$

但是,在计算地表径流量和地下水降水入渗补给量过程中有部分重复量(径流中的基流量 Q_0)。所以,在上述水资源量中应扣除 Q_0。

即 $W = Q + G - Q_0$

综上所述,利用卫星遥感信息开展水资源量的分析计算是一个经济有效的技术途径。根据我们在京津唐地区应用国土卫星资料等信息所计算的水资源量结果看,基本上是符合实际的。其计算精度主要是决定于:①对研究区的水文下垫面要素的认识广度和深度,诚然还应选取理想的可读性图像;②与水文下垫面要素的分类详尽度有关,另外与下垫面图的单元大小及准确度相关;③水资源量遥感分析计算中,水文模式算法的合理性是一重要因素;④水文模型参数的确定是遥感分析计算中的重要环节。参数的选择须有较好的代表性。例如,地表水径流量计算中。最大可能损失量 E 值是其中一个很关键的参数。对其选取应考虑到水文下垫面单元的地理特征,并利用流量观测数据对预定的 E 值参数作分析验证。这样才能得出符合实际情况的数据结果。

京津唐地区在国土卫星等遥感信息作分析计算水资源量中,得出该区域产水量约为 $129 \times 10^8\, m^3$,其结果与北京市、天津市、河北省地质矿产局和京津唐国土规划水资源课题组调查计算相似。足见,遥感估算水资源量的技术是切实可行的。实践表明,应用遥感方法分析评价水资源量具有省人、省时和省经费的特点,这种技术方法对于难以进入并缺少水文资料的边远地区具有推广应用价值。

从上述分析认为,利用遥感技术开展水资源及其环境的应用研究有着很好的实用价值和广泛的推广应用前景。

水是自然界环境中最活跃的因子。水域的每一个变化均会对自然环境和人类生产活动产生重要的影响。而水环境因子又有变化快的特点,具有显著的动态性。因此,遥感技术应用于这一领域,有其深远实践的科学意义。

正如上所述,遥感对水资源的调查、水资源环境因素的分析、水文下垫面图的编制、水资源的评价、水环境(如水污染、水体富营养等)以及水域动态变化(包括水域的历史演变等)研究均有积极的作用。

就以遥感水资源量的评价估算来说,这是当前国内外有关领域正在认真探索应用的课题。从目前情况看,尽管遥感图像上还不能直接提取更多的水资源计算用的水文模型参数信息,但是随着遥感技术、全球定位系统(GPS)和水文实验观测技术的不断创新进步,它势必成为水资源评价的重要技术途径。

又如遥感水域动态演变的分析应用,它已展示出重要的作用。它们包括河流的变化、湖泊、沼泽洼淀的演变和海岸带的变迁等。

另外,对河流水位的分析,研究较稳定水位状况的枯水调查及其计算,遥感均有积极的重要意义。

随着高新技术在遥感水资源应用的同时,地理信息系统在水资源评价中的应用也相继兴起。

目前,它较多地应用于江河洪水灾情的监测预报。例如,黄河下游洪水险情分析预报信息系统、洞庭湖区资源与环境信息系统的研制等。不言而喻,地理信息系统在水资源及其环境中的应用研究已成为一个重要的发展趋势。

第四节　湖泊水体遥感动态分析

湖泊是大地的明珠,其种类繁多,成因多样,形状千姿百态,诸如洞庭湖、鄱阳湖、纳木错(湖)、青海湖、滇池、洱海、白头山天池、五大连池、西湖、岱海和日月潭等。依据湖水矿化度、温度和营养程度等差异,分有淡水湖、咸水湖或盐湖、暖湖、温湖、冷湖与富、中、贫营养湖和游移湖等。

湖泊有其自身发展、衰退乃至消亡等演变过程。它的发展演变,除与自然环境变迁有关外,还受人类的生产生活的影响。例如罗布泊,20世纪50年代其面积约3000多km^2,是我国最大的游移湖,60年代末70年代初,由于孔雀河流域大面积垦荒截水,入湖河水断流,70年代末,在资源卫星图像上闻名的罗布泊已不见踪影了。该湖泊的消失,给我们一个启示,湖泊作为一种资源应给予足够重视,运用现代的新技术研究它,合理开发利用和保护它。

当今新兴的空间技术——卫星遥感技术是探测湖泊、海洋的先进手段。不论是分布在人迹罕至的火山湖,或是溶岩地区的溶蚀湖,还是冰天雪地中的冰川湖,乃至渺无人烟浩瀚戈壁沙漠里的风蚀湖……,在遥感卫星的观察下,任何湖泊都原形毕露。

湖泊等水体,主要是通过遥感器探测记录水的光谱特性得以表征。因此,水体的影像特征与水的光谱特性紧密相关。如水体在可见光范围内,其影像色调与水体的悬浮物微粒数量、粒径大小及混浊等有关。当水体较清澈时,对短波的散射能力强,水体影像呈现蓝色;水体混浊时,影像呈现绿色或黄绿色,这就是人们以遥感图像解译湖泊的重要标志之一。

自然,水体的光谱特性往往与水中的悬浮物质、有机物质、污染物质及水生生物等有关。所以进行湖泊水体遥感分析时,首先应弄清这些影响成像的因素,然后依照湖泊的地点、成因及其性质,研究它们的发展和演化规律。

一、湖泊水体演变的遥感监测

从上可知,资源卫星图像是湖泊遥感调查分析的依据。在闻名于世的青藏高原上,镶嵌着形式、大小各异的湖泊,称得上"千湖之国"。它们当中有些能涉足而登,亲临其境进行考察,还有不少的是可望而不可及的,只能利用卫星影像来作分析研究。

资源卫星图像上,有不同色调、大小形状的图斑。就湖泊水体来说,其波谱特性和背景地物的光谱特性有明显的差异:在可见光范围,湖泊水体的反射率与其背景地物类型的反射率相差不大;可是在红外波谱段,水体与背景地物反射率有明显的差别,因湖泊水体对红外辐射,几乎全部吸收,使湖泊水体相对于其背景地物有显著的色调区别。因此,湖泊水体在陆地卫星图像的 MSS7 波段(0.7~1.1μm)有很好显示,地学工作者通常采用此波段图像对湖泊位置、形状、大小和水文等特征进行分析。

对不同时期湖泊水位的变化,也可采用不同波段,如用陆地卫星 MSS4,MSS5,MSS7 合成的标准假彩色图像中的蓝色、深蓝色等不同层次的颜色得以区别。从而可用作分析湖泊水位变化的地理规律。

水体与背景地物的影像特征区别,不仅能反映出湖泊的形态特征,而且可揭示其成因、结构等特点;同时,可用以分析湖泊的演变。

以 20 世纪 70 年代后期干涸消亡的罗布泊为例,它的消失过程在陆地卫星假彩色图像上得到了清晰地显示。在卫星图像上现在看到的罗布泊是呈耳朵状的一环一环的影像,被称为"大耳朵",其灰白色的影像是原湖体的分布轮廓,其中的不同色调,表明原湖底地貌的地势特征。图像中罗布泊北部呈深暗棕色部分是湖体后期消亡过程的遗迹,湖泊中部深浅暗棕色交叉的条带曲形影像,反映出湖泊退缩形成的地貌特征。当然,对于湖体成因及其结构研究,单纯依照卫星影像色调、形态等标志是不够的,还应运用地学、生物学原理,进行多元信息的综合分析,有条件的地方应结合实地样品,作定量研究。从罗布泊影像色调、形态等特征分析认为,它是由北向南而游移的。目前的干湖区即最后的消亡区,处于原罗布泊的中部。可见,卫星遥感是人们追踪游移湖泊,诊断湖泊演变的一种有效方法。

在丰富多彩的卫星影像上,湖泊、水库等水体,一般呈现深色调,在黑白片上呈现黑色,在彩红外图像上,呈深蓝色或者墨绿色。这些深淡不同的色调,往往与湖泊、水库的蓄水深度有关,一般来说水深色浓,水浅色淡。另外,湖泊、水库图形与其所处的地形特征相关。比如,波光粼粼、水清如玉的洱海,其外形受断陷构造影响,酷似人耳,古人命名为洱海。它与白雪皑皑的苍山相互辉映,被誉为"玉洱银苍"。这种惟妙惟肖的景观,在资源卫星影像上一览无遗。又如冀东地区的人工湖——潘家口水库犹如一条水龙,蜿蜒而下,这是因弯曲峡谷地形所致。

但是,资源卫星由于观察高度大,不少景物,因受遥感器分辨率等的限制,在影像上不可能将地球表面的所有地物一一显示出来,这正是卫星图像宏观性优势,也是它的弱点。所以,利用资源卫星图像进行湖泊水体分析时,应该考虑到成图比例尺和图像分辨率的问题,还应辅以其他遥感图像,如航空像片等作补充。

例如:昌平沙河水库下游,新建有养鱼池,在1985年10月拍摄的国土卫星像片上,鱼塘图斑面积为1.2mm×1.2mm,借助放大镜能细辨出十几个池塘有水。在平原区,一养鱼池,利用国土卫星像片只能识别出30多个鱼塘,而利用1:6万左右的彩红外航空像片,可判读出100多个。

二、湖区洪、涝、淤等灾害的分析

实践表明,资源卫星图像除用作湖泊水体分布与变迁等动态研究外,还可以有效地分析湖区洪、涝、淤等灾害。

1991年太湖地区灾难性的洪涝水灾,给灾区人民造成很大损失。资源卫星在这抗灾斗争中,密切地监视着洪涝险情,为战胜这场天灾立下了不可磨灭的功劳。从全流域来说,除常州—无锡一些县市外,降雨量没有1954年大,不少地方的降雨量还不及其一半,但这场洪水造成的危害,令人震惊。

造成这场洪水灾害过大的一个重要原因,是太湖流域蓄洪泄洪功能下降。其中因某些不合理工程造成的"故障"等现象在资源卫星图像上早有显露,告诫了太湖区域"肠梗阻"严重,但这一忠告,没能引起有关部门足够的警惕,于是加重了这场洪涝灾害。太湖流域遭受洪涝灾害期间,资源卫星、气象卫星和侧视雷达等先进监测手段充分发挥了作用,利用它们拍摄的图像,判读出湖区受灾范围、淹没区,在短短的半个月内,就向中央有关部门提供了太湖流域洪涝分布图,同时通过计算机处理获取了受灾面积,估算出洪涝灾损失,为国家提供了抗灾救灾的决策依据,充分展示了卫星遥感宏观、实时、客观监测湖泊洼区洪涝灾害的重要作用。

三、高原荒漠湖泊水文特性调查

在茫茫高原,人迹罕至的荒漠区,分布有无数的湖泊,对其水文特性更难以涉足研究,因此知之甚少。随着遥感技术的应用,资源、气象卫星等探测到的各种遥感信息,为揭示湖泊奥秘,创造了条件。

高原湖泊特性各异,有的湖水甘甜可口,有的水质咸苦不能饮用。冬季,不少湖泊结冰封冻,也有些湖泊,冰雪中湖水依然波光粼粼。即使相距绵连的姐妹湖,也会是一个冰面如镜,另一个碧波荡漾。这些信息都能被遥感卫星所监测。

研究表明,高原湖泊冬季结冰与否,除了气候因素以外,与湖水矿化度有重要关系。藏北高原内流区的湖泊一般属于咸水湖,乃至盐湖。它们在影像上的色调也各有所异,例如玛尔果茶卡湖,黑白卫星像片上,湖面盐结晶板地部分呈灰白色;矿化度呈饱和状态的湖水面为深黑色,这类湖泊,多是矿物湖,其矿化度均处于20g/L以上,最高的可达400g/L,通过分析其色调深浅与所处地形部位的相关研究可得出不同湖泊的水文特性。高原咸水湖在-16℃到-21℃时才结冰,矿化度大于35g/L的盐湖,冬季往往不结冰。根据这一特点,可以从冬季图像上分析湖泊的矿化度,不结冰的湖泊矿化度至少为35g/L,结冰的湖泊,矿化度则较低。另外,若湖泊有丰富雪水补给,湖水矿化度变淡,冬季就结冰。可见,利用卫星图像对湖泊水文特征分析是可行的,是一经济有效的技术途径。

四、湖泊信息系统的建立与应用

利用资源卫星图像,进行湖泊、水库的分析制图,可以建立湖泊信息系统,这是湖泊遥感多元分析的新途径,也是湖泊数据更新的重要保证,具有多方面的应用功能。

湖泊水库等地理分布调查,不论高山高寒地区,或是浩瀚无际的沙漠地带以及人烟稀少的边境区域,都能通过卫星像片的地学分析,标出湖泊等水体的位置、形态、大小等基本特征。

湖泊水化学成分、矿化度、水质、水温等,也都能从卫星影像特征中进行定性研究,同时结合地面有关调查数据作定量分析,还可对地图上湖泊、水库、沼泽洼地等水文要素作更新修正。它们在湖泊信息系统的支持下,利用资源卫星像片修编地图是一条多、快、好、省的途径。这对地物变化快的要素,如湖泊的退缩消长,水库的兴修扩建等图面订正补充,都有很好的效果。

卫星遥感图像具有其周期性、宏观性和现势性特点,因此,运用遥感技术进行湖泊、水库等调查制图,有着快速、实时性的优势。所以,开展湖泊信息系统的研制,实时监测湖泊水体,具有广阔的应用前景。

资源卫星对湖泊资源的保护和开发利用,能发挥独特的作用。湖泊是一个多功能的资源库,人们不断地开发索取,其结果引起湖泊生态环境的变化,乃至恶化。而资源卫星获取的像片,能不时地将湖区被围垦、湖面缩小;直到湖泊生态系统的破坏等信息传递给人们,进而可引起有关部门的重视,采取措施积极保护湖泊资源。

20世纪80年代后期,中国科学院地理研究所资源与环境信息系统国家重点实验室,开展了洞庭湖资源与环境信息系统的研究,以图形、图像及洞庭湖近200年的历史变迁专题信息和统计数据为基础,建立了数据库。系统不仅为洞庭湖区的资源与环境动态监测、防洪减灾、湖区环境整治开发,提供了多功能、高层次、可快速更新数据和辅助决策应用的先进技术手段,而且为洞庭湖资源与环境生态系统的平衡和良性循环发展,进行了新的科学探索。这些为各级地方政府整治与保护湖区生态环境和湖泊科学管理,均提供了有效的方法。

第五节 海洋与近岸海域环境图像分析应用

一、海洋的遥感应用分析

约占地球表面70.8%,总面积达3.6亿多平方公里的海洋宝库里,蕴藏着无数的矿产资源、水生物资源、化学资源等。

卫星遥感技术的出现,为人类介入海洋生态系统的综合研究,提供了先进的技术保证。目前,遥感技术已广泛应用于海洋环境动态的监测、海洋水文基本特性的分析、海岸带和海洋资源综合调查与开发应用研究、海洋空间观测系统的研制等。

海洋和人类生活息息相关,它是人类生存依赖的空间场所。因此,利用卫星遥感监测海洋世界有着重要的生产意义。

遥感技术对海洋的综合调查研究不论对海岸线的变化要素、滩涂的消长或是沙洲的游移、变迁和海洋水色监测都有明显的效果。

另外，资源卫星对海洋水深、海水温度、盐度、密度等水文状态的调查研究，也取得较好的效果。还可用卫星图像确定海冰分布范围、边缘位置、海冰厚度、漂移方向、速度和其消长过程等。因为海水和海冰的光谱反射率不同，冰厚度不同，反射率也不一，故海面温度场也有差异。海水在卫星像片上的颜色由浅蓝至蓝色，可区分出沿岸固定冰和流冰的分布，海冰色调呈白色的，其冰厚度大，有的可达 30cm 以上。因此，在彩色卫星像片上依据其色调的差异，可勾绘出流冰分布的最大外缘线，并能进一步量算出海冰覆盖的面积。

可见，利用卫星图像的分析，一般可以确定海冰类型的分布、海冰的厚度范围、流冰的密集度以及最大流冰边缘线位置和海冰面积、海面与冰面温度等数据。

海面温度分布图是原始图像经过处理分析，生成等温度间隔的假彩色影像图，以显示海面温度分布场所绘制的，每一颜色表征一定温度（如 1℃）间隔。可见，利用卫星遥感监测是实现海冰、海温以及盐度实时动态分析的技术途径。

1978 年美国发射了世界上第一颗海洋遥感卫星（Seasat-A），其主要用以观测海浪、海面风、海温和海流以及潮汐、风暴潮、冰场、冰区通航道等。目前，海洋卫星还广泛地应用于水色、海洋环境与海洋渔业生产中。例如，在我国沿海的渔场分布着各种不同习性的鱼类，一旦生态条件发生改变，渔场的位置也随之转移。因此，进行海洋环境研究，对渔场调查，发展渔业至关重要。

分析鱼群的栖息环境，目的在于评估鱼群的分布海域。因为任何一种鱼类，都与海域深浅、水温高低、盐度浓淡和鱼类食源等密切关连。例如，我国黄海、东海分布有广阔的大陆架浅滩，因水深、盐度、水温适中，同时还有丰富的鱼食源，形成多种鱼类生存的生活环境，故是我国多种经济鱼类重要分布场所。

目前，我国有关部门相继利用遥感，尤其是卫星遥感，开展渔业调查及生产应用研究。它们主要包括渔场的地理分布，鱼类的生态环境因子与鱼群分布的相关性以及沿海滩涂经济贝类等的调查和评估分析等。最近一些年来，我国有关部门已开展渔业遥感信息系统的研究，逐步建立起从鱼类数据的采集、分析处理、评估预测的渔业信息系统。这对于我国渔场速报业务系统的发展，实现渔业生产的现代化，具有积极的推动作用。

综上所述，不论是资源卫星、气象卫星，还是海洋卫星，它们都为海洋观测提供了现代化的先进手段。尤其是海洋卫星，对海洋空间观测系统的建立，展示出广阔的应用前景。

二、近岸海域环境遥感分析

近岸海域环境具有陆地系统与海洋系统融合的特点。系陆地、大气与海洋之间相互作用的自然界面，即海岸带系统。它是以海岸为基线向海、陆辐射、扩散的过渡地带。因此，其环境与生态系统受到来自陆地和海洋的双重影响，成为地球系统科学研究的重要组成部分。其对研究海岸带系统物质交换、海陆交互作用以及对全球环境变化的响应和海岸环境管理、近岸区域经济可持续发展，具有重大的科学和现实意义。

近岸海域环境（下称海岸带环境），是全球环境变化的敏感与脆弱地带，其通常是指近岸海域的水深不足 20m 至陆域 10~15km 以内的区域,约占地球面积的 8%。它具有高度的自然能量和生物生产力,是地球系统中最有生机的一部分。海岸带地区往往是城市、人口分布密集、生产活动频繁的经济发达区。所以,海岸带环境面临着近岸生态环境不断恶化、海岸水域污染、海岸资源过渡开发、沿岸灾害频发等严重的问题。

为此,海岸带环境的调查与监测,对于海岸带系统的良性生产循环,海岸区域的永续发展是十分重要的。

遥感技术的进步,其为海岸带和海岛的监测、海滩涂的调查、海岸带环境监测、海岸带和河口三角洲环境变迁及其环境质量评价等提供先进的手段。

海岸带是海陆交汇的过渡地带。其包括陆域的潮上带、海滩涂的潮间带和近海域的潮下带几部分。其陆域、滩涂与海域三者之间的面积比约为 4:1:5。我国拥有 18 000km 的大陆岸线,有着独有的优势区位,是我国经济建设的重要资源之一。

我国海岸带因受地质构造和地貌单元的控制作用,其类型大致有基岸海岸、砂砾质海岸、淤泥质海岸、珊瑚海岸和红树林海岸。研究海岸带及其变化,分析不同海岸类型有重要生产意义。

海岸线的确定,分析潮位高低变化是一个重要依据。在遥感图像,尤其是多光谱影像上,海岸带呈现有较清晰的形迹。比如,资源卫星 $0.8~1.1\mu m$ 波段图像和 $0.7~0.8\mu m$ 波段图像对海岸高潮线与其成像时的水边线都有较好的显示,能区分海水与陆地界线,同时,依据验潮站测得的潮汐过程线计算出海岸潮滩的宽度。这就为研究海岛、海岸带的变化提供了可靠的技术途径。

1. 海滩涂的图像解译

滩涂是海岸带系统中可开发利用的丰富资源之一。滩涂或海涂是指淤泥质海岸的潮滩;砂质海岸的潮间带称之为海滩。

海涂是适于开发利用的淤泥质潮滩。其平原淤泥海岸的海涂主要分布于杭州湾以北的地区,港湾淤泥质潮滩主要分布于辽东大洋河口至老鹰嘴及浙、闽北,是海岸带中利用潜力较大的滩涂资源。

海滩是波浪作用下形成的,它有砂石滩、沙滩之分,后者宜于土地利用开发。滩涂资源包括海滩涂,滩涂沼泽地和河滩地,全国滩涂资源面积为 3 256.4 万亩。其中平原岸段的滩涂资源比基岩岸段丰富。

海滩涂是受水淹没出露的滩地,其面积约 2 623 万亩,占全国滩涂面积的 80% 以上。它是被利用面积最大的滩涂主体。主要是贝藻类、鱼类等的海水养殖用地,大部分分布于南海与渤海沿岸,是海水养殖业的重要基地之一。

滩涂沼泽地是受海水和咸淡水作用,分布有湿生植物,如沼泽草地、芦苇地、红树林等的滩涂地,占全国滩涂面积的 14.5%。其在黄海、渤海、南海、东海沿岸均有分布,而黄海、渤海沿岸面积最大。该滩涂类型中,沼泽草地如大米草地,主要分布于江苏沿海的射阳、启东等地区。沿海滩涂的人工栽培植物,其最终为芦苇等所演替或发展为海滩牧场。芦苇地主要集中分布于上海以北的部分江河口平原岸段;例如,辽河三角洲是我国沿海芦苇分布面积最大的产区,其次是河北、江苏、天津等地。其中天津沿岸多数是分布于海堤内侧的低洼地;有的地区,如山东沿岸的芦苇,已不受海水影响。诸如此类不同生境的芦苇分布在卫星影像上都有不同特征的显示。因此,在分析芦苇植被时,应注意上述不同生境条件下的水分状况,因为有海水和无海水影响的影像有一定差异,前者有芦苇与水体的共同作用,而后者主要受芦苇植被的反射影响。此外,它们与水位也有关系。如洪水时高水位,除了芦苇群落挺于水面色调为红色外,其他植被被淹没色调呈蓝黑色,故影像标志是有差异的。自然,不同植物结构、盖度和生长期的芦苇群落,其影像色调也是不同的,一般说其色调在假彩色图像上呈鲜红色。这样,我们就可结合芦苇的生态环境,据不同饱和度的红色调加以区分。同时也能依据不同岸段土壤的芦苇长势,通过色调的变化予以识别;长势茂盛的呈鲜红色,长势差的呈橙红色或橙色,中间一般的呈红色。据此,不但可将不同沿岸段的芦苇表示出来,而且能反映出不同地貌、水文和土壤特征的芦苇类型。与此同时可根据分类的结果,按照一定的算法计算出其面积和产量。

另外,该滩涂沼泽地,在闽、粤、桂、琼等有关岸段为红树林分布区。红树林是热带、亚热带地区沿岸的一种盐生植物群落。其生境一般是在河口港湾的潮间带高潮区,宜长于入海处的淤泥质、泥沙质滩涂上,故称红树林滩涂地。目前,有些典型的沿岸已建立起红树林自然保护区,如广西壮族自治区北海市合浦县的英罗港、铁少港湾红树林保护区。

我们知道,植被在不同波段,有着不同的反射光谱曲线特征,即多峰、谷特征。在可见光谱段,植被的平均光谱反射率往往高于水体;在近红外谱段,其比水体更高;在中红外谱段,其与水体相近。

红树林滩涂地,因受海水的影响,其植物叶子的反射率比旱生的要低,但它又是盐生植物,其叶子的反射率也会逐渐增加;此外,它因受大气或水体污染程度而有变化。受污染的红树林、其反射率在不同波段是有差异的,在可见光谱段增高,在近红外谱段降低。当红树林严重污染,叶绿素被破坏的情况下,其在上述两谱段的反射率均会降低。为此,在解译红树林滩涂地时,应视其生态因子组合的影响而作具体的地学、生物学分析。

一般情况下红树林滩涂地,在卫星假彩色影像上呈深品红色或紫红色。另外,与覆盖度有关,盖度较大的,呈红色或鲜红色。在间接标志上,应研究红树林的水文因素、滩涂地的土壤特性及其所处的沿岸部位及人类活动的关系等,以区分出红树林滩涂地。

至于受咸淡水淹没出露的河滩地,在我国沿岸海域也有不少分布。例如,钱塘江口岸、瓯江口段和黄河口段等。其仅占我国滩涂总面积的不足5%。在卫星影像解译时,应考虑其形成的海岸地貌、海水潮差及河口水利工程设施等因素。

2. 海岸环境变化的遥感判释

研究海岸带历史变迁,对其合理开发利用具有重要的科学和生产应用价值。

海岸线的变迁,应分析其不同时期的古海岸线变化。主要是根据所遗留的古海岸河口地貌,对贝壳堤状堆积分布、滨海古洼地等进行地学相关综合分析。

例如,天津、唐山间的渤海沿岸的历史变迁,第四纪期间,其多次受到海进,在全新世中期的海浸达到最大规模,一直影响到丰南、宝坻、武清、文安、沧洲一带。目前,在天津市以东平原,尤其是海河以南地区,遗留有标志古海岸的数道贝壳堤,它反映出海岸的间断后撤。其最内的一道贝壳堤,即第4道贝壳堤,因长期受自然和人为活动的影响,地表已残存遗迹很少,部分已被河流淤积物淹埋,在图像上多是东北—西南向的古河道带分布。第3道贝壳堤在影像上还有较清的形迹,呈现南北走向微弯的平滑弧线。据考古证实,第

3 道贝壳堤在战国时期已有人类居住生活。第 2 道贝壳堤,位于南北大港的东侧。在第 1~2 道贝壳堤之间,较清晰地展示出现代海积平原的低湿特征及海水影响的程度。

以上四道贝壳堤的分布,表明了古海岸的变迁历史。它在卫星影像图上,除了第 4 道贝壳堤残存遗迹少外,其余均能结合实地调查分析加以识别,详见表 9-1。

从表 9-1 可以看出,其海岸演变次序反映了渤海湾天津—唐山市沿岸的变迁过程,其各变化阶段均与河流淤积作用有密切关系。它不仅说明其古地理环境的变化,而且也反映出海岸带的内在联系和演化规律。

表 9-1　渤海湾海岸环境变迁影像特征分析

项目 贝壳堤	形成年代	分布地理位置	堤间过渡带特征	影像特征分析
第四道	距今 4000~5000 年以前	黄骅地区,南大港西侧,北大港与团泊洼之间,乃至天津市	地表残存少,部分埋于河流淤积物下	西南—东北向的古河道带,显示较清楚,局部田块走向上隐约显示出与现代海岸线平行的地面特征
第三道	距今 3000~3800 年前	近南北走向,穿越南、北大港洼地,向北经巨葛庄至张贵庄	距今约 3000~4000 年,黄河从北间注入渤海湾,开始了陆地塑造	显示出堤的微弯平滑弧线,其两侧的地物景观差异明显
第二道	距今 1500~2500 年前	位于南、北大港东侧,延伸于岐口、上沽林、杨岑子、白沙岭一线	三、四道堤之间,形成宽约 10km 的差异沉积带	能识别出堤的形迹二、三道堤之间的 10km 的沉积带
第一道	距今约 500~600 年前	紧靠沿海	一、二道堤间的现代海积平原的低湿地带	废弃的曲流河道,影像上以断续的弯曲图形显示

3. 近岸海域生态环境质量遥感分析

如前所述,海岸带地区往往是大城市密布区。因此,海岸带生态环境,尤其是沿岸水环境的监测,有重要作用。在对其生态环境监测中,一般是采用常规监测方法,即通过现场实地采集样本,然后室内实验分析,进而推断其分布与演化的特点和规律。但该方法受采样点等数目的限制,有其局限性。遥感技术的出现,为其快速监测的同步性、系统完整性、宏观性、现势性提供了可能。例如,水环境污染监测、漏油污染监测、赤潮分析以及水体浑浊度与含沙量分析等。此外,以海洋的海浪、海流、海温、海水和海平面形态等的遥感监测都有较明显效果。

沿海地区是人口经济发达区,随着沿海城市的发展,沿岸水体的污染日益严重,比如,沿岸城市生活污水、工业水污染(含热污染)以及近岸海域石油污染等。

沿海城市排出的废水多为混合型的生活工业污水,在卫星影像上一般呈黑色。工业废水,如电力、化工、钢铁等排出的污水,因近岸海域水体升温而成热污染。当流入海洋的水流,在热图像上往往呈现白色的羽状分布,其羽状的色调随离排污口因发射能量的不断减弱而渐变成深色。故此,可以监测污染源、扩散状态和方向,同时还可结合实地采样,区示出一定温差的热污染水体。

至于近岸海域的溢油现象也是海岸港湾常见的一种污染。其在卫星影像上,由于水体上的油膜与水面间有一定的辐射温度差异,同时,因油膜反射率比水体高,故其色调一般为浅色调;可在热红外图像中,其油膜因反射率远低于水体,色调为深色,这就为监测海岸水体的溢油提供了依据。

另外,近岸海域或港湾区,常出现水体悬浮固体污染物(如浑浊泥沙等)。水体的污染浑浊度与悬浮泥沙含量等有关,而其又影响水中散射光的强度。因为水体中含沙量多,浑浊度就大,故其散射强度也较大。对此采用诸如波长 $0.65 \sim 0.85\mu m$ 的图像,就能识别出不同等级的水体悬浮固体物。

从上可知,我们对近海岸水域的污染物性质、程度和污染类型的研究,能对水域的水质作出评价,划分出污染等级区。

4. 海岸带环境灾害图像解译制图

海岸带是社会经济发展的重要区域,但它同时也面临着众多的自然环境灾害。诸如,因全球环境变化而引起的海平面上升,由水体富营养化而产生的赤潮现象以及强台风暴灾害等。

1) 海平面上升预测分析

可以设想,我国海岸带上的几大三角洲平原区城市,如营口、天津、广州等,其海拔高度一般为 $1 \sim 2m$。如果海平面上升 $1m$,那么,凡海拔高度在 $3 \sim 4m$ 的区域都将被淹没。上述四城市和其他大量的中小城市就成为汪洋一片,对沿海城市、工农业生产构成巨大的危害。

对于沿海地区的低海拔的平原和洼地,为了保护海岸和防御海平上升,有关部门可事先利用高分辨率图像和成像光谱技术,辅助数字高程模型(DEM)预测出可能被淹没的宽度和范围,同时,依据预测淹没面积图调查分析,采取严加保护措施,开展沿海植树造林,建筑抵御海平面上升的天然屏障,加固堤岸。另外,对沿海城市的建设要考虑海平面上升的因素统筹规划,合理布局,长远设计。

2) 赤潮的遥感分析制图

近岸海域随着沿海城市工农业生产发展,污水排放,农用化肥流失等使海水含有大量的无机氮、无机磷等营养素和可溶性有机物,它们为海水藻类繁殖提供了有利的生长环境和条件,极快地促使赤潮的发生。

此类由大量藻类(如硅藻类)繁殖而引发的赤潮,在我国由渤海湾到珠江三角洲沿岸港湾均有分布,几乎发展到世界所有临海地区。所以,它对沿海区域经济形成极大的危害。例如,1998 年 3 月 19 日香港海域发生赤潮,危及众多的渔场,损失约数千万港元。

1998 年夏秋间,渤海海域发生了大面积的赤潮,历时数月,分布面积高达 5000 多 km^2,其波及到辽东湾、莱州湾、渤海湾乃至海湾中部海域。其给渤海的渔业造成了极大的经济损失。9 月中旬,渤海锦州东部海面出现大面积棕红色的呈条带状的赤潮。此次赤潮持续到 10 月中旬才得以消失。

现在,赤潮已成为沿海国家重大的环境问题之一。为了监测赤潮,美国等利用陆地卫星图像开展应用研究。实践表明,赤潮区的海水,主要是藻类生物体的影响,因此,它与含泥沙悬浮质的海水,图像的光谱特征是有差异的。故而,就可依据资源卫星图像对水体植物,主要是沉水植物(如轮叶黑藻等)的光谱特征作处理,区分不同密度的藻类。据此周期性的分析制图,还能进行赤潮的动态监测。

5. 近岸海域环境的遥感—地理信息系统设计

海岸带是经济技术与商贸发展最具活力的区域,所以,保持其区域持续发展,开发良性的海岸带生态系统是必要和可能的。为了对海岸带资源与环境的科学管理,实施海岸带的区域、系统监测评价、预测规划,建立基于遥感分析基础上的海岸信息系统是势在必行的。

我国的海岸带大致有山地丘陵海岸、平原海岸和生物海岸三大类。它们都有各自的地理特点和分布规律及其利用类型,如:

山地丘陵海岸:是具有岬角、海湾,岸线曲折,岛屿罗布特点,主要分布于我国辽东半岛、山东半岛、浙江镇海角之南和广西北仑河口的大部分地区。其中基岩港湾海岸多开发为深水良港,或是滨海旅游景地;沙质海岸多为砂矿开采地;海湾沙滩是良好的旅游资源;港湾淤泥质海岸,往往是养殖、盐业和旅游地等。

平原海岸:其岸滩物质较细,宽阔平缓。它们有滨海平原、三角洲平原和河口湾淤泥质海岸等。主要分布于渤海沿岸,苏北沿岸、长江口、杭州湾和闽、珠江等河口地区。它们多开发为养殖业、种植业或是油气资源的开发区。

生物海岸:是热带海岸的特殊类型,包括珊瑚礁海岸和红树林海岸,而前者主要是由珊瑚礁之遗骸聚积所成。它们主要分布于南海诸岛等地,是重要的水产、旅游观赏资源,其中有些列为自然保护区。

上述海岸资源应如何科学合理的开发利用,必须对海岸带进行综合因素的分析划区。其包括自然地理或人文地理的划分,比如,依据其海陆过渡性的内涵,按人文的社会经济海岸带的区划等。诚然,对于海岸带的划分,应视用户的具体目标、对象要求,而选取区划指标。比如,向海侧应考虑国际海洋法领海范围和经济管辖区规定;向陆侧需据沿岸城市或交通通讯网络、经济辐射与吸引范围而设定其门槛值等。诸如此类都能在海岸带信息系统的支持下,实现系统的决策管理。

海岸带信息系统的设计应以海岸带遥感综合分析为基础,采用全球定位系统(GPS)的数据采集、空间实时定位和数据匹配与更新,建立分布式集成、网络化体系。

1)海岸带基本信息库

系统的核心部分是海岸带资源与环境信息库:其包括海岸带基本数据、海岸带资源、环境、海岸带社会经济状况和海岸带环境灾害及其他。

(1)海岸带基本数据,如:地理坐标(λ,φ)、岸线长、宽、领海面积、经济专属区面积以及海岸性质、类型等;

(2)海岸带资源与环境数据,如海岸海滩涂种类、面积,海岸潮上带、潮间带、潮下带的范围、资源量、利用程度;海岸污染类型范围、程度整治情况及海岸带生态脆弱度等;

(3)海岸带社会经济数据,如:沿岸城市规模、人口密度、交通通讯网络、海岸土地利用及其工农业生产值和海岸区划等;

（4）海岸带环境灾害，如海平面变化（如海平面上升）、海岸下沉、沿岸赤潮和台风等。

对此，就可据具体情况拟定系统的评价指标体系，用作海岸带资源环境的监测分析评价，为海岸带区划和开发利用提供基本数据和评价指标。

2）海岸带评价应用模型

21世纪，可谓是海洋的时代，是开发利用和保护海洋的新世纪，因此，在《中国21世纪议程》中，将海洋资源的可持续开发与保护作为主要行动方案领域之一。所以，研制海岸带综合管理体系是其技术保证，开发海岸带评价应用模型是其重要内容：诸如海岸带测定、演化模型、海岸滩涂开发模型、生产投入/产出模型、海岸带人口迁移模型、城市发展演变趋势分析、海岸带环境质量监测评价模型和海岸带资源与环境综合分析评价，以及海岸带经济持续发展模型等。它们可以建立起系统的模型库，提供用户作有关的决策分析应用。

参 考 文 献

[1] 中国海岸带土地利用编辑组.中国海岸带土地利用.海洋出版社,1993,2～6
[2] 陈述彭主编.地球系统科学.中国科学技术出版社,1998,844～849
[3] 庄逢甘、陈述彭.卫星遥感与政府决策.宇航出版社,1997,65～68,123～129
[4] 京津唐地区国土卫星资料应用研究组.国土普查卫星资料应用研究(Ⅰ).科学出版社,1988,143～163
[5] 郑威、陈述彭.资源遥感纲要.中国科学技术出版社,1995,444～449
[6] 李秀云、汤奇成、傅肃性著.中国河流的枯水研究.海洋出版社,1993,111～120
[7] 傅肃性.遥感图像在水利资源调查与制图中的应用.农业制图.测绘出版社,1991,190～196
[8] 赵锐、刘玉机、傅肃性主编.中国环境与资源遥感应用.气象出版社,1999,2～7

第十章 生态环境遥感动态监测与制图

资源、环境与人口是当今社会面临的重大问题,同时也是面向 21 世纪区域经济持续发展中发人深思的研究课题。

区域环境是一个自然、社会经济与人类生产活动的复合巨系统,倘若要科学地解决其资源、环境和人口与经济之间协调关系,单凭常规的传统的决策管理技术方式是困难的。

当今信息社会,针对区域开发中资源、环境和经济发展的宏观调控问题,运用遥感与地理信息系统作为区域资源合理开发与环境治理综合研究的技术,已成为区域可持续发展中解决矛盾的重要手段,是实现区域环境监测有序管理的基本保证。

第一节 生态环境遥感地学分析与质量评价

环境包括自然环境和社会环境,环境的质量关系到人类的生活和健康。所以,对环境要素优劣作出定性、定量的分析,是区域环境整治的重要基础。

一、生态环境污染的地学分析

1. 水环境污染

水环境是遥感应用的一个主要领域。在江河湖海的各种水体中,随着工、农业生产的发展,其受污染的程度不断严重。它们包括生活废水污染、泥沙等悬浮固体污染、石油污染、重金属污染、富营养化污染和热污染等。

生活工业污水,多为混合型污水,其水体为黑褐色,影像呈黑色。在工业污染中,一般分有色透明和无色透明的两类,前者图像上视污水的色度不同而有深浅色之异;后者图像上与无污染纯水色调类似。至于有色和无色浑浊工业污水,图像上均呈有一定的色调,能视污水物、水色、排污口及取样等具体情况加以分析区示。例如,电力、钢铁等工业排出的污水,使自然水体升温而产生的热污染,其排污口的水流,热图像上呈白色羽状。其色调由远离排污口因发射能量减少而逐渐变深。

应指出的,水体污染单凭水温有时难以区分,还应分析其排污水的物质成分及其污水颜色。其反映在图像上往往复杂多变,因此,这就需视水污染之具体状况,采样对比而鉴别其污染体。

关于水体悬浮固体(如泥沙),其含量与水中散射光的强度有密切关系,含沙量多、浑浊度大的水体有着较大的散射强度。实践认为,利用波长 $0.65 \sim 0.85 \mu m$ 的图像,对水体悬浮泥沙浓度的识别分类较为理想。

此外,石油污染也是港口海面常见的一种污染体。由于油膜与水面存在辐射温度差,油膜反射率比水体高,故在卫星图像上是呈浅色调;在热红外图像上,因油膜发射率远低于水体,故呈深色调,可见,利用多光谱图像,能有效地监视港湾和海面的石油污染。

自然,遥感对于富营养化、重金属等污染,都有一定的监测能力,但还需作必要的物化、地学辅助分析。

2. 大气污染

大气污染(包括氮氧化物、二氧化硫、二氧化碳等)是城市环境中的一种主要污染。它们的污染大致来自各类排烟的固定源和汽车等交通工具与各类垃圾场的流动开放源。

大气中的气溶胶是影响大气质量的主要因素,其是烟雾、尘暴等悬浮于大气里的污染物,它们在图像上都会反映出其分布的特征。例如,氮氧化物、二氧化硫的图像灰度信息在 TM1、TM3 图像中均有明显的反映。同时,也能从高分辨率图像上判别出城市烟囱,然后反演烟雾的污染范围与程度。至于林火、草原火焰浓度,卫星图像都能清晰地展示,并预示其扩散的方向与规模。

大气的气溶胶,因浓度不同,图像色调就不一,浓度大,其散射、反射率大,影像呈白色;反之,呈灰色。同时,结合大气取样监测分析,可鉴别出其主要污染物、颗粒数目及其分布空间。根据多期监测,可获取大气污染的时空分布与变化规律。

在城市环境中,热岛就是大气热污染的结果。因此,开展热岛遥感分析,是整治城市环境的重要措施。

常规的城市热场研究,通常是采用离地面 1.5m 高的气温值进行的。而遥感技术可探测到城市下垫面的地物辐射温度(简称亮温),它在图像上以像元为单位的平均地面辐射温度表征城市温度场。所以,在实际监测分析中,一般是直接用亮温表示城市热场的。它可很好地反映城市亮温热岛内部结构和平面展布特征,且可作动态监测。

城市热污染严重影响城市的生态环境。所以,克服与防治热污染是提高城市环境质量的一项重要指标。对此,利用资源卫星热红外图像或航空热红外图像,经过图像的增强处理,按一定时期将污染的分布范围和强度显示出来,或用城市下垫面亮温等值线予以表示,这样,可将各个城市夏季的热岛中心分布展示。而这些还可基于 GIS,用三维可视化图形加以显示。如城区市内的热环境呈现"群峰林立",郊区展示为"平缓丘陵"等热岛现象,而市内的"陡峰"图形,往往是城市人口集中的商业区,或是热源发泄的工业区,或是人流如潮的火车站……;相反,在城郊区的公园绿地分布区,其三维图形显示为一低洼的"冷湖",其主要是因公园植被和水体对热环境的调节作用。足见,城市绿化不仅可以美化其环境,而且还能有效地净化空气,改善城市生活环境,防止大气热污染。

城市热岛的形成,主要是由过高的建筑容积率和人口、工业高度集中所致。市区密集的工业、交通和建筑用地,其大量的低空大气粉尘浓度致使市区地表辐射热难以扩散。故此,在城市规划建设中,注重城市热岛遥感研究是一个重要的方面。

3. 土壤污染

土壤是覆盖地球表面的物质。利用遥感图像研究土壤,通常采用波长 $0.51 \sim 0.56\mu m$, $0.65 \sim 0.70\mu m$, $0.8 \sim 0.85\mu m$ 和 $1.55 \sim 1.60\mu m$ 进行识别分析。而土壤污染后,

其物质受到了影响,不仅其物质成份会有反映,而且明显地影响到作物等地面分布,于是直接、间接地反映出其光谱特性的差异。

土壤污染的遥感监测,一般可利用植被要素等作为指示标志加以识别。例如,盐渍化的土壤,其多覆盖有盐生植物,或作物生长不良或出现盐壳,成为裸露地,这些植物类型、地物组合及形态特征在图像上都有较清楚地显示和区分。

另外,受污水污染的土壤,会直接反映在植物种属的变化上。如受污水灌溉后的土壤,因重金属元素的富集,势必致使某些作物或植物枯死,或出现另一特有种属,于是,这自然会在土壤波谱特征上有所表征,利于识别分析。此外,还可以将污染土壤的污水灌区信息等建立背景信息库,辅以识别。

区域生态环境是自然、社会经济与人类生产活动的一个复合型系统。该系统的脆弱性如何,遥感动态监测是一有效手段。

某区域的生态环境是否受到破坏成为脆弱系统,通常是以区域植被(含森林植被)覆盖程度、土壤侵蚀、水土流失、土地退化、盐渍化和沙漠化等指标予以研究的。而诸如此类,利用遥感图像经过植被指数、植被影像纹理以及侵蚀沟壑密度等等分析,就可监测出区域生态环境的脆弱性,进而为区域生态环境整治和保护提供必要的科学依据。

二、环境质量的分析评价

环境质量的评价是区域环境污染综合防治的重要基础。因此,开展环境调查研究,对掌握区域环境质量状况,预测环境质量的发展趋势具有重要的科学现实意义。

环境背景研究有两部分:

(1)自然环境的基本特征;

(2)环境背景值的分析。

要搞清环境背景,需建立各种环境要素的背景值,其研究内容有:

·水文(包括河流水量、水位、泥沙、水化学状况等)

·土壤(土壤类型、特性等)

·农作物(作物类型、面积、作物污水灌溉等)

·植物(森林类型、分布面积等)

·水生生物(水生物类型、分布面积等)

·大气环境(气温、降水、日照量、风向、风速、大气稳定度等)

·地质、地形、地貌(地质岩性、构造等;海拔高度、地势等;地貌类型、形态特征、物质组成等)

·土地利用与覆盖(农、林、牧等用地分布、结构、面积等)

上述是除了社会经济背景调查外的环境主要内容。开展这些背景要素的调查,旨在进行环境背景值的研究,如,大气背景值、水和土壤的背景值。可见,环境背景调查同环境背景值的研究是相辅相成的,其结果是为环境质量评价提供必要的基本图件和数据。

环境质量的评价,通常应掌握自然环境的背景特征。如有了森林群系的分布资料,就可依据不同森林类型对大气净化的功能加以分析。

1. 森林植被净化大气功能分析

自然界中,植被包括森林植被对大气能起到很好的净化作用。其净化的功能主要是依据不同植被体态特性与对大气净化能力及植被覆盖度(%)等指标而定的。这对于区域环境保护有重要意义(见表10-1)。

表 10-1　森林植被净化大气功能分析

等级	净化功能分级	植被覆盖度(%)	植被类型
1	净化大气功能极强区	86～96	云杉、落叶松林、桦木林、刺槐、柳杨林
2	净化大气功能强区	83～94	油松林、侧柏林、栓皮栎林、山杨林、杨林、针阔混合林、园林等
3	净化大气功能较强区	70～94	蒙古栎林、油松、栓皮栎林、胡枝子灌丛、芦苇沼泽、果林、粮果间作植被等
4	净化大气功能中等区	70～90	山杏、山桃矮林、酸枣灌丛、水生植被、栽培植被、疏果林等
5	净化大气功能较弱区	60～90	草甸、耐盐栽培植被、村庄防护林等
6	净化大气功能弱区	20～70	草丛,城市绿化好的地段
7	净化大气功能极弱区	0～19	城市绿化差的地段,盐田、裸地

对此,中国科学院植物研究所王绍庆等根据京津唐地区人类生产频繁活动影响形成的一个特殊生态系统,分析和划分了其功能区。森林等植物是这一生态系统的重要组成部分,由于植物及其组成的植被具有多种净化大气的功能。故在野外调查、遥感应用研究和室内化学分析及环境评价的基础上,结合有关的研究成果,分析确定植被净化 CO_2、SO_2 等,减弱噪声污染、杀菌或抑菌作用等 7 个单项评价指标(10 分满分)分级而成的。其与区域植被类型、结构差异和人为因素等有关。例如,某区域乔木、灌木、灌丛和草地多层结构的植被比单层的乔木植被减噪能力作用大,树冠矮而大的乔木林及密灌丛比树冠高而小的乔木林减噪作用大;在夏季,落叶阔叶林比针叶林的减噪功能的评分为 9,窄林为 8,……等。最后每一植被类型,均可得一综合评分。这样,就可获得植被净化大气功能分区图。

2. 土地利用因素的环境承载力评价

土地利用现状是反映自然环境变化甚为敏感的因素之一。因此,人们往往用其来评价区域环境承载能力。对此,我们曾在晋陕蒙接壤的三角地区,对其环境脆弱生态系统区的土地利用类型和水文因素,利用 1987 年和 1994 年的航空像片,对其环境承载力作了分析评价。

环境承载力是地质、土壤、植被、气候、水文等综合反映,其环境因素之间是相互影响的,其影响程度(据 Robests,1974)分为:

0 级:因素间基本上无影响;

1 级:因素间有较低的相互依赖关系;

2 级:因素间具有中等的相互依赖关系;

3级:因素间有着密切的相互依赖关系。

在此基础上,可建立起环境因素加权矩阵,对每一因素给一权数。对每一种环境因素的各种参数与可能发生的人为活动项目建立适应程度矩阵,可综合分析区域内某环境因素对人为活动的适应程度(据万国江),其等级可定义为:

1级:最适应,即对自然环境不会产生不良影响;

2级:适应,对其带来环境的不良影响易予消除;

3级:基本适应,对其带来的环境影响可以消除;

4级:不适应,对其带来环境的不良影响难以消除;

5级:最难适应,对其带来环境的不良影响无法逆转。

当对各环境因素的适应程度作出评价后,可叠加分析,进行综合评价。

其分析方程:

$$I = \sqrt{(I_i)_{max}\left(\frac{1}{n}\sum_1^n I_i\right)}$$

式中:I——综合指数;

I_i——单项因子的适应程度;

$(I_i)_{max}$——单项指数中的最大值。

据上,我们就可依据诸如土地利用、水文因素等,通过地理信息系统对其作适应程度的评价。同时还可根据上述加权后的适应程度指数,作出土地利用因素和水文因素的环境承载力空间分布图,见图 10-1、图 10-2。

环境承载力
(由小到大)

☐ 7.77~8.58 ▤ 3.93~4.03
▥ 4.32~7.77 ▦ 3~3.93
▤ 4.19~4.32 ■ 1~3
▤ 4.03~4.19 ☐ 城镇居民区

图 10-1 1987 年矿区环境承载力空间分布

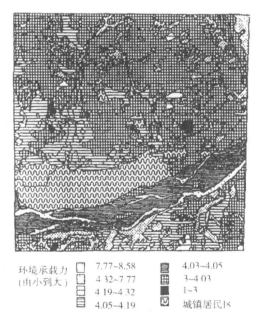

环境承载力
(由小到大)

☐ 7.77~8.58 ▣ 4.03~4.05
▥ 4.32~7.77 ▦ 3~4.03
▤ 4.19~4.32 ■ 1~3
▤ 4.05~4.19 ☑ 城镇居民区

图 10-2 1994 年矿区环境承载力空间分布

环境承载力的大小,可表明区域内环境脆弱的程度。环境承载力差,即其环境脆弱,对人类生产活动等的适应能力就差,易使区域生态环境恶化。因此,环境承载力的分析评价,对区域生态环境优化和区域经济持续发展有重要的科学现实意义。

第二节　环境污染图像识别制图

环境污染如上所述,有水体污染、大气污染和土壤污染等,其中,水体包括河流、湖泊、水库、池塘以及海洋,所以水体质量评价包含上述诸方面。关于水体污染物种类繁多,诸如:

废水污染:水色水质发生变化;

石油污染:油膜覆盖污染水面;

热污染:水温升高;

富营养化:浮游生物含量高;

重金属污染:重金属元素含量高;

泥沙等悬浮固体:水体浑浊等。

以上列举的水质污染,按常规方法均可通过实地取样和室内化验分析,监测出其污染的程度。

随着遥感技术的进步,遥测在水环境等领域的应用引起了环境保护部门较广泛的重视。通过各方面的努力实践认为以上列举的各种水体污染在遥感图像上除有的不清晰外,都有不同程度的反映。它是我们用以监测的依据。例如:

·废水污染:城市污水及各种混合废水在彩红外像片上呈黑色;工业废水因含不同物质,影像色调有异。

·石油污染:在可见光、近红外图像上呈现浅色调;在热红外图像上呈不规则的深色调。

·热污染:它主要是因排污水温而显示,其在白天的热红外图像上呈白色的羽毛状水流分布。

·富营养化:因浮游生物含量高,引起溶氧量、生化需氧量等的不同程度的变化。它们在图像上如果不从水生物的叶绿素成份去分析是难以识别分类和监测的。其中,氨氮,在图像上往往很难从色调中予以提取。有的水体污染物为悬浮固体(如泥沙污染),在图像上,因其浑浊度等关系有较明显的反映,可获得一定程度的识别分类。下面就台北市基隆河中、下游的悬浮固体作遥感监测分析,供作对比参考。

1．河流水体悬浮固体图像波段分析

采用图像对水体水质进行研究,首先应分析水体的散射和反射的特性及其与水中悬浮质含量的关系。一般说,水体的反射要比地表物质复杂的多。以悬浮质来说,其含量与水中散射光的强度有密切关系,浑浊度大的水体,有着较高散射强度。因此,随着河流水中悬浮固体(泥沙)浓度的增加及其粒径的增大,水体反射量也就增大。据对湖水测定的波谱曲线看,水体反射波谱在 $0.4 \sim 0.7 \mu m$ 可见光波段反射率高于近红外波段。所以,人们往往以此波段监测水质、水深和水底地形。足见,用可见光波段来分析水体本身是一理想的波段,实践表明,利用 $0.65 \sim 0.85 \mu m$ 波段图像,进行水体悬浮泥沙浓度的解译,有较好的效果,另外,利用近红外波段来识别水陆分界也有较好的效果。

据此,我们对 1997 年 11 月的 SPOT 图像作了分析,认为 SPOT 图像 $0.50 \sim 0.59 \mu m$ 波段是处于水体最小衰减值的长波一侧,利于监测水体的浑浊度和水深。故此我们选择此波段对基隆河中、下游河段,依据台北环保部门 1997 年 7 月监测的水质项目悬浮固体数据作了遥感识别分析。

2. 基隆河水体悬浮固体污染遥感识别分析

基隆河是淡水河的支流,其流经台北盆地平原,而后汇入淡水河向西北流向东海,是台湾环保部门重点整治的河流,故对其悬浮固体的污染监测是重要内容之一。

在上述水体悬浮泥沙污染信息源分析的基础上,将磁带输入电脑,基于 PCI 图像处理软件和 ARC/INFO 地理信息系统软件,通过 PC NFS 网络软件,对水体悬浮质数据,作了污染划分,在分段的前提下,进行了监督分类。即对每河段的不同污染程度分别选取了训练样本,从中得到各自的均值和方差,见表 10-2。

表 10-2　基隆河中、下游段水体悬浮泥沙训练样本值

河段污染级别(mg/L)	均值	方差
> 60	100.79	2.76
40 ~ 60	113.29	31.37
30 ~ 40	108.78	2.48
10 ~ 30	98.68	5.13
< 10	94.02	6.97

通过以上河段悬浮泥沙污染的最大似然率监督分析,得出各河段水体污染的泥沙含量百分数(%),见表 10-3。

表 10-3　基隆河水体悬浮泥沙含量百分数(%)

河段污染级别(mg/L)	悬浮质像元数	百分比
> 60	53929	5.05
40 ~ 60	83036	7.78
30 ~ 40	73507	6.89
10 ~ 30	110157	10.32
< 10	629901	59.03
未分类	116649	10.93

由上述图像处理分类计算结果,基隆河自江北桥至入淡水河的河口处,其水体悬浮泥沙污染程度是不同的,大致可分为如下 5 级:

1. 轻中度污染　　　　　百令桥以下
2. 中度污染　　　　　　中山桥—百令桥
3. 轻度污染　　　　　　民权桥—中山桥

4. 轻微污染 　　　　　　　　成美桥—民权桥
5. 无污染或微小污染 　　　　成美桥以上

从以上各河段污染分布的面积百分比(%)来看,其中1,2,3级仅占监测河段的5~8%,4级占10%以上,而无污染或微小污染的占约59%。可见,基隆河中、下游段泥沙污染程度是不严重的。

3. 基于GIS的流域环境背景复合处理

由SPOT1图像处理识别可知,该法分析水体悬浮泥沙的污染是可行的,但是其各河段污染程度往往因无地理背景难以作因果关系分析,故此,我们又依据基隆河流域地表覆盖的环境背景类型及与其分类所需的背景数据,建立数据库,而后参照与基隆河流域复合的背景图予以多源的地学相关研究。

据此,我们结合基隆河流域水体悬浮泥沙污染的环境作了相关分析。利用同年的SPOT1,2,3波段图像,运用最大似然率模式识别,对流域泥沙污染的背景环境特征,选取具有一定代表性的15类训练样本作了分析处理,然后,又按照可能影响流域泥沙流失污染的地表覆盖类型加以归并,形成基隆河流域环境背景类型,见表10-4。

表10-4　基隆河流域环境背景类型

背景类型	诸类像元数	各类百分比(%)
林地	4 584 675	41.32
草地	518 382	4.66
灌丛	1 138 491	10.24
城市绿地	576 362	5.18
城市	2 750 526	24.72
裸地	217 286	1.95
水田	263 026	2.36
旱地	488 722	4.39
水体	575 832	5.18
合计	11 123 302	100.00

产生基隆河流域环境背景要素图后,将其与已处理好的基隆河水体悬浮泥沙污染分级图作几何配准,形成基隆河水体悬浮泥沙污染环境背景类型图。以进行流域悬浮泥沙污染的地理相关分析。

4. 结合流域环境背景分析悬浮泥沙污染程度

如表10-2基隆河水体悬浮泥沙污染级别的图像灰度均值可知,其由上中游至下游,泥沙污染程度呈递增趋势,可是到百令桥以下,其应属中度以上污染(>60mg/L),然而,其图像灰度均值反比40~60mg/L级还要低,这单从基隆河的污染分级及其均值分析是难以解释的,因它还受流域背景环境等因素的影响,为此,基于上述环境背景的研究,是合乎其地理分布规律的。

通过流域水体悬浮泥沙污染环境背景要素的综合分析认为,基隆河自东向西流经的环境类型,主要是常绿阔叶林为主的林地,约占试验区面积的 41% 以上,灌丛、草地占 15% 左右,城市与其绿地计占 30%,其他占 14% 上下。

现就基隆河诸河段悬浮泥沙污染背景按段级作地理的相关分析:

基隆河成美桥以上的中、上游段,其两岸的环境背景类型,绝大部分是常绿阔叶林,它不仅利于水源的涵养,而且保护了两岸的水土,因此,它约占 59% 面积的河段属于无悬浮泥沙污染或微小污染的清澈水体,是流域环境保护较好的河段。

成美桥至民权桥河段,处于台北盆地,相对于上述河段,受森林环境保护的作用,因其覆盖度稍差,而有减弱,同时,开始受其右岸的耕地和左岸城建地及其废水杂质等的影响,该河段已受到轻微的污染,但水体仍较为清洁。

民权桥至中山桥间的河段,大部分处于城市区。左岸为松山机场和周围的草地,右岸多为旱地、草地与城建地交叉分布。沿左岸的草地分布区利于水土保护,但该河段间,另有由北向西南流入城区的支流,它也会不同程度的影响水质状况,不过,该河段乃为轻度的污染。

中山桥至百令桥段,其绝大部分都在城建地上穿越,森林保护较少,但沿岸有较多的草地分布,相对于上一河段悬浮泥沙污染较大,属中度污染。

百令桥以下河段,从实地监测到的水体悬浮泥沙为 >60mg/L,属基隆河下游污染较严重的河段。但从其图像灰度均值看,反而较低,归属于轻中度污染。这主要是其受到较复杂因素的影响,比如,受淡水河或海水潮的倒灌影响,也许因流经阳明山森林公园的磺溪、双溪等较清水流以及城市废污水等作用:诸如此类的较清水流,废水等因其色调关系,反射率低,于是当其与百令桥以下含较多的悬浮泥沙水体交汇后,影响该河段的水体色调,致使其灰度均值相对减低,造成上述逆反现象。

以上基隆河水体悬浮泥沙污染监测试验,仅是从图像水体泥沙波谱特征及其环境背景因素角度作了粗浅的分析,由于资料不足,缺少对流域地理条件的深入研究以及基隆河悬浮泥沙实地采样的分析;加之,所利用的图像与监测项目并非完全同步进行,故此,我们的试验只是初步的结果,难免有一定的主观性,但这是利用卫星图像对环境监测要素的一次尝试,有待面向新世纪,高技术综合体系高层次地开拓和深化的应用研究,拓宽高新技术融合系统在环境监测应用中的新领域。

第三节　区域环境监测与系统综合分析

晋、陕、蒙接壤的"三角"地区是我国储量丰富的特大型优质煤田矿区。

它分布于陕北、晋西北和内蒙古南部的交错地带,是我国新能源经济的重要开发区。包括陕西的榆林、神木、府谷,山西的河曲、保德、偏关,内蒙古的伊金霍洛旗、准格尔旗、达拉特旗、东胜市等,总面积 $5 \times 10^4 km^2$ 左右。

该"三角"地区,气候为干旱与半干旱的过渡带。其雨水多分布于 7,8,9 三个月份,且多暴雨,年降雨量 350~450mm,而年蒸发量却高达 2000~5000mm。因此,洪水、干旱均很严重。另外,大风尘暴日数频繁,植被稀少,土壤风蚀、水蚀均很强烈,是黄土高原强烈侵蚀中心,为生态环境脆弱地区。

环境及其质量是关系到人类生活和健康之根本。自然,也是进入 21 世纪人类信息社会十分关注的主题之一。因此,运用地球信息科学开展环境研究,掌握区域环境质量状况,预测环境发展趋势及其综合防治有着极为重要的指导意义。

随着高新技术的发展,遥感、地理信息系统及空间定位系统和计算机辅助设计与网络制图等融合系统也应运而生,成为研究环境的先进手段。

一、区域经济基础的系统分析

本区矿产资源,尤其是煤炭资源的不断开发,引发了一系列新的生态环境问题。例如,水土流失、河床堆积严重、地下水位下降、地表塌陷、水质污染加剧,以及大气生物资源环境日趋恶化等等。

与此同时,区域内的社会经济等因素也存在着严重的不协调现象,势必影响区域生态环境的改善和经济的技术发展。故此,我们首先对该区内的人文因素作了基础的系统分析,以利对区域内的自然、人文因素进行综合调控研究。

为了区域环境的整治和科学决策管理,我们从其区域生态复合系统角度出发,考虑到区域特点,建立了区域环境信息系统。系统主要由数据采集、整理建库、系统综合分析几个部分组成,并以层次结构模块的组合方法,设计其工艺流程。其基本层如图10-3所示。

系统设计中,我们研究了矿区自然、社会因素和人文经济条件的综合作用,在矿区环境遥感动态分析的基础上。针对研究区域脆弱环境的主要问题,如环境退化、社会经济不协调等作了系统分析,获得该区用地结构现状、环境脆弱程度等基本信息和图件(见图10-4)。

1. 土地利用结构不合理

(1)用地结构中以坡耕地为主。全区643 269hm² 耕地中坡耕地有585 888.072hm²,占总耕地面积的91.7%。其中坡度小于3°的占38.6%,3°～7°的占17.7%,7°～15°的占26.6%,15°～25°的占13.8%,大于25°的占3.3%。参见表10-5。

表 10-5 坡耕地构成表 (单位:hm²)

县名	< 3°	3°～7°	7°～15°	15°～25°	> 25°
榆林	27 970.536	2 566.41	31 696.83	15 305.136	959.904
神木	23 576.742	5 312.8	35 382.794	33 183.348	5 786.088
府谷	5 499.45	2 593.1	32 616.738	10 932.34	4 499.55
佳县	1 906.476	1 293.21	17 584.02	21 204.546	8 172.516
伊金霍洛旗	26 417.358	18 664.8	0.00	0.00	0.00
东胜	41 522.514	0.00	0.00	0.00	0.00
达拉特旗	64 800.186	20 837.916	0.00	0.00	0.00
准格尔旗	25 497.45	52 314.768	38 382.828	459.954	0.00
总计	226 130.71	103 516.31	155 671.09	81 085.224	19 424.724

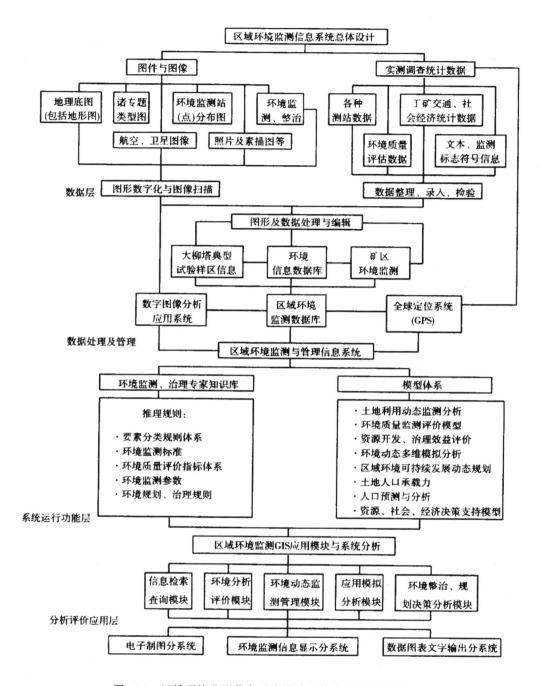

图 10-3 区域环境监测信息系统设计工艺流程示意框图

（2）水浇地少、旱耕地多。全区现有 643 269hm² 耕地中，仅有 105 469.452hm² 的水浇地，占总耕地面积的 16.6%。区内大部分是旱地分布（见表 10-6）。

（3）旱地中坡地多，梯田、坝地少，单产低。全区 511 800.19hm² 旱地中，坡地占 86.3%，梯田占 11.3%，坝地仅占 2.4%。而单产仅有 1 623.912kg/hm²（见表 10-7）。

表 10-6   水旱耕地构成表

县名	总耕地(hm²)	旱耕地(hm²)	水浇地(hm²)	旱耕地占耕地(%)	水浇地占耕地(%)
榆林	84 298.236	55 207.812	29 090.424	65.5	34.5
神木	122 761.05	112 122.12	10 638.936	91.3	8.7
府谷	65 420.124	61 440.522	3 979.602	94.0	6.0
佳县	71 392.86	69 553.044	1 839.816	97.5	2.5
伊金霍洛旗	45 548.778	41 262.54	4 286.238	90.6	9.4
东胜	41 809.152	40 275.972	1 533.18	96.4	3.6
达拉特旗	86 398.026	43 595.64	42 802.386	50.0	49.5
准格尔旗	119 641.96	108 342.49	11 298.87	90.6	9.4
总计	637 269.6	531 800.14	105 469.45	83.4	16.6

表 10-7   各县粮食单产

县名	榆林	神木	府谷	佳县	东胜	伊金霍洛旗	达拉特旗	准格尔旗	合计
单产(kg/hm²)	1905.19	930.09	630.06	1455.145	885.08	1470.147	4125.412	1590.16	1623.912

(4) 现有林地面积小,森林覆盖率低。全区有宜林地面积 1 385 601.4hm²,而现有林地仅 495 917.07hm²,占宜林地面积的 36.5%,森林覆盖率只达 11.1%(见表 10-8)。因此,植树造林是改善其生态环境的重要措施之一。

表 10-8   林地状况表

县名	宜林地(hm²)	现有林地(hm²)	现有林地占宜林地的比例(%)	森林覆盖率(%)
榆林	311 788.8	169 636.36	53	23.4
神木	359 097.42	114 341.89	32	15.3
府谷	110 602.27	26 790.654	24	8.3
佳县	58 554.144	32 910.042	56	15.8
伊金霍洛旗	123 114.35	42 775.722	35	7.2
东胜	34 769.856	14 445.222	42	6.6
达拉特旗	165 110.15	42 802.386	35	5.2
准格尔旗	201 719.22	58 214.178	23	7.6
总计	1 385 601.4	495 917.07	36	11.10

2. 环境脆弱、灾害严重,治理速度缓慢

区内环境脆弱,存在着水土流失、风蚀沙化、干旱缺水、草场退化等问题。其中水土流失面积约 37 566 km²,占土地面积的 86%;已沙化面积 29 016.8 km²,占总面积的 66.4%。但该区治理速度比较缓慢,30 多年来,8 个县治理面积只占流失面积的 38.8%,现有

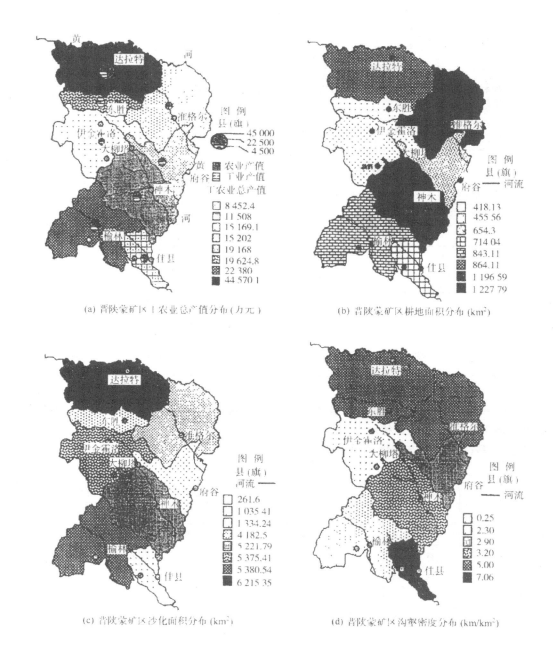

(a) 晋陕蒙矿区工农业总产值分布(万元)

(b) 晋陕蒙矿区耕地面积分布(km²)

(c) 晋陕蒙矿区沙化面积分布(km²)

(d) 晋陕蒙矿区沟壑密度分布(km/km²)

图 10-4 区域环境、经济基础的系统分析制图

61.2%的面积需要治理,年平均治理面积 365 km²,每个县仅治理 45.6 km²(详见表10-9)。

3. 人口增长快,经济水平滞后

本区是蒙汉族聚居区,全区人口增长速度较快,1990 年全区人口为 1 892 589 人,自然增长率 18.21‰,高于全国平均水平。然而该区人均收入和人均粮食占有量却非常低(见表 10-10),严重制约着生活水平的提高和区域经济的发展。

表 10-9　水土流失与治理面积对照表

县名	流失面积(km²)	治理面积(km²)	治理占流失的比(%)
榆林	5 400	4 093	75.7
神木	6 700	1 957	29
府谷	3 000	1 090	36.3
佳县	2 011.0	714.3	35.5
伊金霍洛旗	5 946	3 622	61
东胜	1 985	780	40
达拉特旗	6 288	1 367	21.7
准格尔旗	6 236	982	15.7
合计	37 566	14 605.3	38.8

表 10-10　经济状况表

县名	农业产值(万元)	工业产值(万元)	工农业总产值(万元)	人均收入(元)	人均粮食(kg)
榆林	13 643	8 737	22 380	361	292.6
神木	10 146	9 022	19 168	292	199
府谷	6 269	8 933	15 202	362	138
佳县	9 280	2 228	11 508	267	156
伊金霍洛旗	4 437.8	4 014.6	8 452.4	300	177
东胜	2 039.1	17 585.7	19 624.8	411	103
达拉特旗	32 424.1	12 146.0	44 570.1	720	773.4
准格尔旗	7 609.2	7 559.9	15 169.1	486	275.4
合计	85 848.2	70 226.2	156 074.4	平均399	平均264.3

　　由上述诸表分析可知,该区生态环境中社会经济因素内存在着诸如用地结构不合理、环境脆弱、整治力度小、人口增长快、经济滞后等问题。

二、区域环境动态分析

　　基于地理信息系统的分析,资源环境动态监测是遥感空间分析与评价的重要内容,也是系统综合应用研究的先进技术方法。目前已较广泛地应用于区域经济开发、环境整治与规划评价等领域。对此在区域环境监测信息系统设计中,我们曾以大柳塔样区为例,利用 1987 年和 1994 年不同时期获摄的航片,对其土地利用与覆盖的 18 个小类,作了信息系统的对比研究,取得了该区用地的动态变化和环境评价结果(见表 10-11 和图 10-5)。

　　通过上述遥感监测分析可见,沙地、沙区旱地、沟谷水浇地、河川水浇地、草地等,1994 年比 1987 年减少,而草地灌丛、林地、灌木林等增加。同时,裸土、煤炭堆积地及居民地都有增加,工矿区新城镇为新增用地类型。这说明 1994 年比 1987 年的造林面积有所增加。但草场退化,水浇地减少,由于煤矿的开发,致使裸土增加。工矿区新城镇主要分布在原

表 10-11　1987 年和 1994 年大柳塔用地结构与面积变化

土地类型	1987 年面积(km²)	比例(%)	1994 年面积(km²)	比例(%)	面积变化(km²)
沙地	2.437	13.26	1.799	9.65	- 0.638
草地灌丛	1.925	10.47	2.670	14.33	0.745
林地	4.399	23.94	5.358	28.76	0.959
沙区旱地	0.387	2.10	0.240	1.29	- 0.147
灌木林	0.160	0.87	0.169	0.91	0.009
坡谷旱地	0.516	2.81	0.706	3.79	0.190
沟谷水浇地	0.182	0.99	0.155	0.83	- 0.027
草地	3.904	21.25	2.153	11.56	- 1.751
水库	0.0514	0.28	0.0192	0.10	- 0.032
裸土	0.408	2.22	0.693	3.72	0.285
河川水浇地	1.355	7.37	0.0822	0.44	- 1.273
河滩地	1.108	6.03	1.686	9.05	0.578
河流	1.377	7.49	0.596	3.20	- 0.781
池塘	0.0273	0.15	0	0	- 0.027
煤矿及堆积地	0.0013	0.01	0.096	0.51	0.095
居民地	0.0053	0.03	0.178	0.95	0.173
城镇	0.134	0.73	0.230	1.24	0.096
工矿区新城镇	0	0	1.802	9.67	1.802
总计	18.377	100	18.632	100	

河川水浇地地区,河流和河滩地等环境也发生有变化。

通过上述试验区及遥感在环境监测领域的应用认为,遥感监测的视野开阔,利于通览全貌,是一种经济有效的技术和方法。

实践表明,遥感技术不论是对环境背景分析或是环境污染调查都是切实可行的先进手段。它对于我们认识、研究环境和资源是十分重要的方法。其可依据地物的属性和成因机理标志,结合实况调查,运用地学相关分析、数学推理研究对地物间接标志进行综合分析,这是应用遥感监测环境的理论基础。

遥感图像是自然综合体复杂又集中表征的结果。因此,它并非单是地物波谱全部直接的显示,其不少特征是被"隐含"。以台湾地区的森林而论,其具有一定的地理分布规律:台湾南部多分布热带雨林、热带季雨林,其由于常年高温多雨以及明显干湿季的热带季风气候条件的影响,其林下发育的是砖红壤性土。台湾中部以南的低山丘陵区,主要是热带雨林及次生类型。其土壤为砖红壤性红壤,是热带砖红壤性土和亚热带的红壤之间的过渡类型。台湾中部以北的亚热带地区,其地带性植被是亚热带常绿阔叶林或竹林,其发育土壤是红壤。诸如此类,不同森林植被下发育着各自的地带性土壤。因此,这单以遥感图像上森林波谱特性,是难以区分出砖红壤性土、砖红壤性红壤和红壤类型的。因此,它需以建立地理信息系统(GIS)背景数据库,如森林地带性分布的数字地形模型(DTM)等数据赋以辅助分类,同时能以全球定位系统(GPS)进行空间定位。

随着成像光谱仪技术的发展,它将为更精细地分析和提取地物信息奠定了重要基础。

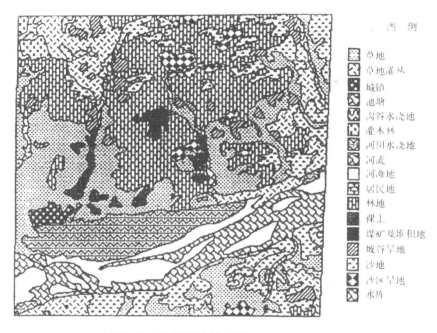

图例

草地
草地灌丛
城镇
池塘
沟谷水浇地
灌木林
河川水浇地
河流
河滩地
居民地
林地
裸土
煤矿及堆积地
坡谷旱地
沙地
沙区旱地
水田

(a) 大柳塔矿区土地利用现状图 (1987)

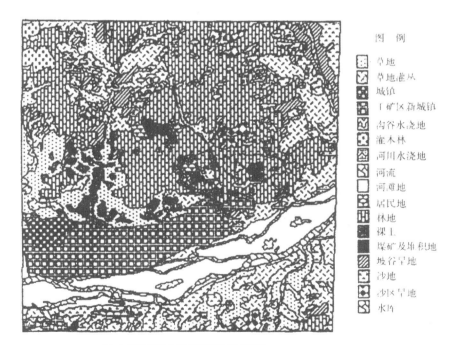

图例

草地
草地灌丛
城镇
工矿区新城镇
沟谷水浇地
灌木林
河川水浇地
河流
河滩地
居民地
林地
裸土
煤矿及堆积地
坡谷旱地
沙地
沙区旱地
水田

(b) 大柳塔矿区土地利用现状图 (1994)

图 10-5　不同时相航空像片的土地利用分析制图

这种极为丰富的光谱信息,为 GIS 的数据更新,提供了全新的数据源。另外,GPS 在遥感应用中的地面采样、导向和空间定位将发挥积极的作用。

遥感在环境污染调查和监测中的分析应用,必须投入地学与生物学及环境科学的知识。

众所周知,在一定区域范围里,地理环境中的各种自然景观、地理要素之间存在有相互依存、互相制约的关系。它们中包含着广泛的能量和物质间的交换,一种新事物的出现,往往反映了另一种事物的存在或产生,故而一种现象可以揭示出另一种现象。在环境污染源中的自然污染源有生物污染源和非生物污染源,它们所造成的污染与灾害都并非是直接被揭示的,而是依据地理要素间的相关性和制约性逻辑推理分析而揭示的。它首先是要有反映自然景观的遥感图像,然后是运用地理的相关分析。例如,1985 年美国宇航局利用遥感预报疟疾传染病获得了成功。当时加里福尼亚州、新墨西哥州乡村流行了疟疾传染病,此前,专家们在卫星图像上发现了大片的水稻田、湿地中因大量蚊子的生长而异常的影像特征,从中分析蚊子可能成为产生疟疾媒介的关系,而作出了正确的预报。可见,美国专家利用遥感像预报疟疾传染病并非是从图像上识别出病毒,而主要是依据蚊子适于湿地生境和及其媒体作用的地理相关性。为此,这也是遥感应用的一个特点。

综上所述,遥感在环境监测中的应用是一先进的技术途径;遥感、地理信息系统和全球定位系统的 3S 集成是今后遥感环境应用的重要领域,基于知识的遥感环境监测综合分析是其应用的一个特色。

所以,我们认为,利用遥感(包括航空、航天)在环保部门开展环境监测与污染控制,诸如,在环境背景调查、污染源调查、大气环境质量现状调查、河湖水体质量调查、海域质量调查、地下水质量与土壤污染调查分析以及城市环境质量调查、风景旅游区质量调查和环境质量动态分析与制图等领域,均具有广泛的应用价值。

参 考 文 献

[1] 高曼娜等. 海岸带环境遥感信息提取与分析,中国地方遥感应用进展,1997,386～387

[2] 傅肃性、黄绚、许珺. 台北地区资源环境遥感分析制图样区试验报告. 1998 年

[3] 陈述彭等. 地理信息系统的基础研究,地球信息科学. 地球信息,1997(3):11～12

[4] 傅肃性、张崇厚、徐江等. 区域环境遥感监测与系统综合分析研究. 遥感应用回顾与效益分析. 宇航出版社,1998,16～24

[5] 庄逢甘、陈述彭主编. 遥感与新世纪. 宇航出版社,1999,56～59

[6] 方磊主编. 中国环境与发展. 科学出版社,1992

[7] 傅肃性. 京津唐地区生态环境制图系统. Technical papers of the 13th ICA Conference(Ⅲ),1987

第十一章　城市环境遥感调查监测与制图

随着遥感技术的迅速发展,城市现代化的进步,遥感技术在城市调查、动态监测、规划和管理方面的应用,日益被有关部门所重视,已成为在该领域里应用的一个重要技术手段。例如,在城市遥感考古和城市环境制图等方面的应用。

第一节　城市用地调查动态监测与制图

城市是一个包含着静态、动态的时间、空间等的各种因素互相关联和制约的开放性大系统。利用空间信息技术对城市的自然资源与环境进行系统分析与制图,特别是城市环境、市域用地之类的动态制图,对研究城市土地利用类型、分析城市用地结构与功能、预测城市土地利用变化及其发展趋势和城市环境整治都有重要的科学与实践意义。

利用卫星遥感信息进行城市发展对比分析,掌握城市用地类型的动态变化、功能结构的演化数据和发展趋势,分析城市的扩展对城市生态系统可能产生的影响,为国土规划、宏观决策和城市总体设计建设与管理,提供分析研究的基本数据。

一、城市动态监测制图的原理与方法

城市是一个动态的环境综合体,它不仅反映了自然环境的时空分布特征,而且也表现出社会经济的人文时序等发展规律,因此,研究城市动态变化与制图,需运用地学多元综合分析的原理,考虑图像信息是由自然综合体集中反映的机理。

例如,南京市是一座古城,地处长江中下游,它辖属有玄武、鼓楼、白下、秦淮、建邺、下关、浦口、大厂、栖霞、雨花台十个区,江宁、江浦、六合、溧水、高淳五个县。1990 年末,全市土地总面积约计为 6 515 多平方公里,其中市区面积约为 947 多平方公里。

南京土地的类型众多,低山丘陵占土地总面积近 65％,平原占土地总面积的 35％。全市土地总面积中耕地占比例最大,其次是林地、居民、工矿用地、水体等。

南京市绝大多数的工业集中在市区,城镇体系结构不甚合理。目前南京的城镇体系是由主城、郊区卫星城镇、县城、县属镇以及乡镇等构成。主城面积占南京市的 2％,人口占 30％;郊区城镇沿长江两岸呈东北—西南方向分布,以工业为主。

南京市由低山、丘陵、岗地、河谷平原、沿江平原所组成的地貌综合体,是进行城市用地分类及其动态变化分析的基本依据。另外南京市用地布局具有市区—郊区—城镇—农村集镇的圈层结构,将地貌类型与圈层结构进行地学相关分析,有助于城市用地的动态研究。

掌握区域地理差异及其分布规律,目的在于运用地学分析原理揭示城市用地类型影

像特征及其构像的机理;同时,通过地学相关分析,研究城市用地功能结构的内在联系和制约性,利于计算机自动识别分类的训练样区选择。这是关系到城市用地类型分类精度和制图质量的重要因素之一,也是对不同时相用地类型动态监测准确性的基本保证。

对于土地利用动态分析方法,可视用户的要求,采用不同的技术路线。我们这次基于两个不同时相的资料,通过空间信息库,从全市区选择样区训练计算机进行识别分类,然后将其主要用地类型进行复合对比分析,以获得类型要素的变化、面积消长数据。其具体处理过程:

1. 建立制图区域的地理底图要素信息库

其要素信息包括水系(如河渠、水库、湖泊等),居民地(包括城市、县城及乡镇),交通线(铁路、公路等),境界线(包括市区界线、县(市)界线等)和开发区等。该信息库的建立主要是用以支持空间信息自动识别,进行动态分析应用。

2. 基于空间信息库的微机地物选点与配准分析

为了保证南京市域用地动态分析图的质量和精度,应用信息库,对 Landsat 两个不同时相的 TM 图像,利用地形图选取了地物控制点,进行了空间地理坐标的换算。

这些点均匀地分布在制图区,尤其是区域边缘较固定的地物控制点的配置。它们的坐标是通过数字化仪量得,并换算成图像行列坐标,同时确定屏幕图像上的同名地物点位置,以利进行诸波段的图像几何纠正,最终可获得 1991 年 11 月 3 日和 1993 年 2 月 25 日两时相 TM 的纠正图像。与此同时,为能进行两者主要用地的动态对比分析,需以两时相图像的左上角为原点进行像元的配准,这是空间信息动态研究的重要环节。

以上地理基础底图要素的编码,不仅支持了空间信息的动态分析,而且利于制图综合目的,若动态分析只需市域境界,则其他的底图要素均可删除。

3. 市域用地图像的系统识别分析

要进行动态分析,应选择最佳分类时相图像,即针对监测分析的主要地物目标选取不同年代的同日期(或月)的图像。为了保证一定的分类精度和制图质量,需进行各种相关的分析和复合应用。首先对现有时相的 TM 图像作波谱特征和地物景观的背景研究,主要是为能选择适中波段,以组合作识别分类,这种组合可以是多种的。例如,TM4,TM3,TM2 的组合;TM4,TM7,TM3 的组合和 TM4,TM7,TM1 的组合等。

用以动态监测的分类,其精度很大程度上取决于制图区域的计算机训练样区的选择。所以,在样区选择前,需对制图区进行全面分析研究,对主要地物目标作对比,以确定样区的选择。例如,长江、河渠、湖泊、水库、池塘、沼泽洼地等水体因水的浑浊度、深度、水生物含量、污染程度之类的差异,影像有不同的波谱特征反映,因此,对水体样区的选择,应将上述不同的水体类型按色调相似性归成若干类,然后选择各归类水体样区,这样就可能产生多类水体,最后可视用户的分类要求归成水体一类。诚然,这种分类精度还与样区大小及像元纯度有关,同时也与其代表性有关。

又如城镇居民点,在 TM4、TM7、TM1 合成的图像上有较好的显示,一般呈现深灰蓝色。但是因成像时烟雾的影响,有的影像色调呈绿蓝色;还有长江的沙洲地 2 月期间,一般无植被覆盖影响，由于潜水位高，影像色调呈灰蓝色。因诸如此类的原因，就出现城镇与其他要素混淆成类。因此，选择训练样区应针对南京市区上述几种色调差异进行，不应混为一同。至于城镇与裸露沙洲的混淆，可以通过 GIS 软件以人机交互的方式，依据有关资料进行订正。自然，这种订正需有一定的地理、生物学原理的分析。

耕地是土地资源动态监测分析的主要内容。在 1991 年 11 月 3 日和 1993 年 2 月 25 日的 TM 图像上，耕地中的水稻田、旱地、菜地均非是其分布的影像实际表征，即这两个时相图像中，因水稻已收割，不能真实地反映水稻田分布的影像特征，旱地作物此间也往往不能如实地展示出其典型的影像色调，以至菜地也常和油菜地的分布混淆。因此，对于这种状况在选取计算机训练样区时，应基于地理、生物学的理论，包括作物生长分布的地域规律、作物的物候期以及作物结构等的分析。例如，影像上丘陵地区沟谷中的暗绿色调，多数是水稻田分布；而在沟谷间的丘陵地或台地的土黄色，一般是旱地；油菜地呈暗红色。因此，这些地物类型应视其分布的地理位置、水文状况、耕作方式、季节差异等，选择各自的样区进行统计分析。不过，这种选区往往难以真实地反映水稻田和旱地的分布比例关系。所以，要在这两时相的图像上准确地区分出水田、旱地是较困难的。然而，对于其两者的整体耕地来说是可行的。为此，将水田、旱地、菜地等归成耕地作不同时相的对比是符合于现实分布的。

林地，主要分布在低山丘陵地区；另外是平原绿化林和防护林。对于前一种林地的分布，在 1991 年 11 月 3 日的 TM 图像上，其色调反映较好，例如，紫金山的南北坡植被均有不同色调的展示，但对此在选择时应有意识地将南北坡分成两类样区，即鲜红色与暗红色（阴坡杂有黑影）的林地样区，这样分类结果较为理想。但在 1993 年 2 月 25 日的图像上，林地的影像特征未能客观的展示，比如，紫金山只有在南坡小面积的条状红色的林地影像特征，而且它与市域南部的耕地中水田色调混淆，另外，紫金山北坡，由于森林此间落叶，色调上呈现暗绿色，与市域北部平原区的河谷水田的色调混淆。因此，这两者都需通过空间信息库和微机 GIS 软件人机交互的方式予以订正。

其他要素的样区选择，方法类同。但是作为南京市的土地利用类型的自动分类，必须从全区的地理背景分析着手。因为不论何种类型，因区域的差异，在市域的北部、中部和东部的地形影像特征均有不同，对于每一种类型都应考虑不同区域内的样区代表性，否则，会出现较多的混淆或错分现象。

二、市域用地类型的动态分析与制图

南京市域用地的动态监测，时间相差实际只有一年多，一般说，自然要素变化不会过大，社会要素会有些差异。例如，水体除了水量及面积有新变化外，其分布地理位置很少有变化；森林分布也多在低山丘陵区，变化的往往是新近植树造林地。对于社会要素，城乡居民地，尤其是城郊新建地和经济开发区有较大变化。例如，南京市莫愁湖附近地区、大厂区附近，以及江宁县的开发区等变化较大。

土地利用动态监测图是以 1993 年 2 月 25 日 TM 影像图的分类结果，通过逐个 512 × 512 像元的人机交互分析处理后的分类修正图像为基础，与 1991 年 11 月 3 日经同上处理的分类修正图像作复合运算获得的类型变化结果。

为了能使在南京市土地利用动态监测图上，既反映 1993 年为基础的主要用地类型分布规律与特点，又能展示出两时相对比后的类型变化。在该图像处理中，我们依据监测的主要类型作了分别赋色。

南京市两时相用地类型动态监测后，为能分别量测出南京市上述类型的像元数及其面积，我们利用前述的南京市底图信息库中之市域境界线数据，通过计算机将其所属范围扣出，并分别统计出各类型像元数。六合县北部缺图部分是以像元数统计其土地面积的，全市合计总土地面积 6 508.1km² (两处"飞地"因底图境界线数字化中漏缺，未能计出)，详见表 11-1。

表 11-1 南京市域用地动态变化对比表

序号	类型名称	1991 年 11 月 3 日图像		1993 年 2 月 25 日图像		变化面积 (km²)	占总面积 百分比
		像元数	面积(km²)	像元数	面积(km²)		
1	水体	381 255	343.1	415 418	373.9	+ 30.8	+ 0.55
2	城乡居民地	477 780	430.0	491 094	442.0	+ 12.0	+ 0.21
3	新建地	52 006	46.8	62 042	55.8	+ 9.0	+ 0.16
4	耕地	4 683 600	4 215.2	4 626 838	4 164.2	− 51.0	− 0.91
5	林地	593 542	534.2	607 100	546.4	+ 12.2	+ 022
6	裸露地	32 808	29.5	29 113	26.2	− 3.3	− 0.06
7	芦苇地	32 173	29.1	25 179	19.4	− 9.6	− 0.17
8	缺图像面积	977 972	880.2	977 972	880.2	0	
合计			6 508.1		6 508.1		

三、市域用地类型变化趋势分析

利用卫星遥感监测城市土地资源的变化，对城市规划与环境整治，可提供第一手的科学资料。对此，必需针对用户目的，按提取目标，选择一定周期的最佳时相图像进行监测和变化趋势分析。

此次工作限于信息源。仅对相距一年多时间的图像作了动态变化分析试验(见图 11-1)，结果表明：南京市域内的水体、居民地、耕地等 7 个类型均有不同变化，它们中有的类型变化呈增长趋势，有的呈减少状态，有的变化不多。其中水体(包括浅水洼地、养殖水面、池塘等)、城乡居民地(含城乡开发区)、新建地、林地面积增加，耕地、裸露地、芦苇地面积减少(见表 11-1)。

从以上动态分析对比可以看出，耕地面积的缩小与城乡居民地及其开发区的增加是密切相关的。它们是一种互相正负消长的关系对比。国家有关部门应采取高新技术实施系统动态监测和预警系统的研究，建立监测网络，保护土地，使耕地平均递减率能保持在最低比率上。

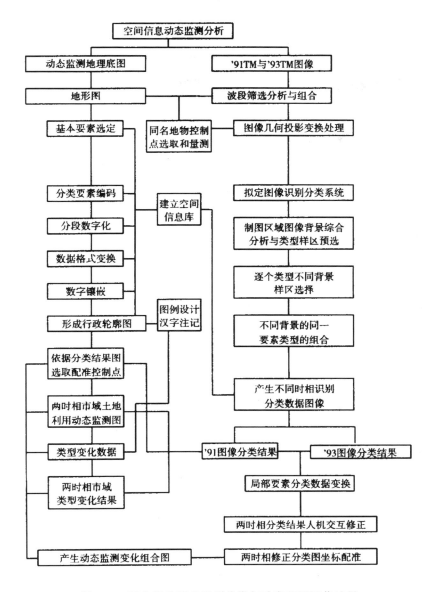

图 11-1 城市用地调查识别分类与动态监测工艺过程

第二节 城市规划与管理中的遥感分析

遥感在城市规划管理中的应用,包括城市区域规划、城市体系布局及城市总体规划等内容。区域规划重点是对城市生态环境作宏观分析和总体规划。

一、航空遥感在城市规划与管理中的应用

城市规划通常分为总体规划和详细规划。在城市规划与管理中,重点是研究城市功能单元及其结构的合理性、城市配置的科学性以及城市环境生态系统和城市环境污染的

评价、预测，以制订城市现代化建设与发展规划。

航空遥感所获得的信息，对城市的地理背景要素、城市人工建筑设拖等，展示了直观、形象和丰富的内容，从而为城市的综合调查、环境质量评价等提供了科学数据。

最近十几年来，航空像片在这一领域中的应用取得十分有效的社会和经济及生态效益。例如，北京市 1983～1986 年的航空遥感综合调查，其重点是市区规划、对城市的生态环境作了系统分析，得到了很好的应用效果；又如承德市 1985～1988 年航空遥感综合调查系列制图，主要是开展对该城市的现状和总体规划进行综合研究，包括城市环境生态系统，生活质量的综合评价。

目前，遥感在城市规划与管理中的应用主要在如下几个方面：

（1）城市地理基础背景分析
- 城市用地现状调查（包括用地结构等）规划
- 城市地形、水利和农林等要素研究
- 城市绿化环境的整治规划
- 城市功能结构合理性分析
- 城市社会经济（如城市用地比例、交通、人口等）调查

（2）城市生态系统与防治研究
- 城市系统的物质流、能源流和信息流分析
- 城市生产、消费和游憩单元配置的系统性
- 城市生态系统的平衡与保护研究
- 城市生态系统生活质量的分析评价

（3）城市环境污染监测
- 城市大气污染分布与程度分析
- 城市水污染源及种类分析
- 城郊土壤污染类型及指标分析
- 城市生物污染环境研究
- 城市热污染和城市热岛效应调查分析

（4）城市体系及其历史变迁的遥感分析
- 城市体系及其结构研究
- 城市环境要素的变迁

（5）城市综合调查与系列制图

（6）城市遥感-地理信息系统的建立等

以上这些研究内容，不论是航空遥感，还是航天遥感，各自都能发挥不同程度的作用。航空遥感信息的应用，主要侧重于城市规划设计。例如，城市用地结构等。

航空像片一般有黑白片、彩红外片和热红外片几种。它们广泛地应用于城市建设与规划管理的各个方面。

1. 城市及背景现状调查

城市是一个复杂多变和不断发展演化的动态系统。对其研究单纯用常规的方法已满足不了城市迅速发展的需要，而利用航空像片分析城市现状，进行城市规划和实现现代化

技术管理是一个重要的新手段。

航空像片城市现状与背景调查的主要内容是:

- 城市规模
- 城市用地结构与布局
- 城镇体系及功能分区
- 城市自然环境空间结构
- 城市社会经济的配置
- 城市生态系统及其物质流、能源流、信息流的关系。

上述研究对象在航空像片上都有明显的表征。例如,城市的生产单元内的工业、农业和交通运输业,均有明显的影像特征区别。即使工业类型,也可在航空像片上依据其不同的建筑结构、设备特点和原料场配置关系予以判释。比如,化工工业、钢铁工业、电力工业的上述几个分析的标志在航空像片上均有不同的显示。在城市消费单元中的住宅类型(包括城市街区、住宅区、文化区等),乃至住宅质量都能从影像特征上加以分析确定。

另外,利用不同时相的航空像片,对分析城市规模、扩展范围、城市布局格式以及城市功能分区等都有很好的效果。

在北京市航空遥感综合调查中,曾利用 1951 年、1959 年和 1983 年三次拍摄的航空像片,对北京市的建成区及其发展动态作了量测分析,详见表 11-2。

表 11-2 北京市不同时期建成区和城建格局的航空像片分析

时间	建成区面积(km^2)	城市建设格局	备注
1951	111.89	集团和散点式	解放初期建成区面积 109km^2
1959	220.81	分散集式-圈形	
1983	371.08	圆圈式	

航空遥感在城市环境背景的调查应用中,也有很好的效果。例如,北京市、南京市、承德市的地理环境调查,对于城市区域环境背景与城区发展、调控的关系和作用都是十分重要的。航空遥感城市环境背景分析的基本内容有:

- 城市地形结构
- 城市地质基础(包括水文地质特征)
- 城市地貌形态与格局分析
- 城市植被净化功能分区
- 城市生产、消费、游憩单元社会经济结构关系研究
- 城市环境与质量分析评价等

诸如上述的城市环境研究,可依城市规划与管理的需要,获得较大比例尺的城市区域地理背景的要素图或系列图。这种航空遥感的区域背景分析,对于城市扩展的条件、规模,尤其是城市远郊边缘地区的研究,有其积极的作用。它为现代化城市规划、布局和总体设计,提供了必要的环境背景依据。

2. 城市功能结构的分析应用

在城市系统中,生产、消费等不同单元,有其不同的功能与结构。例如,秦皇岛市区,

它有港湾区、工业区、休养和旅游区三个不同功能区的结构。对于城市土地利用的类型结构，更为多样细致。因此，利用航空像片，因比例尺大、分辨力高，对城市内部细小的结构及利用特点、格式都能得到很好的判释。

以城市消费单元的住宅类型识别为例，它们有群体式、散点式、栅格式、排列式的；有高低层结构、庭院公寓型的。所有这些在航空像片上均有清晰的显示，反映出不同的影像特征。故此，用以编制城市土地利用类型与结构图是甚为理想的。

例如，北京市的城市用地，利用彩色红外航空像片，经过分析，判读出 13 个一级类型和 26 个二级类型，较详细地表示出其利用类型与结构。

又如，工矿城市渡口市，利用 1:2 万彩色红外航空像片等资料分析划分为 10 个一级类型、15 个二级类型、45 个三级类型，编制了工矿区城市土地利用类型图。

此外，旅游型城市承德市，通过航空像片划分出 8 个一级类型，33 个二级类型，14 个三级类型。

上述不同性质的城市，其土地利用的功能结构，大致可归纳为如下几种类型：

- 城市居住用地
- 城市办公与文化用地（包括公共设施）
- 工矿交通用地
- 城郊区农业用地和其他等

这些对城市空间结构及其体系的研究有着重要的意义。

关于城市用地分类与制图，主要是依据航空像片的色调、形状特征、图斑纹理结构，分布部位等影像的直接或间接标志判释而成的。详见表 11-3。

依据上述航空像片影像标志分析城市用地类型及结构的同时，还可将影像上城市建筑密度相同的街区加以划分，编制出城市建筑密度图，并可利用密度分割仪或电脑求积仪，量测出各级密度区的面积，从而为城市的总体规划、调整不同功能的建筑用地提供必要的数据。

3. 城市环境质量分析评价

城市环境质量及城市生态系统的分析，是城市环境规划和管理研究的重要课题。随着城市用地的扩展，城市环境的变化，为能维持城市系统的正常的运转，需进行一定周期（如一年、三年或更长）的航摄调查，实现动态分析，包括城市环境质量的定性、定量和定位的研究。

对于城市环境的系统分析，重点是人与环境的人地关系，包括环境对人的影响评价，以及环境结构的分析等。而这些主要是通过城市的自然环境、社会环境等综合分析而进行的。比如，城市环境结构中的建筑、交通、绿地的空间类型，在航空像片上均有清晰地展示，从而可依据不同类型的指标分析各自的环境质量，为城市环境质量综合评价提供依据。

城市是一个开放式的生态系统，构成系统的要素，彼此是相关制约的，其中某一个要素的改变，就会导致系统的不平衡，从而，又影响城市的环境质量。所以，要保持城市生态环境的平衡，对诸要素的调查分析是一个重要的措施。

例如，城市绿地分布及其空间结构的航空遥感分析。北京市据 1983 年的彩色红外航空像片,对建成区绿化覆盖率进行了调查。它们依据影像上绿化地的标志、勾绘出绿地范围,分析了绿化扩大面积等。其中得出绿化覆盖率最高的是石景山区、海淀区,达23%以上,最低的城区大栅栏地带,仅约6%,市建成区平均为16%左右。

表 11-3　城市用地类型航空像片判释标志例表

城市用地类型			航空像片影像特征		
一级	二级	三级	颜色	形状	部位
城市居住用地	城镇用地	街道	灰色-灰白色	长方形、格子状放射状等	建成区
		住宅	灰色-青灰色	方格状、分散形	建成区与城郊区
		古建筑群、名胜地	青灰色	独立块状	城区、郊区
	城区园林	绿化地	红色、暗红色 红灰相间	主圆形或斑块状	城郊、院落处、街区中心、交叉口
城市办公与文化用地	行政办公地	行政办公地	灰绿色	格状、方块形	城区
		公共设施服务用地	青灰色、灰色	散块状为多	城区、郊区
	文化用地	文教、卫生、科研	蓝绿色 灰绿色	多呈方块形或方格状	
工矿交通用地	工矿用地	工厂	灰绿色	格块状长方形	城郊区
		矿区	灰-深灰色	散块或格状	郊区、山丘区
	交通	铁路	深灰-灰黄色	直线、圆弧形	
		公路	灰黄色	直线状、线状	
城郊农业用地	耕地	水田	深红色	规则块状	
		旱地	黄色、红棕色	长条、块状	
	菜地	菜园	红色	方格条块形	
	果林	果园	红、深红色	多规则圆形	城郊、冲积扇边缘
		自然林	红、棕色	片状、斑块状	
		人工林	浅红、鲜红	格网、斑点状	城区、郊区
其他用地	水体	湖、水库	蓝黑色	规则或非规则多边形	

　　绿化地分布的差异,势必影响气温,温度、净化空气的能力以及调节城市的生态环境的作用。诚然,这与绿化地的空间结构息息相关。

　　绿化空间的类型众多,有乔木、灌木林、混合林、草坪、苗圃、花圃、果园、行道旁树、防护林、菜园等。而这些要素在彩红外航空像片上均能加以分析提取,以研究不同区域内绿化地空间结构类型的分布合理性。可见,绿地空间结构的分析,对于城市绿化,调节环境,改善城市生态系统,是有积极意义的。

　　北京市据航空遥感调查表明,在三环路以内的城区和海淀区,绿色空间的主要类型是草坪。这一方面可减少城区尘埃的污染,保持卫生环境,另一方面能调节雨季的地表径流。在三环路以外,当时从航空像片分析可知,绿化环境较差,防护林体系不明显。诸如此类的问题,都需纳入城市规划予以解决。

　　在城市系统里,交通是其环境结构的另一种空间类型,是城市生产、生活的基本组成部分。也是影响城市生态系统的重要因素之一。

交通网络在航空像片上有很好的显示。从中可分析其结构的合理性。

此外,也可通过航空像片来调查交通车流量,即利用不同时间航空像片的主要交通口车流量密度进行推算,这样,由车流量的大小,可计算出汽车污染的程度。所以,航空像片也是开展城市环境污染和评价其质量的有效方法之一。

环境污染的航空像片分析包括大气、水、土和生物等。

20世纪80年代,大气污染在城市中主要是通过高层烟囱扩展。城区污染的程度与季节风向有关,但一般说,是由市区向城郊递减。如北京市二环路以内的烟囱密度大,其中工业区的密度最大。因此,它们往往成为污染源的扩散点。这可从彩色红外航空像片上的色调、图形的影像特征得以判释。一般受大气污染重的空间,影像模糊不清,向外图形渐变清晰。

大气污染的扩展也影响绿色植物的生长,使其叶绿素发生变化,故而植物的影像色调也有相应的变化,多呈暗红色。故此,通过这种植物污染生态场的现象,可分析大气污染的生态效应。

关于水污染的遥感分析,以彩色红外和热红外航空像片监测效果较好。因为由工厂排入河、海中的废水,其污染物含量及水温等在这些航空像片上的色调影像特征均有明显的差异。这可通过河、海口相应部位采集水样测试,按照密度的分割,测定相应类型的污水含量指标、成分和温度等,从而获取有关的水污染图。自然,它也可从水污染的生物变化加以分析。

此外,航空遥感在热污染和城市热岛效应的分析中,具有显著的效果。特别是热红外航空像片的应用效果更好。

在城市环境中,热污染对城市的危害,正引起城市规划等部门的重视,是一个新的研究课题。它包括地面、地表水热污染、"热岛"效应以及城市热环境质量分析等。

利用热红外航空像片研究地表水热污染,主要是依据分析量测的温度值划分水体的污染等级,实际上,它也是研究水质污染的有效方法。

城市热污染的调查,通常是利用热红外片对城市下垫面进行综合分析。热污染是地面不同物体的热辐射能力所致,它反映出城市下垫面类型的物理特性差异。在城市中,由于热力作用,城区和郊区间,往往会产生辐合环流,使城区出现大气污染。这种热岛效应的研究,主要是通过热红外影像中的色调,分析其辐射温度着手的。因为热岛效应与热源及地物的热特性相关。这就不难看出,城市"热岛"的现象,很大程度决定于城市下垫面的类型及其结构特性。

通过对城市热污染及其热岛效应分析表明,城市热环境质量,受其下垫面影响。一般说城市中心商业闹市区,热岛强度大,热环境质量差;工厂区,热污染较严重。所以,对于城市的发展,规模的扩大,都应进行城市热岛效应的分析,这是城市规划的基本依据之一。

航空遥感在固体废弃物方面的调查应用,也有显著的效果。废弃物有工业的、生活的及农家肥等。在北京市1983~1986年航空遥感的综合调查中,发现有垃圾堆5000多处,主要分布在三环路以外,其中,三、四环路间占20%以上,三环路以内较少。所以,对于一个城市固体废弃物的调查,目的在于有计划地实现圈地堆放或规划垃圾处理的工程设施。这对保护城市环境,地下水质等都是必要的。

从上述城市环境的研究看出,作为城市系统,必须进行综合分析。利用航空像片开展城市环境生态质量的综合评价,是其重要的技术途经之一。

4.航空像片在城市动态分析中的应用

随着现代城市的扩展和城市化的发展,对于城市的分区、城区界线等问题的研究,航空遥感的应用,展示出其明显的作用。特别是对城市的范围,城市郊区县的边缘地区的动态分析。

例如,承德市的市域动态变化,据多期航空像片的对比分析:1910 年建成区仅是 1.8km^2,1948 年扩大为 4.4km^2,直至 1986 年航空摄影调查,其面积已发展到 10km^2 左右,形成目前城市的基本现状。

由航空像片分析可知,承德市所发展的新市区大部分是散布在离原市区较远的河谷坡地上。显然,该市的城市格局已明显受到其所处地形的限制。对此在该市的规模、性能及其发展趋势的规划中都应加以考虑。

另外,利用航空像片调查城市遗址变迁、湖泊兴衰等也有很好的效益。例如,北京市古城除了主要的城门外,城墙基本拆除,但是据航空像片和卫星像片的分析,它们的潜影依然可测,得以复原。又如颐和园、圆明园的湖泊的变迁形迹,在影像上均有不同程度的显示,从而可进行古水系的分析。

5.城市规划系列制图及其信息库的建立

遥感制图是地图制图领域新发展的技术。利用航空遥感编制城市规划系列地图,是城市规划和管理信息系统与其数据库建立的基础。

城市的规划与管理,都应具备有总体设计方案、技术数据和基本的城市图件,它包括:

- 城市地形图(包括城市正射影像地图)
- 城市平面图(包括建成区现状图)
- 城市地理环境背景图(包括地质、地貌、植被等)
- 城市发展规划图
- 城市建筑密度图
- 城市交通网络图
- 城市绿地分布图
- 城市旅游资源图等

所有这些图件都可从大比例尺的航空像片上提取有效的信息,分析、判读编制而成。

航空遥感城市环境质量制图及其地图集的研制也有新的进展。

"天津市环境质量图集"就是利用 1980 年拍摄的彩色红外像片,结合野外调查分析、图像处理,大部分是由航空像片判读和机助分析编制而成的。

该图集从城市环境质量的评价、设计有如下几个主要部分(除序图外):

(1)社会环境图 如建成区现状图、园林绿化现状图、社会环境质量评价图等。

(2)自然环境图 如大气环境图(城市热岛强度图等)、水环境图(水质图、给排水图、水污染指数图等)和农业环境图(土壤质地图、盐渍化图等)等。

可见,航空遥感是城市系列地图编制、更新的重要技术手段。同时,也是城市规划与管理信息系统及数据库建立的基础信息源。其工艺过程见图 11-2。

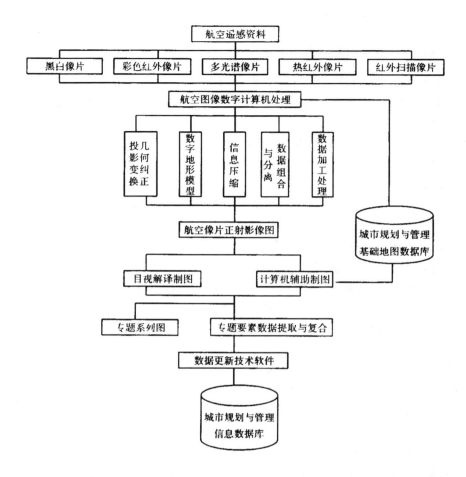

图 11-2　航空遥感对城市规划与管理信息更新的逻辑框图

　　综合上述,航空遥感是获取大尺度的城市地面空间信息的最佳技术之一。它是城市规划信息系统的主要信息源及数据更新的重要手段。它在城市规划与管理信息系统中,展示出应用的广阔前景。诚然,随着航天技术的进步,高分辨率 1～4m 乃至更高的卫星图像,将发挥新的作用。

二、航天遥感在城市规划与管理中的应用

　　航天遥感信息具有周期性、现势性、宏观性和系统性。这些正是它在城市环境分析、城市动态监测、城市背景和生态系统研究中的优势。

　　航天遥感的这些特性,为城市规划、城市环境综合评价、城市生态系统及城市信息系统的研究,提供了重要的技术手段和宝贵的信息。

　　航天遥感信息与航空遥感一样,在城市规划中,日益广泛地为人们所重视。但是,它们在应用的领域中,各有侧重。航天遥感信息主要应用于如下一些方面:

　　(1)城市总体规划背景分析及其系列制图

(2)城市环境与其生态系统的规划研究

(3)城市系统的结构分析与综合评价

- 城市功能结构
- 城市土地结构
- 城市环境结构
- 城市社会经济结构
- 城市物理结构
- 城市行政结构

(4)城市遥感环境信息系统的研制

以上研究内容是以城市区域规划的一般要求而言的,其具体研究应视不同规模城市、不同性质功能城市、不同研究对象和发展方向予以拟定。

在城市规划调查中,航天遥感信息不论是对特大、大城市,或是中、小城市中的应用,都发挥了积极作用,取得了令人满意的效果。

1. 城市区域总体规划中调查与制图应用

具有周期性的航天遥感信息,对于研究日益变化与发展的城市具有重要意义,尤其是特大城市或大城市,更显示出其优越性。

就北京这个特大城市来说,土地总面积计有 16 000km² 左右,从全市的区域规划角度,它不仅要研究城区的规划建设问题,而且需调查研究城市边缘郊区县的总体规划,为市政府部门的宏观决策,制定北京市的区域总体规划提供背景的基础资料。

城市地理背景的综合研究大致包括城市区域内的自然环境与资源条件;社会经济基本因素两个部分。

(1)自然环境与资源条件:

- 城市地形、地貌和水系分布
- 城市气候特征
- 城市用地现状
- 城市园林绿地等环境现状

(2)社会经济基本因素:

- 城市规模与发展
- 城市交通与可达性分析
- 城市经济结构与配置
- 城市人口及生产关系(包括生产、消费等单元)

以上这些研究,都是城市规划、市域环境工程、城市生态系统分析评价、城市综合治理、开发与发展预测以及城市地理信息系统建立所需的,同时也是现代城市化发展中,对城市边缘区研究的重要途径。

随着城市化的发展,对城市的扩张分析及其控制因素的研究航天遥感信息的应用有独到之处。

在传统的城市调查制图中,其应用的资料主要是地图。因此,不论是城市规划数据的现势性、可靠性,还是信息的综合性或是规划应用的同步性都有一定的局限性。航天遥感信息的应用,具有城市要素调查的同步性、时相灵活性和系统协调性。

城市环境调查制图,主要是城市环境系列专题图。系列图的数量、要素构成、比例尺和内容,需视城市规划的目的、城市的规模和性能等具体要求而定。

如秦皇岛市是一个港口旅游城市,也是国家重点开发建设沿海港口的开放城市。该市的市域 1983 年前,原所属县区分别隶属承德、唐山两地区。调整后,其市域的范围、规模、功能及其开发前景都发生了变化。对于城市规划的目标和基本的资料图件也有新的要求。

其系列制图,根据沿海港口开发的实际重点考虑:

- 城市用地类型现状图
- 水系与水资源分析图
- 地貌类型分布图
- 地质构造与市域稳定性评价图
- 河流海岸带变迁图等

以上这些图件,是总体规划的基础图件。

对于工矿城市,特别是新兴工业城市,其地理背景系列图,除了城市土地利用类型、水系、地貌、岩性构造图外,还应重点反映工矿环境、园林绿化和交通网络状况。因此,该类城市的系列地图一般有:

- 城市土地利用现状图
- 水系分布图
- 地貌类型图
- 地层构造图
- 工矿环境现状图
- 交通网络图
- 园林绿化分布图等

若是特大城市的卫星城市,那么,应据其区域的基本特征设计编制必要的系列图件,比如北京市昌平卫星城,考虑有:

- 水系环境图
- 地貌图
- 岩性构造图
- 土壤侵蚀分区图
- 土地利用现状图等

由以上不同类型城市的系列图件构成看,其数量一般在 3～5 种以上,它们有共性基础图,也有各具特点的专题图。在内容上应各有侧重。

利用卫星影像进行城市专题分析制图,首先应依据城市规划的任务,拟定其尺度与成图精度。选取和分析制图信息源,确定基本信息源和辅助资料。其作业内容大致有:

(1)影像扫描数字化,产生数字影像文件;

(2)选取地面控制点,建立纠正控制文件;

(3)几何纠正,镶辑数字影像图;

(4)影像特征统计、改进影像质量和均衡色调;

(5)影像与地理基本要素配准。

由此产生的正射影像地图正是城市规划系列图制作的标准影像底图。

运用成像的机理和城镇体系的空间结构和城市环境综合体(自然或人工的)的原理,研究其影像特征,以建立起影像的解译标志。比如,秦皇岛市西部的第一期海岸带与冲洪积扇前沿连接分布,通过影像上的浅色调、密集居民点和带状古河道等特征标志得以识别。可见,地物影像信息的分析,应该结合地物空间分布规律与地学相关理论,才能获得更切实际的城市信息图谱。自然,要做到这点,务必开展室内外综合研究,包括野外训练区的调查等,以反映其时空分布特点或演变规律的城市信息图谱。

关于城市专题系列制图,目前有目视解译成图和计算机模式识别制图两种方式。它们可视成图的精度技术条件等实际情况而定。城市地理背景系列制图的工艺流程见图11-3。

上述城市地理背景系列图是城市规划中必要的基础图件。

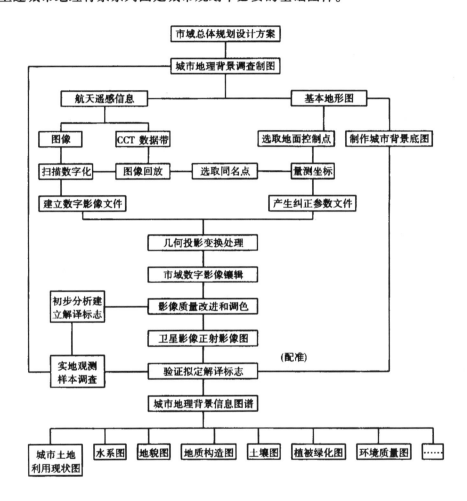

图 11-3　城市地理背景卫星图像系列制图工艺流程示意图

2. 航天信息在城市系统结构与市域生态环境评价中的应用

城市化社会的发展,一个重要因素是城市人口的迅速增长。所以城市系统实际是人与环境的生态系统的研究。一般包括城市人口、工交生产、城郊农业、城区街道商业、园林住宅、文化游憩、公共场所和城市环境等。构成城市生态系统的这些因素彼此间密切相关,相互影响,在人类生产活动下,其结构与功能是不断变化和发展的。在城市生态系统的转化过程中,有两种趋向,一是逆向恶化,一是合理健全的演进。

为此,开展城市生态系统的评价,应从其系统结构的观念考虑(见图11-4)。

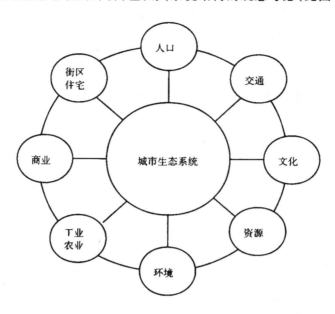

图 11-4　城市生态系统构成示意图

城市系统中的这些因素内容在航天遥感图像中,一般可按照城市规划与管理的需要,提取有效信息,进行城市的各级规划和评价。

例如,秦皇岛市的生产单元中的工业结构,主要是以机械、玻璃和食品为主的加工工业,其中机械工业又以桥梁、造船业为主要行业。对此也能通过它们生产的特点,厂址分布的地理位置,工厂的设备特色,工厂原材料的特点乃至产品等,在卫星影像上可得以分析。比如,桥梁、造船厂,一般设置在火车站等交通枢纽附近和港口码头处,另外,这类工厂的建筑物高大宽敞,而且桥梁、船只产品的影像之色、形、位特征都有别于其他工业的产品影像特征。

对城市交通网络的分析,应用1:50 000的国土卫星像片,开展海港区的铁路、公路和码头的现状调查、量算取得较好的效果。比如,1987年拍摄的国土卫片上,穿经秦皇岛市的大秦线、京山线、京秦线和秦石线的汇合处。市区公路与街道分布系统、铁路桥梁、主干交叉点都有清晰显示,得以判释。同时还能量测一些具体数据,比如在海港区的90km² 范围内,测得铁路架桥39座,铁路与城市主要干道相交处40多个,诸如此类的数据,为交通网络的配置、城市布局合理性分析等提供了依据。

在消费单元分析中,城市的住宅区、街区、文化娱乐游憩场所在卫星影像上也有表征。在国土卫星彩色红外像片上,城市街区呈青灰色,古老的居民住宅区,其图形不规则,呈斑点状分布,零散居民点有颗粒感,新建的居民住宅区,其图形呈栅格平行状排列,对于间叉的绿化园林地也可依据其红色调、多边形或圆形结构标志得到解译。此外,通过影像结构分析,还能获取城市布局结构、城市建筑密度等有关数据。

根据上述有关信息,就能综合评价城市系统运转的生命力,研究城市生态系统中物质流、能源流和人流的协调关系与效率。

实践表明,卫星遥感对城市环境调查、规划、整治以及和谐发展城市生态系统,都有积极的作用。下面就国土卫星像片等在唐山工矿型城市的环境调查中的应用作一简要分析。

唐山是冀东地区最大的工业城市,是一个拥有丰富的煤、铁矿产资源的基地。所以,唐山是一个以采矿业为主发展起来的重工业城市,目前已形成以煤炭、钢铁、电力、建材为主要工业结构的综合型的工业城市。

该工矿型城市,其布局明显受自然条件的限制。比如,唐山市的中心基本分布于矿区附近。1976 年唐山大地震后,老市区进行重新规划建设,并开辟了唐山新市区,从而形成了目前唐山市的新格局。1983 年调整行政区划后,唐山市已成为 1.3 万 km² 左右的规模,出现新的城镇体系。

唐山城市之环境,由于矿山的开采,工矿区除了严重的大气污染外,固体废弃物和地面塌陷等环境问题,已给唐山市的土地资源利用、城市生态环境条件、城乡建设布局和经济发展产生了严重的影响。因此出现了城市环境结构不合理的现象,城市废弃地不断扩大,大片土地荒芜,乃至城镇因塌陷、搬迁、新建等等问题,已成为城建规划中的重要研究课题。

据统计1984 年底开滦煤矿地面塌陷有近 3200 hm²,积水面积约达 526.7 hm²。要整治矿区的塌陷等废弃地环境,进行再开发利用,必须作全面的调查分析,重新规划环境。

塌陷现象和固体废弃物的堆放在卫星图像上有明显的影像特征,它们两者往往是相关分布。地面塌陷景观一般呈暗色调不规则的图形特征,塌陷地有积水的与未积水的两类。积水的呈蓝色斑状影像特征,如在市中心区南部、东北部的马家沟、赵各庄、唐家庄等矿区附近均有分布。至于矿区固体废弃物,如矿渣山、渣堆等它们多呈蓝黑色斑状和扇状的影像标志。上述不同类型的矿区固体废弃物,如石山、钢渣山、煤矸石渣堆、粉煤灰池、大型垃圾堆等,可据卫片上显示出的不同特征,予以解译勾绘。

地面塌陷是一种灾患,但人们完全可以改造整治它。首先可依据塌陷的类型加以分析,采取不同的措施,实现综合治理。对于一些局部积水或难以积水的塌陷坑,可用煤矸石和粉煤灰渣土填充,然后再覆土造地;对于积水较深,条件较好的塌陷坑,可保留水面,改造为蓄水池,发展养殖业等;在城市矿区附近的或城郊边缘的一些塌陷坑,可视具体条件,工程规模和效益等因素规划营建水陆公园。总之,矿区地面塌陷的环境调查,是工矿型城市规划中不可忽视的组成部分。

至于固体废弃物污染防治问题,必须从其排废、利废的配套工业、商品或产品的生产链和发展生态工艺的治理技术着手,加以控制和防治,从而拟订出城市环境综合规划和资源开采管理措施。这是美化城市环境,协调城市生态系统的关键。所以,它也是资源卫星资料应用的新领域。

第三节　城市遥感-地理信息系统的设计应用

城市可视为一个动态性的生态系统。面临城市化社会的发展前景,对于城市系统的研究也须适应其现代技术的进步,采用系统工程的分析手段。

城市环境包括自然环境和社会环境两部分。故而研究城市系统的信息源,主要是自然环境和社会经济数据。这两类信息,大部分能从航天遥感信息中获取,有些数据可从城市地理信息系统的数据库中提取,从而使城市环境遥感图像信息系统与城市地理信息系统有机的结合起来,即称作城市遥感-地理信息系统。其建立的过程大致是:

(1)依据城市的性质、规模、规划与发展的目标,进行总体设计,调研拟定基本信息源。分析选取适于城市规划应用的分辨力高、波段适中的卫星图像(或 CCT 磁带)。

(2)按照城市区域,确定图像中的相应研究范围,同时根据城市规划的要求,择其相关的比例尺地形图,选取地面控制点和影像同名地物点、并量测坐标,以产生纠正控制参

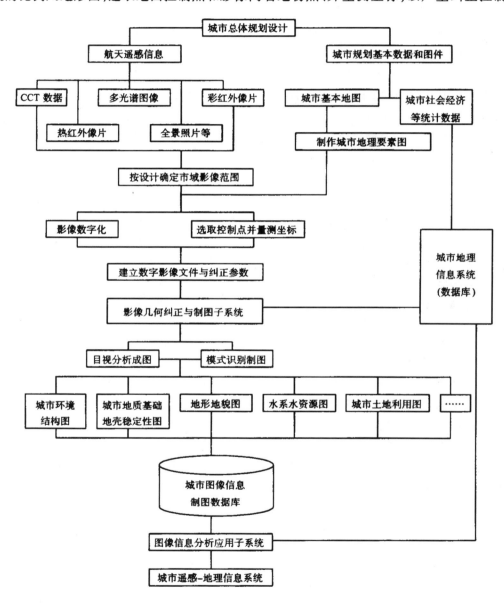

图 11-5　城市遥感-地理信息系统工艺过程示意图

数文件,提供用以影像的几何纠正。

（3）制作城市规划的地理基本要素底图,并与影像同时实现图像数字化,建立数字制图文件;另外,还应考虑总体设计,采集城市规划与管理有关的社会经济数据,录入系统数据库。

（4）设计研制城市图像分析制图系统基本软件和分析应用模型,包括数字影像几何投影变换、影像质量改进分析、模式识别分类制图和图形输出软件等。其工艺见图11-5。

纵观遥感在城市规划与管理中的应用,航空遥感和航天遥感是建立与更新城市空间信息的主要信息源。随着遥感器的不断进步,在未来城市化社会迅速发展中,遥感在城市信息系统中的应用,将是一个重要领域。

航空与航天遥感对于不同规模、不同层次和不同规划目标,各有其应用特点。一般说,对城市的详细规划和中小城市的总体规划或环境规划,航空遥感信息的应用较为适用;倘若对特大和大城市的规划的宏观决策,城市生态系统、生活质量综合评价和城市环境动态监测等分析应用,航天遥感信息能发挥更经济、理想的效果。自然,航空与航天信息的应用,决非是单一的,而是主次结合、相辅相成,同时常常还与非遥感数据复合分析应用。

参 考 文 献

[1]　陈丙咸等.城市遥感分析——南京地区城市研究的遥感分析.南京大学出版社,1991

[2]　南京市计委.南京市国土规划,1993

[3]　戴昌达等.卫星遥感监测北京环境变化.遥感信息,1993(2)

[4]　曹桂发、陈述彭、林炳耀等.城市规划与管理信息系统.测绘出版社,1991

[5]　傅肃性、张崇厚、郑柯等.基于空间信息库的遥感动态监测研究.地理学报,1995,增刊

[6]　谢映霞.唐山市区环境规划,1986

[7]　〈8301〉工程.北京航空遥感综合调查成果报告,1987

第十二章 遥感制图输出与制印工艺设计

遥感制图的图形输出,通常有单色的和彩色的两种。遥感图像的印刷,使地图的线划印刷拓展为半色调影像印刷与彩色影像印刷。

第一节 遥感机助制图打印输出

遥感分析或其派生制图中,利用计算机及宽行打印机输出图形是最为方便的一种方法,其设备简便、费用经济。诚然,其输出的图形成果只能采用符号及其组合方式予以表示,因此,输出图形效果会受到一定的影响。但它是图形输出设备受到某种限制时,一种较有效的输出形式。

一、单色数字图形输出

20 世纪 80 年代初,我们在云南腾冲航空遥感综合试验的基础上,通过区域地理信息的分析编制了《腾冲农业统计地图集》,其 60 多幅地图全部是根据自行研制的计算机编制统计地图的程序系统实现的(见图 12-1)。

即根据基本制图单元所形成的专题信息文件,应用软件系统,进行自动分析处理,最后输出多种图型的统计地图。

该地图集是在一定的硬件设备基础上,通过统计地图制图软件系统,自动编制而成。该系统软件按照其功能归纳成如下三个部分:

(1)数据输入、量测和预处理系列程序;

(2)统计分级分类系列程序;

(3)图形输出系列程序。

以上三组程序均由统计制图管理系统调用,进行自动制图,其方法过程是:

1. 地理底图信息分析与数字化

底图信息分析,主要是对制图统计单元的分析和数字化处理。同时将其纳入不同的成图系统(多边形、网格、个体与结构符号系统)。多边形系统一般可通过数字化仪实现数字化,也可在米格纸上进行手工数字化。网格系统限于当时的硬件环境是将透明底图叠置于行式符号纸上,由人工逐行扫描记录的。然后穿卡输入计算机,作为统计地图的基本底图数据。

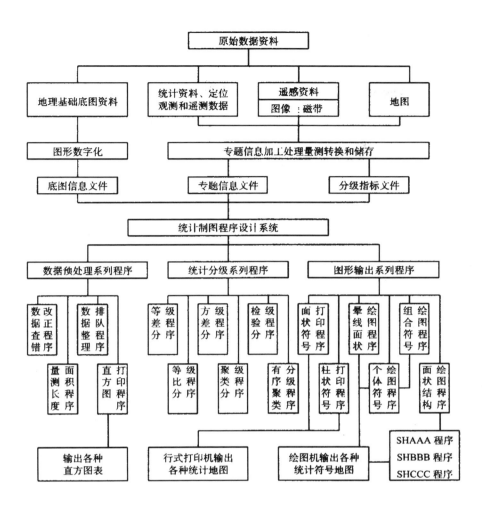

图 12-1　单色数字图形程序与其输出工艺示意图

2. 专题信息的分析

编制统计地图的核心是对专题信息的加工处理,研究统计现象的质量与数量的分布特征及规律,作为分级分类的依据。

专题信息分析后,应根据成图系统的特点设计具有特色的图型,以丰富地图的艺术表现力。同时合理地反映社会经济现象的数量、质量差异。

3. 确定基本参数,输出各种统计地图

按照用户所需的图形,调用相应的程序,同时选择适当的基本参数。例如对面状结构的符号程序,就应周密地考虑上、下、左、右不同间距、角度、符号类型等参数,以反映制图区域内自然或经济要素的类型的质量差异和分布特点。

该系统输出的图形,如图 12-2 a、b、c、d:

a. 宽行打印机输出的面状符号统计地图,例如人口增长率图。

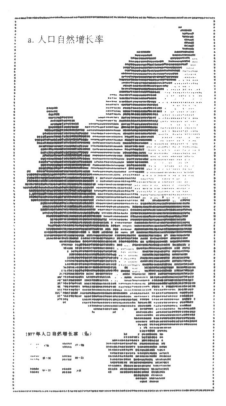

a. 人口自然增长率

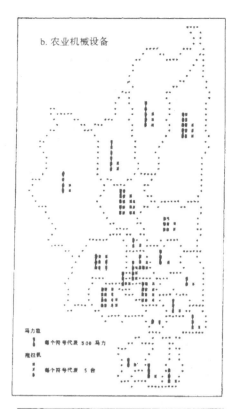

b. 农业机械设备

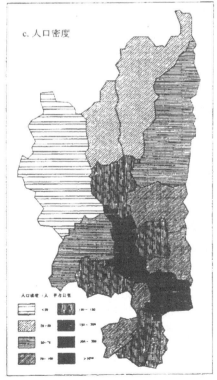

c. 人口密度

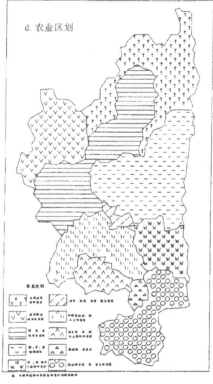

d. 农业区划

图 12-2 系统输出的专题统计地图

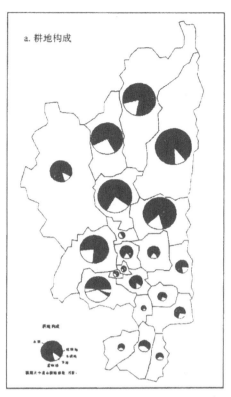

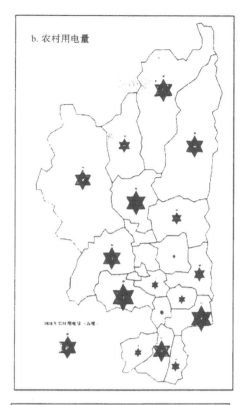

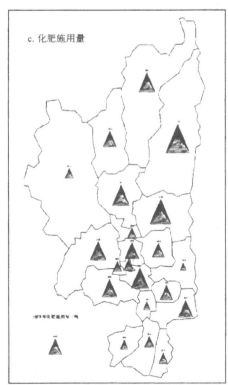

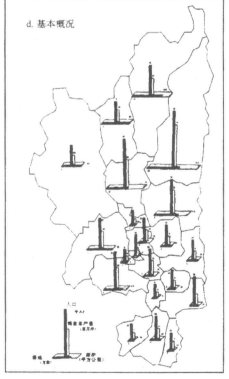

图 12-3　计算机绘图仪输出的个体符号统计图

b. 宽行打印机输出的柱状符号统计地图,例如农业机械设备能力图。

c. 绘图机输出的面状晕线统计地图,例如人口密度分布图。

d. 绘图机输出的面状符号统计地图,例如综合农业区划图。

绘图机输出的个体符号统计地图,例如耕地构成图等,见图 12-3。

最后通过照相制版印刷而成,这是我国应用计算机研制首次出版的地图集。

二、数字图像打印输出

关于多光谱图像数据的回放和显示,除了通过图像处理与扫描系统来实现外,也可借助于计算机的终端设备或打印机以字符形式加以输出。

大家知道,遥感数据从原始信息变成电信号后,它是由一系列二进制码的形式记录下来的。要使数字图像恢复成实际图像,就须回放处理并借助于宽行打印机,以各种字符或其组合符号打印输出。为使输出的图像尽可能和实际分布情况相符合,对图解符号的设计应考虑到图像色调的相关性,使其有连贯性、层次分明,但同时也须注意图形类型的差异性。

三、彩色图像打印输出

由遥感图像识别分类的彩色专题地图,也可通过彩色打印机输出彩色图谱。其原理比单色图打印输出较为复杂。主要是将屏幕上的各种色彩(加色法)的代码数字转换成(人工的或自动的)彩色输出设备的彩色(减色法)代码号。这样可获得所需的彩色打印输出图。

大家知道,计算机屏幕上显示的图像(图形)是由红、绿、蓝三原色光组成的;彩色打印机上的颜色由黄、品(红)、青(海蓝)组成的。所以当屏幕上三原色经两两叠加组合后,其色为黄、品(红)、青(海蓝),而三原色套合叠加部分呈白色。然而打印输出时,黄、品(红)、青(海蓝)的两两组合色为红、绿、蓝,而黄、品(红)、青(海蓝)的三色叠加部分为黑色。黄、品(红)、青(海蓝)是彩色打印所组成各种颜色的颜料三原色。

彩色打印机的彩色调配的程度是取决于所示颜色的点阵大小和行列。打印时,只是由彩色点组成的点阵来代替屏幕上的像元点阵,于是就可利用彩色打印机,应用彩色打印程序,实现从屏幕上的图像编码转换成打印的彩色图形。

近年,由 EPSON 推出的 Stylus Pro 9000/9500/10000/10000CF 彩色喷墨打印机,系 6 色墨水的彩色喷墨打印机,即在传统的黄、品、青、黑墨水之外,又增添了只有前者 1/4 深度的浅品、浅青墨水,打印时深色区域用普通墨水,浅色区域用浅色墨水,过渡区域二者混合使用,于是就可获得色彩层次丰富、自然的彩色图像。其中 Stylus Pro 9000 BO + 幅面打印机可打印 1580mm × 1118mm 大幅面,达到 1440 × 720dpi 的打印精度。Stylus Pro9000 等可以在多种平台下使用,标准配备的 PC 并行接口以及 MAC 串行高速接口全面适应 Win98/95/NT/MAC OS 等环境。

第二节 彩色硬拷贝图形图像输出工艺

遥感制图中,彩色地图的输出除了用彩色打印机得到彩色地图外,通常是利用彩色硬拷贝设备,比如,彩色静电绘图机(或彩色喷墨绘图机),激光扫描仪等等。它们是彩色图像、彩色地图和图表等硬拷贝的输出装置。

这种装置对于计算机图像处理及其制图成果的输出极为灵便。《京津地区生态环境地图集》中一组图就是由电子制图软件系统分析,并通过美国 VERSATEC 公司的彩色静电绘图机直接输出交由印刷厂制印的。这也是电子地图借以彩色硬拷贝输出的一种经济有效技术途径。

静电绘图是一种非接触式的绘图方式。其工作的基本原理:主要是由一排与绘图纸(或膜片)宽相等的细铜丝线陈列固化成的绘图头(或称笔尖),在绘图程序的控制下进行,当绘图纸通过绘图头下时,带高压的笔尖在纸上感应会产生电荷,随着绘图纸的移动,一旦贴近程控指定的颜色时,电荷点就吸附该颜色开始着色。其彩色是按颜料三原色组合的黄、品(红)、青(海蓝)、黑四色的密度配合而成。

彩色图形绘制时,首先在绘图纸两边上色定标,以保证黑、青、品红、黄色的精确定位着色,即可使第一遍定标、第二遍黑色、第三遍青色、第四遍品(红)色、第五遍黄色的每遍扫描上色精确配准,最后输出彩色地图。其工艺流程见图 12-4。

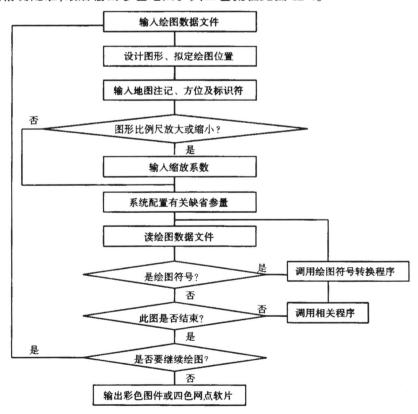

图 12-4 ARC-VERSATEC 程序彩色图形输出工艺

从图 12-4 可知,绘图数据文件是由地理信息系统如 ARC/INFO 软件分析制图获得的,具体图件经用户制图设计,在屏幕上显示达到满意要求后,可记带(或记盘),输入彩色静电绘图仪。应该说明,屏幕上的彩色显示是色光三原色的组合,而打印或喷出的彩色是颜料三原色的叠合。因此,两者之间有一色差感觉,即屏幕上显示的彩色图像或图形,并非与硬拷贝输出的色彩完全一致,为此,它们间有一个转换程序。所以,在计算机上对图形设色需考虑到这一关系,避免输出的彩色图件过于偏离原图的着色设计。为了地图或图集的制印,我们除了需得到如上述纸质的彩色地图外,还应获得用于制版的黄、品红、青和黑四色的网点透明薄膜片。这样就可直接提供地图印刷厂制版印制彩色地图。例如,《京津地区生态环境地图集》中的生态环境系统分析图(人口密度图、植被净化大气功能分区图、人口-地势分带图、人口-植被净化图、城乡环境图、地势图、土地效益分析图和人地相关图等),就是用在 VERSATEC CE-3244 彩色静电绘图机上输出的四色软片制版印刷的,取得了经济、美观的可视效果。

上述彩色静电绘图机运用 ARC-VERSATEC 彩色静电绘图程序,不仅可用于彩色图形的输出,而且经修改的 IMAGE-VERSATEC 程序,还可输出彩色图像产品。程序中主要是将屏幕显示的红(R)、绿(G)、蓝(B)色光三原色转换成颜料三原色合成的黑(B)、青(C)、品红(M)和黄(Y)彩色,同时以满足大幅面图像的处理要求,于是为系统的图像处理结果提供了一种硬拷贝的图像输出方式。其工艺流程,见图 12-5。

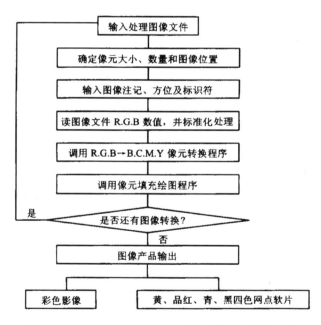

图 12-5　IMAGE-VERSATEC 程序的图像产品输出工艺

由图 12-5 可知,通过上述工艺最终可提供用户彩色影像和黄、品(红)、青、黑四色网点软片。前者可作为原图印刷样图,后者可供制版,作四色印刷彩色影像地图(或彩色专题地图)。

应该指出,这只是遥感图像借硬拷贝设备和软件输出的一种途径。更多的是利用彩色印刷方法,印制批量的彩色影像地图(或专题地图)。它涉及到原图像照相分色到印刷

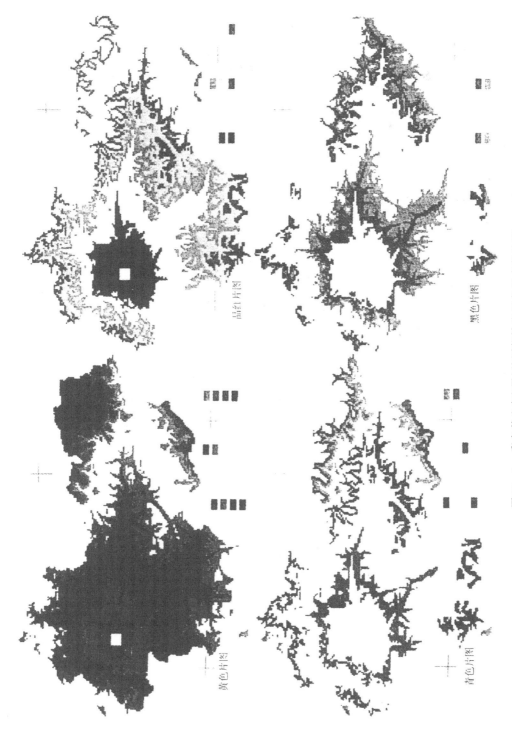

品红片图

黑色片图

黄色片图

青色片图

图12-6 彩色静电(喷墨)绘图仪输出四色网点软片图

的全部过程,是一个制印的系统工程。

一幅彩色影像地图或彩色影像专题地图的制印,其中线划版、注记版的印刷处理,与常规地图制印方法相似,现简介一下常规彩色影像的制印工艺。

1. 图像照相分色

照相分色是彩色影像制印的一主要环节。为了保证其制印精度,在照相前须对感光材料、滤光片、网屏和光源强度作必要的分析选择,对感光片应打好定位孔,以确保四张分色片套印制版一致。照相对光时,应附加浅绿滤光片,以调准图形清晰度,进而达到理想的照相分色目的。

2. 晒版印刷

照相分色后,另一个重要环节就是晒版。对此,通常是晒成阳图或阴图 PS 版,对于遥感图像,晒成即涂版,效果更为理想。常规印刷中,一般采用 PS 版,阴图 PS 版可直接采用阴图底片晒版。所以,工序简化、成图周期短、经济实用,可提高成图质量。而阳图 PS 版为光分解型,见光后仍会发生分解,往往影响印刷版的耐印率。

关于地图彩色原稿的分色,一般是用电子分色,将符合出版要求的地图原稿放置在电子分色机上扫描,就可获得黄、品红、青、黑四色底片,检验合格即可供作晒版,交付印刷。

另外,也可利用单色线划原图稿,经基于图形工作站的电子分色机(或数字化扫描仪)输入存盘,然后,进行机助分析着色,最后通过人机交互处理,直至理想的彩色效果,输出黄、品红、青、黑四张分色底片,就可晒版印刷,产生彩色地图。见图 12-6。

第三节　地图制印新技术的发展与应用

高新技术的发展,极大地改观了现代地图制印的模式。它们不仅改变着地图制印工艺,大大地缩短了成图周期;而且简化了制印程序,减轻劳动强度,提高了地图生产效率和质量。

20 世纪下半叶,随着计算机等信息技术的进步,由 70 年代的机助制图、遥感制图,发展为 80 年代的全数字自动化测图系统到 90 年代的地图制图编辑出版系统和数字地球的新时期。这是国内外地图制图生产一体化系统不断完善和应用发展的新阶段,例如:

国内方正的计算机激光汉字排版系统代替了铅字印刷;由中国地质大学(武汉)与北京大学联合研制的地图编辑出版系统,成为我国首次推出的计算机汉字彩色地图出版系统,是出版事业的一次革新。

20 世纪 90 年代,国际上如美国的 Intergraph 地图出版生产系统,比利时的 Barco Graphics 电子地图出版生产系统等等。它们对地图设计、编辑和制版一体化的处理都产生了深远的科学影响。从根本上革新了地图手工研制的工艺技术,能直接由编制原图、符号、注记、着色设计整饰,扫描输出彩色样图,经检验符合出版要求,即可输出分色加网的软片,供作晒版印刷。它们彻底地改变了传统的地图复照、修版、分涂、拷贝等的生产模式,实现地图人机设计编辑、制版生产一体化全过程工艺。

如今,无软片的电子制版系统,能将数字地图信息不必输出软片,可直接输至高感度的印刷版(如 PS 版)。目前,国际上正在研制一种可由数字地图信息直接制版的技术,即将电子出版系统的四个输出头直连于四色胶印机的四个印刷辊筒之前,完成四色版的制作,并开机印刷。从而会更进一步地推动现代地图制印技术的发展。

第四节　电子地图编辑设计与制版一体化系统工艺

地图电子出版系统是地图生产的计算机系统。它从数字地图信息及数据输入、地图编辑设计和分色制版,形成一体化的软硬件系统。它既能实施数字地图信息的自动制作,输出软片过程,同时可基于图形信息库对数字地图、社会统计、实测数据存取、查询、分析、管理与信息资源共享。

20 世纪 90 年代,中国科学院地理研究所引进了美国 Intergraph 公司的地图编辑与制版一体化系统。并在此基础上,通过分析研究建立了一体化地图制图信息系统,这一系统的创建可同时出版各种介质的地图产品。系统软件构成见图 12-7。

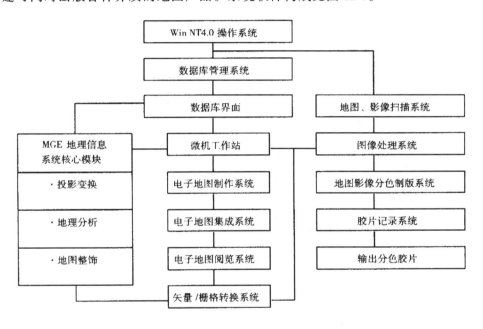

图 12-7　地图编辑设计与制版系统软件构成示意图

从图可知,基于 Client/Server 的数据库管理系统和统一数据库界面可支持各种通用的大型网络数据库管理系统,便于实现对数据的操作和管理。系统的主要目标是电子地图的制作和地图编辑设计与制版。该系统的工艺过程:

首先,需研究地图制图的设计方案,其包括地图要素分层、彩色、符号和图例的设计,并构建彩色库和符号库。同时,在地理信息系统与数据库的支持下,建立数学基础及图形构架。其能进行自动注记、数据分级、按属性赋色、图例自动生成,地图接边和线划处理等等。然后可基于 CAD 的交互编辑,产生矢量地图,进而作专题要素分层光栅化及分色制版,直至胶片输出。其工艺流程见示意图 12-8。

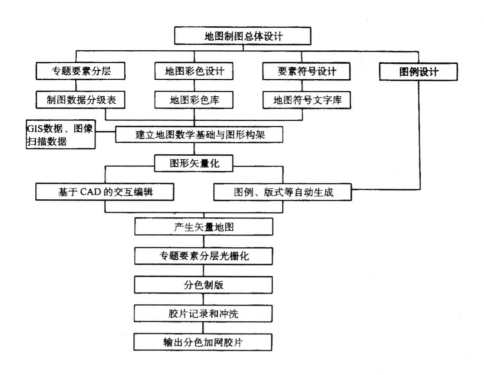

图 12-8　电子地图编辑设计与制版一体化系统应用工艺示意图

　　由上述的一体化地图设计与制版工艺流程可见,通过高精度地图胶片记录装置输出的分色加网胶片,可直接交付地图制版上机印刷。这一先进工艺,是地图学领域的又一新的重大变革。具有积极的科学生产意义。

　　该系统使地图的制印彻底摆脱了传统繁重的手工作业方式,是地图生产工艺上的一个质的飞跃。其在地图扫描、编辑、分版及各种类型地图(集)的制印取得了成功的应用。系统建成后,广泛地承接了各种地图、地图集的设计、编辑和制版任务。比如,其先后完成了《中华人民共和国国家自然地图集》、《中华人民共和国国家经济地图集》(电子版本)等等众多国家地图和图集的印刷版和电子版的创作,取得了显著的效果。它们不仅保证着地图(集)制印的质量,而且,确保了地图(集)的现势性。系统的创建与应用,标志着我国地图学的理论与图谱研制技术进入了现代化生产的新模式,并使我国地学信息图谱的设计研究达到新的水平。

参 考 文 献

[1]　赵锐.遥感数字制图原理与方法.测绘出版社,1990
[2]　殷登簪.VERSATEC CE-3244 彩色静电绘图系统软件开发与应用.资源与环境信息系统实验室年报,1986～1987
[3]　冯纪武、潘菊婷主编.遥感制图.测绘出版社,1991
[4]　袁勘省、陈广学编著.地图制版印刷.西安地图出版社,1995
[5]　张忠.一体化地图(集)编辑出版解决方案.'99 北京国际地理信息系统技术研讨暨产品展示会会议文集,1999
[6]　王全科、刘岳、张忠.一体化地图制图信息系统的建立及其应用.地理研究,1999(1)
[7]　傅肃性、何建邦、赵锐等主编.农业统计地图集(云南省腾冲地区).科学出版社,1985